文人偏食记

BUNJIN
AKUJIKI

岚山光三郎 —— 著

孙玉珍　林佳蓉 —— 译

U0318742

文化发展出版社
Cultural Development Press

图书在版编目（CIP）数据

文人偏食记／（日）岚山光三郎著；孙玉珍，林佳蓉译． —— 北京：文化发展出版社有限公司，2018.7（2023.4 重印）
（文人之舌）
ISBN 978-7-5142-2346-0

Ⅰ．①文… Ⅱ．①岚… ②孙… ③林… Ⅲ．①饮食－文化－日本
Ⅳ．① TS971.203.13

中国版本图书馆 CIP 数据核字 (2018) 第 134225 号
BUNJIN AKUJIKI by Kozaburo ARASHIYAMA
Copyright © 2000 ARASHIYAMA Kozaburo
All rights reserved.
First Japanese edition published in 2000 by Shinchosha Publishing Co., Tokyo
This Simplified Chinese language edition is published by arrangement with
SHINCHOSHA Publishing Co., Ltd., Tokyo in care of Tuttle-Mori Agency, Inc.,
Tokyo
著作权合同登记 图字：01-2018-3744

文人偏食记

著　　者：[日] 岚山光三郎
译　　者：孙玉珍　林佳蓉
出 版 人：宋　娜
责任编辑：周　晏
责任印制：邓辉明
装帧设计：尚燕平

出版发行：文化发展出版社（北京市翠微路 2 号　邮编：100036）
网　　址：www.wenhuafazhan.com
经　　销：各地新华书店
印　　刷：北京印匠彩色印刷有限公司
开　　本：880mm×1230mm　1/32
字　　数：220 千字
印　　张：13.5
印　　次：2018 年 7 月第 1 版　2023 年 4 月第 3 次印刷
定　　价：58.00 元
ＩＳＢＮ：978-7-5142-2346-0

◆ 如发现任何质量问题请与我社发行部联系。发行部电话：010-88275710

夏目漱石
饼干老师 — 003

森鸥外
馒头茶泡饭 — 013

幸田露伴
盐烫牛舌 — 025

正冈子规
自我攻击的食欲 — 035

岛崎藤村
干枯的苹果 — 043

樋口一叶
街旁水沟盖的蜂蜜蛋糕 — 055

泉镜花
酸酱草 — 065

有岛武郎
《一串葡萄》 — 077

与谢野晶子
一菜一汤地狱 — 089

永井荷风
临终呕出的饭粒 — 099

斋藤茂吉
吃食歌人 — 111

种田山头火
便当行乞 — 123

志贺直哉
金眼蛤蟆味噌汤 — 135

文 人

目录
CONTENTS

偏

食 记

高村光太郎
咽喉风暴 — 145

北原白秋
幻视苹果 — 157

石川啄木
以诗为食 — 169

谷崎润一郎
温软黏腻 — 181

萩原朔太郎
云雀料理 — 191

菊池宽
吃了就吐 — 203

冈本加乃子
食魔的复仇 — 215

内田百闲
饿鬼道饭菜录 — 227

芥川龙之介
照烧鲕鱼 — 239

江户川乱步
中国荞麦面店为业 — 251

宫泽贤治
西欧式素食主义者 — 263

川端康成
伊豆海苔卷寿司 — 273

梶井基次郎
柠檬的正身 — 285

小林秀雄
韩波与星鳗寿司 — 297

山本周五郎
暗处的便当 — 309

林芙美子
死于鳗鱼饭 — 321

崛辰雄
灯下蛀牙 — 333

坂口安吾
安吾精制杂煮粥 — 345

中原中也
空气中的蜜 — 357

太宰治
鲑鱼罐头加味素 — 369

檀一雄
百味真髓 — 379

深泽七郎
屁还是屁 — 391

池波正太郎
怀旧滋味 — 403

三岛由纪夫
餐厅通不等于料理通 — 413

后记 — 423

目录
CONTENTS

干枯的苹果，

别有一番滋味。

夏目漱石

（1867—1916）

东京生，东大英文科毕业。日本近代文学之祖，俳句、汉诗、书画亦有多样杰作。著有《少爷》《三四郎》《从今而后》《明暗》等书。

夏目

漱

石

饼干老师

据说漱石之所以罹患精神衰弱，是因为在伦敦留学时的食物太过难吃。另一种说法则认为伦敦食物难吃的风评，是源自漱石的精神衰弱。明治三十三年（1900），三十三岁的漱石公费留学伦敦，在伦敦待了两年，寄居在冷风可以灌进墙缝的破房间。当时的《漱石日记》中提及，出航后漱石立刻感到"肠胃不适腹泻难受"，从一上船就开始水土不服，途中除了在科伦坡港吃到的咖喱饭，对船上的餐饮始终无法适应。

到了伦敦，记下"住处饭菜索然无味"（二月十五日），"一周二十五先令谈不上享受，家计似乎颇不如意，堪称可怜。"

漱石在伦敦究竟都吃些什么？

三月四日，赏完桃花的午餐是"汤一碟、冷肉一碟、布丁一碟、橘子一颗、苹果一颗。"

三月五日，"在贝克街吃了肉一碟、洋芋菜汤一碗、两片糕点，共一先令十便士。"

四月五日，"回到住处，如往常喝茶，今天只有我一人在家，多吃了一片面包，滋味略差。"

四月二十日，"今日午餐，鱼、肉粥、洋芋、布丁、苹果派、核桃、橘子。"

长达两年的日记中，具体记述的饮食只有这四次，其余多是写及下午茶，以及西方人无论吃饭看戏都偏好"重口味"的观察。或许是因为平日饮食乏善可陈，才偶尔记下印象深刻的外食。

值得注意的是，三月二十九日"买了一瓶卡尔斯伯德矿盐。"

卡尔斯伯德矿盐是种胃肠药，在《伦敦消息》中，也有"每天一早洗脸前都得先喝卡尔斯盐"的记述，表示这种药应该是漱石的常备药品，漱石大约每个月都要服用一瓶卡尔斯伯德矿盐。

当时有谣言说，素有神经性消化不良症状的漱石，无法适应英国的生活方式，罹患精神衰弱，在伦敦发狂。这恐怕是听说漱石吃不惯英国食物，一开始每天午餐只吃饼干的状况，而推测出的谣言。

穷学生在伦敦的昏暗小房间里"午餐只啃饼干"，看起来或许让人觉得可怜，但其实是因为不喝酒的漱石自己爱吃饼干和糖包花生。当时午餐吃饼干算是种流行风潮。

英国餐饮乏味的风评，应该是与过度包装的"法国料理美味"对比之下的说法，英国料理确实清淡朴素，但也还不到吃了会精神衰弱的程度，无论是烤洋芋、煎鳕鱼、牛肾派，其简单与日本家常小菜相差无几。

根据漱石的《伦敦消息》，每天早餐一定有燕麦粥，加上培根、蛋、土司、红茶，可以说比咖啡配面包的法式早餐更豪华，燕麦粥更适合虚弱的胃肠。

意外之处在于没有咖喱，可能是当时咖喱在伦敦尚未普及。

再怎么说，漱石在英国的饮食并不太糟，这一点可以从漱石归国后依旧喜好英式餐点和下午茶而得知。

漱石的精神衰弱，恐怕是天生容易钻牛角尖的性格，再加上身为公费留学生精神上的压迫感，英文"看得懂说不出"，写信给妻子镜子却没收到回音的孤独感，才会变本加厉。神经质发作时食不下咽，勉强吃了也得服用卡尔斯伯德矿盐，陷入恶性循环。留学期间，九月十九日正冈子规的死讯更带来精神上的重大打击。终于，在留学期限即将结束时，文部省发布了"夏目精神异常，应予以看护归国"的电报。

漱石回国后在《文学论》中写道，是由于官方派遣才去了英国，自己完全不想去英国，直指在英国是"不愉快至极的两年"。虽然因极度的精神压迫导致神经官能症，但他初到伦敦时，却写下了别具风味的俳句。

寻画廊不得　问道烤栗人（二月一日）

此外，还因"家中女士一天吃五餐"惊讶不已。加上午前午后的茶点时间，的确是一天五餐，不过归国后的漱石也染上了这个习惯，"不愉快至极"的两年饮食生活反而成为漱石日后饮食生活的基础。

若从归国后的漱石日记挑出食物项目。京都二条路旁的西式糕点、和式甜点观世落雁、月饼、大阪朝日新闻的饭店晚宴、京都一力亭、柚皮蜜饯（礼物）、开化牛肉丼、鳗鱼饭（自宅）、神田川的鳗鱼、秋分时节的萩饼、星冈茶寮（寺田寅彦送别会）、秋田款冬蜜饯（礼物）、越后糖（礼物）、滨町的常盘（论坛归途中）、西洋轩的寿喜烧、鹌鹑料理、鸡肉寿喜烧、俄罗斯面包（分包米、包肉、包高丽菜三种）、果酱、沙丁鱼、松元楼（虚子来访时的西洋料理）、上野精养轩（聚会）、藤村的甜点（小宫丰隆带来的羊羹）、银座法国料理、炸虾、小川町风月堂的红茶糕点（痔疮手术归途）、红豆糕（三年坂阿古屋茶屋）、京都旅行中买的罐头、鸡、火腿、巧克力、豆皮和豆腐，河村的甜点（礼物）。

大约是这些东西。

其中大多是西餐，找不到一般日本人归国首先想吃的日式饮食或者荞麦面，而且特别偏爱油腻的西餐，即使是日本餐点也是鳗鱼饭、开化牛肉丼、寿喜烧等口味浓厚的料理，其余特别明显的是甜食类，尤其是饼干。

《书简》中，"啃着饼干检查试卷的答案，饼干一扫而空答案却毫无进展""饼干吃得太快一个也不剩"（两者都是写给野村传四郎），"收到您的樱桃之后，又收到了别人送的饼干，两三天前又承蒙招待西餐，结果遭到下痢的报应"（写给芥舟老师）等描述，可以看出他嗜吃饼干。在伦敦吃饼干当午餐的事情，也出现在写给妻子镜子的信中，说是一吃饼干就会停不下来，越吃越多。

对赠送柚子蜜饯的林久男再三道谢，赞不绝口地说是"对那柚子蜜饯的伟大惊叹不已，堪比西乡隆盛的蜜饯"。漱石素以喜爱甜点著名，所以朋友送礼大多也选甜点。对于竹叶糖的森成麟造，漱石写道"竹叶糖我自己吃了一块，其他都被小孩吃掉，竹叶掉了满地，乱成一团。"难掩欣喜之情。《日记》中则记述"贪吃秋田款冬蜜饯被内人数落了一顿"，有好几次吃太多甜食被镜子夫人数落的记录。

当时漱石的食欲相当旺盛。一般认为漱石喜爱荞麦面的典故，是由于从伦敦给镜子夫人的信中有"回到日本，最期待的就是吃荞麦面吃日本米穿日本衣服，倒卧在阳光斜晒的窗边观赏庭园"等句子，但是这只是身在伦敦时的想法，顾虑到远在日本的妻子的心情而写出的文辞。关于此事，根据次子夏目伸六的回忆录《父亲漱石与其周遭》，说到"父亲一生之中没有几次是真的发自内心想吃荞麦面"。此外，看到爱吃乌龙面的男人，漱石说"那种东西只有车夫才吃"。

漱石讨厌宴会，主要理由是与酒宴的气氛格格不入，以及因胃酸过多而对日本料理提不起食欲。

漱石的日常饮食如下所记（《父亲漱石与其周遭》）

外侧包了砂糖的落花生（最爱吃的甜点）

松茸（和辻哲郎等友人所赠）

煮油豆腐（喜欢稍油者甚于清淡）

雉鸡火锅、鸭、土鸡、猪肉杂烩

从饭田桥到九段路上的西餐店

牛肉火锅（在书斋的瓦斯炉上烹煮）

神乐坂川铁的鸡肉火锅（特别预约）

神乐坂田原屋、四谷三河屋的西餐

在修善寺温泉病倒，入院之后也有类似的记录。

冰淇淋（自宅后院有冰淇淋制造机）

因为砂糖包落花生对胃不好，镜子夫人总是藏在隐秘的地方，漱石却翻箱倒柜找出来偷吃。

漱石的成名作，是归国两年后于明治三十八年（1905）发表的《我是猫》，而后，明治三十九年（1906）搬到西片町的新家，开始有许多友人弟子相继聚集。

酒品不好的铃木三重吉、一次要吃六块炸猪排的内田百闲、把夏目家当作自己家一样的小宫丰隆、自己出钱叫外送西餐的高滨虚子等等，济济多士。由于每天应接不暇，只好把会客日规定在星期四。即使如此，仍有野上丰一郎、森田草平、泷田樗阴、野间真纲、松根东洋城、寺田寅彦，还是学生的芥川龙之介和久米正雄等人纷纷造访。众人齐聚时便举行宴会，从川铁叫来鸡肉火锅，饮酒作乐，铃木三重吉总是酒醉乱性。三重吉喝醉后，虽然不会去招惹虚子或寺田寅彦，但是总是去纠缠熟识的小宫丰隆、森田草平和年轻的内田百闲。

成为畅销作家的漱石身边陆续聚集许多食客，相关情况在夏目镜子的《漱石回忆录》有详尽记载。从西片町搬到早稻田后，铃木三重吉和小宫丰隆依然频繁造访，擅自预订外送的鳗鱼丼而被漱石挖苦。

漱石有着来者不拒的大家风范，也有小气计较的一面。自己不喝酒，客人却暴饮暴食到深夜凌晨还不打道回府。镜子夫人劝说"请各位够了就回去吧"。送客之后，客人又跑到附近的关东煮店继续喝，以致星期五的大学授课也配合停课。

儿子伸六感冒的时候，就从神乐坂的田原屋买来浓汤和炸肉丸。安倍能成或东洋城来访时，则预备炸肉丸或炸虾。

其间，漱石吃的是甜点。被妻子藏起来的时候，就在散步途中买回来在书斋吃。

江口涣来访时，话题谈到胃病。

漱石说："不得不忍受这种痛苦活下去，真是骗人的世界。"

话还没说完，就从面前的甜点盒中取出荞麦包一口吞下。

"可是不痛时，就不禁想吃这些东西。"

夏目伸六谈到久米正雄的事，评论"胃肠病患者若不吃些什么的话，胃就会隐隐作痛，因此总是嘴馋"，并感叹"父亲和这种欲望战斗时，从来都没成功过"。

在周四宴会上请食客吃西餐或火锅，感觉上也是希望这些人代替他享用，以补偿自己食欲旺盛却无法饱餐的遗憾。

经常出入漱石家的森田草平，和女性运动家平冢雷鸟一同求死失败，回到东京后，漱石让森田住在自己家里，表现出他关心人的一面。一个人关在房间里的森田因为太过颓丧，镜子夫人私下温了酒给他，被漱石生气阻止。

"森田不是客人，不必给他酒。"

宽容与严苛，并存于漱石的内心世界。

漱石对饮食的关心，也表现在作品《少爷》中，少爷连吃四碗天妇罗荞麦面，而被取了天妇罗老师的绰号。

此外，《三四郎》中也出现了精养轩，主角三四郎不情不愿地出门前往精养轩。当时精养轩是文人聚会之地，漱石日记中也屡屡出现精养轩餐会的记录。

当年漱石光临的精养轩位于筑地，而现在的精养轩是上野国立博物馆与美术馆的附属餐厅，在博物馆有霉味的陈列品之间，飘散着咖喱的香味，五百日元的猪肉咖喱十分价廉物美，独具风味。

庄严的博物馆建筑与地下室飘散的咖喱香味，令人不禁联想起漱石亲身体验到的伦敦忧郁，但漱石并没有留下在伦敦吃过咖喱的记录。

我前往上野的精养轩本店，点了几样西餐，炸虾一千五百日元，菲力牛排一千六百日元，总汇拼盘一千两百日元，西红柿牛腩饭一千日元。如今的精养轩，早已失去昔日西餐殿堂的地位，变成大众化餐厅了，侍应生也不清楚自己店里卖的是什么，只顾着匆忙上菜就离开。也许是由于价格便宜，但是侍应生知不知道往日的精养轩曾是多么风光的名店呢？总汇拼盘缺乏生气，只有四百五十日元的冷盘浓汤能让人略感到老店风味的余韵，餐桌上的荣华早已风化消散。不过，或许这跟漱石在伦敦的体验很类似，也还算可以接受。

明治四十三年（1910），漱石胃溃疡恶化，住进内幸町的长与胃肠医院时，正好四十三岁，朝日新闻也刚开始连载《门》。八月转往伊豆的修善寺温泉疗养，但是病情就恶化了。

看镜子夫人的回忆录提到当时的情况，出血的前一天"喝了西瓜汁，但是不小心喝下一颗种子，令人担心"。

"脸色宛如白纸，镜子一走近，就发出'恶'的呕吐声，鼻子淌出鲜血，抓着镜子不断呕血，把镜子的和服胸口以下染成一片鲜红。"

注射樟脑剂保住一命，断食一天后喝了葛粉汤，吃了两匙冰淇淋，央求镜子夫人"再多给我一匙冰淇淋"。病倒后的镜子夫人日记中，八月二十七日记载"看起来像是肚子很饿，一直很想吃的样子，总是和医师吵架。我一在场更是啰唆，不知道下次又要说什么了。据说总是一边睡一边在脑中调理各色餐点，又是西餐，又是鳗鱼饭，自己在想象世界中饱餐一顿。"

其后，漱石因胃溃疡和重度精神衰弱反复入院出院，其间撰写了《彼岸过迄》《行人》《心》等作品。

他当时爱吃的是冰淇淋和饼干。

日记中写道："粥也美味，饼干也美味，燕麦粥也美味，人生能品尝美味的餐点就是福气。"

大正五年（1916），四十九岁的漱石开始在《朝日新闻》连载《明暗》。十一月二十一日，漱石参加了在筑地精养轩举办的辰野隆结婚典礼，漱石原本不太想去，但新人再三邀请，最后还是不情不愿地出席。

来到精养轩，席位分为男女两边。镜子夫人发现餐桌上有南京豆（落花生别称），暗自担心，"不好了，若我跟他同席，他就不会吃。"

果不其然，漱石吃下了南京豆。

翌日，漱石通便不顺，拜托镜子夫人帮忙浣肠，过了中午家中女佣通报"老爷的样子看起来很难过"，镜子夫人赶往书斋，看到他"趴倒在第一百八十九回的稿纸上"。

镜子夫人将漱石扶到隔壁，铺床让他休息，漱石说："人生算什么，死也没什么大不了。我现在这么痛苦，就会想到辞世之事。"

漱石睡了下去，晚上起来又央求"让我吃东西"，夫人拿了切成三片的薄吐司送去，被漱石抱怨"我不要这么薄的"。

二十二日到二十七日之间，漱石吃了少许冰淇淋和果汁。因为二十八日内出血，胃部突出，宛如葫芦。

送到医院后，和辻哲郎来推荐"有种灵验的气功，要不要试试"，被镜子夫人拒绝。

十二月九日临终之际，夏目伸六如此记述。

父亲睁开双眼，最后一句话是"我想吃东西"。

这是此时食欲依然得不到满足的切实愿望。立刻，在医师的衡量下，给他喝了一匙葡萄酒。

"好喝。"

在这匙葡萄酒中，父亲细细品味最后的希望，又静静闭上眼。

森鸥外

（1862—1922）

岛根县生，东大医学部毕业，担任陆军军医之余，从事多彩多姿的文学活动。著有小说《舞姬》《雁》《阿部一族》，翻译《于母影》《即兴诗人》等作品。

森鸥外

馒头、茶泡饭

　　鸥外爱吃茶泡红豆馒头。把包了红豆馅的馒头撕开洒在白饭上，再浇上煎茶来吃。

　　关于鸥外，有许多近亲撰写的回忆录。前妻所生的长男森于菟著《森鸥外为人父》、长女森茉莉著《父亲的帽子》《记忆的画像》，次女小堀杏奴著《晚年的父亲》、妹妹小金井喜美子著《鸥外的回忆》等，让许多人写出各色回忆录的鸥外，应该是让家人也深感兴趣的对象吧。鸥外对外给人严谨的军医兼作家的印象，但是对家人而言，是极其可亲的父亲。

　　阅读并比较这五本回忆录，可以发现彼此微妙的差距，描绘出一个无论对谁都异常温柔，简直如同女性般纤细的鸥外。

　　森茉莉描述"父亲的爱无论对我或对其他兄弟姊妹，完全无法以笔墨形容，几乎超乎常识之外。""即使再怎么充满魅力受女性欢迎的男人，也比不上父亲吧。"

　　森于菟回想："父亲在日常生活中十分俭朴，对于祖母和母亲的家常料理从未表示不满，喜好味道不太重的煮软青菜。以军医部长、医务局长、博物馆总长身份出差时，只吃煎蛋和梅干，带到办公室的便当则是饭团或面包。""受邀到山县（有朋）公的桩山庄做客，享用了上等的西餐之后，一定要吃酱菜加茶泡饭，徒增山县公的困扰。无论对什么都喜好纯粹的事物。家里没人做饭时，大家就吃热好的白饭配酱油，似乎是书生时代以来就有的经验。此外，奇特的是将甜点的馅加饭泡茶吃，喜欢甜食更甚于酒。"

小堀杏奴的回忆则是"父亲喜欢同时吃饭和甜食，我从来没想过可以这样吃，把甜馒头加在饭上面浇上茶来吃。我学着煮红豆加糖，用相同的吃法来吃，还算美味。只是我还是无论如何不能把甜食和米饭划归同类，吃的时候一定会留到最后边喝茶边吃。父亲不喜欢这样，每次都以为我已经在其他地方吃过，威胁我再不吃他就要拿走了。"

鸥外素来喜好甜食，从小就爱吃葛饼等甜点，然而馒头茶泡饭的发明实在超乎想象。关于馒头茶泡饭，森茉莉曾写道"我父亲似乎有着特异的舌头，总是把他人听了会吓一跳的东西拿来配饭吃。过去每当有葬礼举行时，总是会送来很大的馒头。（中略）父亲用指甲白皙、美丽象牙色的手，将馒头剥成两半后再撕成四块，放在饭上，淋上煎茶，吃起来好像很美味的样子。吃馒头茶泡饭时总是请母亲泡好煎茶，小孩们争相模仿父亲的吃法。淡紫上品的甜美内馅，飘散芳香的青茶（父亲称煎茶为青茶，母亲和我们也跟着这么说），两者融合为一，再配上一等米煮成的清爽白饭，十分美味。或许读到这段文字的人会觉得这是幼儿味觉，父亲的舌头有问题，但我至今仍喜爱那深刻纯粹的甘美，的确有着禅味。"

读到这里，可能会不禁觉得好像很好吃，但是在此必须要开始探讨鸥外爱吃馒头茶泡饭的原因。一开始，笔者认为在鸥外的出生地岛根县津和野，可能会有类似的乡土料理，调查了各种资料，始终找不到类似的东西，馒头茶泡饭恐怕是鸥外发明的独家料理。

鸥外留学德国时读的是卫生学，这有很大的关系。鸥外二十三岁时以军医身份留学德国，跟着细菌学权威培坦考菲尔教授学习，并跟着卫生学者柯霍在卫生实验所从事研究。

学习细菌学的鸥外，对生食的警戒心很高。不但不喝生水，就连水果也不生吃，要煮过才吃。"父亲喜欢煮过的水果，在白色砂糖浸渍下透出淡绿的梅子、橙色的杏子、琥珀色的水蜜桃、艳红色的天津桃，从初夏到漫长夏季的尽头，这些依序端上父亲的餐桌。"（森茉莉《儿时日常》），还有"父亲喜好清淡的水煮蔬菜，以及煮过之后沾砂糖的水果。盛产的蔬果从五月、六月到七月依序端上父亲的餐桌。这是每年的惯例，但两人心中有数，今年恐怕是最后了。款冬、蚕豆、梅子、豌豆、杏子、黄瓜、茄子、水蜜桃、白瓜，随着死期将近，一一地上桌。从四月起就和弟妹分桌吃饭了。"（森茉莉《父亲之死与母亲晚年》）鸥外在大正十一年（1922）七月去世，最后一餐是水煮桃子。要研究细菌，就必须了解所有食物中的菌种不可，结果养成了连水果都要煮的极端洁癖。

既然讨厌生食，蒸好的馒头，对鸥外而言正是理想的食物。

鸥外和漱石的共通点，在于两人都是公费留学生。漱石无法适应伦敦的饮食，但回国后依然爱好西餐，喜欢吃肉和油腻的食物。鸥外虽然不讨厌西餐，但是偏向和食派。森茉莉写道："某天进入父亲的房间，看到父亲在薄日本纸上挥毫绘制饭菜料理，看到父亲用画具着色，发现父亲跟自己一样画图着色，大为感动。那次是父亲为了研究怀石料理，找了旧书来摹写。我的父亲似乎很喜欢蛋，旅行途中在人家家里借住时，一旦吃腻了餐点，就到街上去买蛋来浇在饭上吃。还有，父亲吃半熟水煮蛋的时候，总是用象牙筷的四角形尖端轻轻敲打再挑开蛋壳，孩子们觉得有趣，纷纷也把自己的份交给父亲。"（《贫穷沙利文》）。森于菟也提及："我想起和父亲两人在安静的日本料理店包厢，就着黑色漆器餐盘面对面谈话的事。那是在神田川的包厢。当时父亲独身，晚餐经常是在筵席上吃的，一年总有一两次会带我到一流的料理店吃饭。父亲穿着花纹的和服衣裤坐下举杯，他平常不太喝酒的，只有这时会显得格外高兴，特别喝一点小酒。"（《父亲的影像》）鸥外还喜欢炖青菜、烤茄子、毛豆、荞麦饼。小堀杏奴写道："爱吃茄子、黄瓜、水煮竹笋，酷爱把桃子、杏子、梅子煮过蘸糖吃。讨厌味噌煮虱目鱼和福神渍酱菜，因为当年在寄宿处每天都吃虱目鱼，在战地时每天都吃福神渍。"（《回忆》）而且也不喜欢味道浓厚的鳗鱼。

他还讨厌牛奶。虽然母亲曾经试图加入砂糖或葡萄酒劝他喝，但他仍然留在桌上碰都不碰。爱好扁豆、蚕豆，吃蚕豆的时候，一定在桌上摆湿毛巾用来擦手，注重清洁。

虽然常带小孩到上野精养轩、银座资生堂等知名餐厅用餐，却经常把"不要吃美乃滋这种黏腻的东西"挂在嘴边，因为他认为黏腻的西餐食物，无论是制作或是端上盘子时，都很容易有细菌，比较不卫生。也就是说，从卫生学的角度来说，餐厅端出来的黏腻食物是不能被原谅的。

从以上的例子依此类推，珍奇的馒头茶泡饭，的确是鸥外会想出来的吃法。

鸥外喜欢饭团是十分有名的，身边总是带着包调味蛋和包小鱼干两种饭团。除此之外，还喜欢红豆面包，爱吃银座木村屋的红豆面包，但是不满木村屋生意太好而怠慢客人。

鸥外不算是完全抗拒西餐，只是基于西餐厅卫生管理不佳的理由而讨厌，在自己家里就无所谓，常用莱克兰料理宴请客人。

小金井喜美子在书中提及"大约在明治四十年举办的观潮楼歌会，它的宴会内容称为莱克兰料理。鸥外每次聚会前，都会翻阅莱克兰的小书，考虑要做什么。不考虑自己的偏好，而是考虑做法不太麻烦，又能合乎大家口味的东西。因为是不吃西餐的母亲负责烹调，所以只好找我商量，老实说，只要按照书上写的依样照作，材料挑好，一点都不难，也不会很难吃。还有人称赞说真是地道的西洋料理。"

观潮楼歌会是鸥外邀请与谢野宽、伊藤左千夫、佐佐木信纲等歌人举办的歌会。明治四十年（1907），鸥外当上陆军军医总监，身心皆处于高峰状态，参考德国莱克兰出版社所出版的莱克兰文库（也就是岩波文库的范本）食谱烹饪。

森茉莉这样描述歌会："许多人聚集到两层楼的观潮楼，笑闹谈话直到夜深。当天母亲忙进忙出，指挥家里女佣摆设饭菜，监督料理制作，动手温酒。由于千驮木家中的厨房在长廊的东边，观潮楼位于西边，光是送菜就很费工夫。""傍晚开始陆续来了一两个人，父亲当天没有换下军服，就这样愉快地右手点着烟卷，走上二楼。父亲一上去，便传出两三人的轻快低笑声，笑声随着人数增加而愈来愈提高，等到女佣送菜时，观潮楼几乎被汹涌的笑声撼动湮没。每以为沉寂下来就又再度涌现，如同怒涛一般的笑声，仿佛巨浪掀起，洗过岩石，略为沉寂又打上来，这样繁华而幸福的声响，传进我小小的耳里。"（《儿时日常》）

至于味道如何，森家的西餐只用盐和胡椒调味，不用白酱或西红柿酱的德式料理。牛肉汤炖高丽菜卷，或是马铃薯可乐饼之类的简单菜色。不过，光是在鸥外家里品尝主人招待的西餐这份光彩，对于宾客而言算得上是莫大的荣幸。

宴客席上，不爱酒的鸥外也破例饮日本酒。鸥外认为好友贺古鹤所的豪饮是痛快之举，心情好的时候也会这样喝。他在德国留学时代着有研究《啤酒利尿作用》的论文，研究内探讨喝啤酒会想要小便的原因，鸥外也曾偶尔和友人一起喝啤酒，把自己当作实验材料。

但是他却严禁自己的小孩沾酒。就连精养轩饭后甜点送上的奶昔，都因为"有酒精成分不准喝"而拿开。由此也可看出，鸥外身为医师有异常神经质的一面。

鸥外带到办公室的便当，一定是两个饭团。森于菟写道"从千住家中上班的父亲，或者每天一两次到东亚医学校的卫生学上课。常常带着便当出门，便当一定是祖母亲手作的两个烤饭团，里面包的是炒蛋或者是辣小鱼干，满怀爱心的食物。"（《鸥外之母》）。办公室的同僚见状认为"真是节俭"，但是也说"仔细一看是相当上等的饭团"。只要没有卫生上的顾虑，鸥外也是很会吃的人，即使喜好味道清淡的餐点，也要求最好的质量，饭团也不例外。鸥外光顾过的店，有日本料理店神田川、上野精养轩、九段富士见轩、赤坂偕乐园、筑地精养轩、普兰登咖啡、银座天金、伊予纹、八百善、奥山万盛庵、本乡三丁目青木堂、钵木、银座资生堂、富贵亭、上野牛肉料理世界、不忍池畔的鳗鱼屋伊豆荣等。

　　鸥外带着小孩时，常会认真挑选有名餐厅。森于菟叙述"大约一年会带我到料理店两次，多半是上野精养轩或者九段的富士见轩，或者赤坂的偕乐园。当时东京知名的西洋料理店和中华料理店就是这三家。第一次品尝到美味的中华料理，还有端上来的好几样小菜，都让我留下深刻的印象。还有到神田川吃鳗鱼的时候，等了太久觉得无聊，父亲看着酒杯，说柜子的门环围着四个田字'环应该要念成KWAN，WA的用法就不对了'，此时的父亲话很少，只是缓缓饮啜着酒。请一名美丽的女侍到我身边收拾掉落的残渣，默默微笑看着我。"（《森鸥外为人父》），小堀杏奴提到"我们印象最深刻的是本乡三丁目的青木堂，此外还常去钵木、银座的资生堂、上野的精养轩。常在青木堂买上面贴着小张油画、像火柴盒那样小盒的巧克力给我们。"（《回忆》）森茉莉回想道"母亲帮我化好妆，在穿着军服的父亲和美丽母亲陪伴下四处游玩，像是佐佐木家的园游会、岩崎家的庭园、伊予纹、八百膳、神田川、天金、十二个月。还有到上野山上赏花、浅草仲见世，和奥山万盛庵。"（《儿时日常》）招待到宫中活动时，还把甜点的软糖、巧克力、干果收在军服内袋，带回去给小孩。"天长节（天皇诞生日）当天，父亲从宫中带回来的白木棉包袱，为我带来天堂般的美梦。打开包袱，里面放满了绯红色的御叶牡丹糖，羊羹上蛋白与山药画成的白鹤，飞舞过透明的薄茶色天空，鲜红皮上点缀冰糖碎片、内包红豆馅的甜点，等等。明治文人大部分都不是很宽裕，这些金碧辉煌的甜点大多是送礼，我们常去的是本乡青木堂的椰丝饼、葡萄干饼干、银纸包好的巧克力、糖果、蜂蜜蛋糕，等等。不知住在哪里的熟人寄来的白色薄荷糖很甜，有高级的蜂蜜味，还有不带籽的白色葡萄干，这些是一年一度的期待。"（森茉莉《贫穷苏利文》）鸥外对料理店精通到可以写出一本《东京料理店散步》的程度，然而他到了料理店，看到招牌或菜单上有错字绝不放过，必定出面指正，连小孩嫌他啰唆。连菜单招牌的错字都不能容忍的严格性格，也带有异常的神经质。这种性格导致鸥外喜好争论，在文坛和坪内逍遥以没理想论争闻名，在专业医学界也和《医界时报》进行旁观机关论争，反对文部省发表的假名用法，五十岁时反对晋级令改正案而自发请辞。

鸥外严密的洁癖，不容许任何妥协，在料理上也一以贯之。由于对于细菌的异常恐惧，森茉莉从小只吃煮过的水果长大。由"在亲戚家为生水蜜桃的美味而惊叹，在谷中清水町第一次喝到冰水"可以见得。

鸥外去世时，杂志《新小说》追悼号中，过去的论敌坪内逍遥惋惜"森的去世是文坛一大损失""你的刀刃之前无人堪与匹敌""你的努力多为批评""你是无所不能的人""率先以大胆的形式发表性欲研究"，并以"令人联想起曲亭马琴的拘束，或许性格中也有几点相似之处，尤其争强好胜，追根究底，精力绝伦之处"作结。

鸥外精力充沛的名声，就连论敌也有耳闻。

鸥外喜欢烟卷，不管走到那儿都放不下烟卷，小堀杏奴写过"奇的是父亲似乎会在厕所吸烟，父亲进去以后一点都不臭，反而飘散好闻的烟味，我和姊姊经常等父亲用过之后再去"。森茉莉小时候也经常坐在父亲膝上，尽情嗅闻烟卷的香味。鸥外的烟卷有种留洋归国的贵公子风范，在明治时代散发品位独到的光彩。

另一方面，鸥外还喜欢烤番薯。鸥外任职宫内省图书头的时候，曾经特地找烤番薯来吃，职员询问"阁下喜欢烤番薯吗？"获得"烤番薯经过消毒，又具有丰富营养"的回答。

鸥外年轻时代就喜欢烤番薯，也曾对友人劝说烤番薯的好处。妹妹喜美子受父亲之托，在本乡的藤村买了羊羹回家，鸥外说"这羊羹真是高级"，祖母很得意地说"跟书生的羊羹可不一样"。书生的羊羹指的就是烤番薯，鸥外爱吃烤番薯的事情全家上下皆知。

鸥外既具有严格不妥协的认真性格，另一面又有爱吃烤番薯的庶民品味。鸥外最为介意的对手就是漱石，漱石爱吃饼干，烤番薯和饼干之分，也呈现两者文艺作品的区别。

大正十一年（1922）七月鸥外去世，享年六十岁，在该年的元旦便已脸色不佳，肾萎缩与肺结核逐渐恶化。

元旦宫中贺年后，到津和野藩主小石川家造访，来到妹妹喜美子家说"这是最后了"。在喜美子家里，吃了一碗红豆汤圆，抱怨"衣服重得肩膀酸痛"，当时鸥外的服装是一面金线织成的礼服，谈到"最近好像只有头脑活着"，食量也有减退。

是年三月，到东京站目送到欧洲的于菟、茉莉，四五月为了正仓院御物参观因公出差到奈良，但在奈良时多半卧病在床，到六月十五日才开始告假，直到死前一个月都还不忘公务。

去世前三天的七月六日，对贺古鹤所口述遗言，内容如下。

余自少年乃至老死，一切秘密不予隐瞒交往至今之友仅有贺古鹤所，临死之言亦托付予贺谷之笔。死为终结一切之重大事件，相信即便官宪威力亦无以反抗，余欲以石见人森林太郎之身死，纵有宫内省陆军诸多因缘，死别瞬间辞让一切外在声名，以森林太郎之名而死。碑文森林太郎墓，此外一字不可增，委托中村不折亲书，谢绝宫内省陆军荣典，手续各自处理。以上嘱托唯一友人，不容旁人置喙。

对于这份遗言，有许多种看法，中野重治认为是"几乎绝望的最后反噬"，高桥义孝分析"无法活得像个人的遗恨"。直到最后的舞台，鸥外依旧挑起论争。喜美子记述临终枕边情况如下。

房间如同洞穴底部，众人屏息随侍在旁，只听见兄长间歇困难的呼吸，过了一段时间，贺古将脸靠近行礼，"请安心远去"，起身离开房间。回过神来，医师凝重宣告临终，众人一同默默行礼，半晌，抬头，众人皆已泪流满面。（《兄长的最后》）

漱石临终之际，友人门生齐聚一堂。鸥外虽然也有许多友人门生，但仅将自己之死托付予老友贺古鹤所一人。既无昔日观潮楼文人，也无公务上交游，更严词峻拒宫内省陆军。称不上是安详之死，而是挑战之死。就连去法，鸥外的卫生观念依然产生强烈的作用，就连不熟的朋友也觉得危险，非到熟稔煮沸的关系绝不轻易交心。鸥外死后，喜美子在忌日到鸥外家拜访，餐中有煮熟的桃子，喜美子和丧夫的嫂嫂一同吃着桃子闲聊。

"临终前还是常吃这个对吧。"

"是啊，因为爱吃。"

幸田露伴

（1867—1947）

东京生，明治二十年代，以男性气概的文体受到欢迎，与文风华美的尾崎红叶齐名。著有小说《风流佛》《五重塔》、史传《命运》、评论《评释芭蕉七部集》等作品。

幸田

田

露

伴

盐烫牛舌

　　幸田露伴写过一部小品名作《咸与淡》（1907，明治四十年）。

　　"生儿育女了解到亲恩伟大，已是二十年前的往事，现在自己嫁女儿，又重新体悟先母的好。"

　　故事开头，辛苦养大的女儿嫁到别人家去，母亲介意女婿的想法和婆婆的心情，烦恼到彻夜难眠。过了一段时间，母亲带了礼物去拜访女儿夫家，刚好丈夫公婆都出门，只有女儿一个人在家。吃了晚餐，送上来的汤又酸又咸，才喝一口就忍不住想吐出来，还是勉强把它喝完，难喝得不得了。

　　女儿叫了帮佣的下人过来，严词责备："这汤根本没办法入口。""母亲请原谅，难得来却让您吃到不像样的东西。"母亲连忙打圆场"不会，只是咸淡口味和东京不同罢了。"等到母女两人独处，母亲才低声纠正女儿，不应该那样责备女佣。

　　母亲举了西乡隆盛的例子。说是西乡先生在弟弟家吃饭的时候，上了太辣的汤。弟弟痛骂了厨房的婆婆一顿，西乡先生叮咛"不必要为了汤的甜辣责骂下人""这样下去下人是不会听话的"。

　　读了这篇文章，可能会觉得露伴就是这么将女儿幸田文这么养大的，露伴曾对文说"把你嫁到一贫如洗的穷人家去"。

　　那么，露伴的味觉是不是像是这位母亲这么宽大呢？答案是否定的。露伴注重美食，不吃难吃的东西，而且吃饭的时候上菜只要有点不对就会不高兴。根据幸田文的回想《正月记》，家中正月预备的酒菜，有乌鱼子、海胆、海蜇皮、鳕鱼子、鱼卵、鱼子酱、烟熏鲑鱼、干酪、牛舌、西洋酱菜、小菜、青鱼子、甜炖菜、各种豆类、菊花配豆皮、香菇、酱煮香鱼、味噌雉鸡，光是高汤便有柴鱼、昆布、鸡骨，油有麻油、茶油、牛油、鸡油，再加上搭配的香料。嗜饮威士忌，曾经亲自到浅草的山屋、银座明治屋、龟屋购买，但是喝的多半是清酒。文为了要把这么多菜色适当端上桌而手忙脚乱，倚在纸门边品味厨房的忧愁。

露伴特别喜欢盐烫牛舌，文洗着又软又黏的牛舌，感到恶心，手不断发抖。

《咸与淡》有一篇续集《水的滋味》。

这次嫁出去的女儿回娘家，晚餐有蛋花汤，小碗的酱煮，小碟的酱菜，汤的味道咸淡正好，"跟上次给您喝的完全不一样"，母女尽欢。又端上来一盘盐烤香鱼，依旧十分美味，女儿默默吃了下去。

过了不久，母亲又说话了。

"上次讲了食物的故事，今天又要说食物的事情，虽然很俗气普通，但是这可不是路边鱼店随便买来的东西。"

母亲说明香鱼是"父亲的熟人送来的鬼怒川产高级品"，对这么贵重的东西一声不吭太欠缺思虑，数落到"虽然在自己家里没什么关系，要是在老公和夫家受到款待的时候，像刚才那样不通情理，你的风评也不会太好"。

母亲讲了细川胜元的故事，胜元受邀参加宴会，看出送上来的是"淀川鲑"，大为赞赏，格调比起其他客人又更高了一等。

露伴的料理谈，虽然包含了说教成分，故事中依然飘散着浓浓的江户繁华余韵。

"买了鲑鱼就只会去除软骨，买了白萝卜只会作萝卜干，虽然男人家很难说出口，但是把鸭肉切碎敲软，煮海参把肠子去掉，女人家的料理手艺也太随便了。”

这也是露伴的话，十分啰唆，但是也正如他自己所说，露伴的性格是“男人家很难说出口”。想说又说不出口，也可以说是明治的男人家拿妻子没办法。

“分不出鱿鱼跟章鱼的不同，称不上是好媳妇。”

教训的是。

“世间可悲的女性应该要遭到报应，五味调和不可不分。”

露伴所说的五味，甜、咸、苦、酸、辣，五味之中，苦和辣是饮食的辅助，酸可有可无，但是甜咸不可或缺。

关于盐，露伴自成一家之言，关于甜味则取蔗糖。

“古代民智未开，不知道砂糖的存在，只知道有蜜糖，这称得上是古今对甜味的重大区别。”

露伴不仅是小说家，同时更是考据家，对于料理学的典籍十分了解。原本就喜好美食，所以兴致勃勃深入调查，无论知识与舌头都达到专家的领域。纵然如此，身为美食家，却不喜欢把美食经挂在嘴上。酒量很大，直到八十岁去世为止，每晚都要小酌一番。

漱石、子规、红叶等人和露伴同年出生，然而长寿的只有露伴一个人。和其他三人比起来，算是超群的美食家，对于食物口味斤斤计较，特别注重下酒菜。

喜好独活菜芽、菠菜、瓜、初茸、松茸、松露、海苔、海带、海带芽、筴豆、三叶菜、枇杷、苹果，还有豆腐、豆皮、滨纳豆、柚味噌，然而认为一味追求高价是庸俗之举。虽然初茸和松茸在明治时代不像现代这么昂贵，但称得上奢侈。

对于吃素食喝冷水的清贫生活，认为是“不可为”。不好好而导致身体虚弱生病，是自找苦吃，自找罪受，让父母妻儿悲伤的行为是“愚不可及”。认为“孟子视饮食之人为贱，其意不在此，饮食可简单质素，但也不必如此"尊道而卑物之人，不应蔑视饮食"。

事实上道理十分明白。

露伴身为贫穷幕府小臣的四子，在幸田家是劣等生。露伴的兄妹中有实业家、军人、学者、钢琴家，都是多才多艺的秀才，但是露伴在东京英学校（青山学院）中途辍学，前往北海道余市当电信技师，父亲叫他"当个工人也好"。

和漱石、子规、红叶相较之下，最初的文学之路阻碍重重，如果就这么下去，恐怕就要终身当个电信技师。然而，在余市读了《小说神髓》的十九岁露伴，发现自己志不在此，把身边的财产全部变卖，辞了工作，全程徒步回东京。从北海道余市到函馆搭船通过海峡，花了整整一个月才抵达东京。

写作《风流佛》成为畅销作家，二十三岁进入读卖新闻社，露伴进入报社的同时，学生作家红叶进入报社。然而露伴就算接了工作，也不愿意被报社束缚，因此改为约聘，薪水只有红叶的一半，每个月十五元。每拿到稿酬，露伴就拿钱去温泉巡礼。

当时的小说中出现许多妖魔鬼怪，内容深入有趣，受到欢迎，一年后便被朝日系报纸《国会》上连载《五重塔》，而奠定文坛上的地位，当年露伴二十五岁，擅长写作工匠故事。

不像红叶的砚友社一派，露伴不喜结党，总是一匹狼独自浪迹天涯，被世间当作与现实脱节的流浪作家，给人吃云彩维生迷雾重重的印象。然而，看起来像是与现实脱节的人，其实非常注重现实。

从余市回东京的途中，露伴在盛冈花了两钱买的水煮蛋，因为蛋已经腐败，吃了差点丧命。呕吐倒地不起时，路过的好心旅人给他药因而得救。因此，主张"颜色不对者不吃，失去香味者不吃，放久了的不吃"（《三端》）。对于旅行途中的山草野草知识丰富，认为山间野草是天然纯粹生长的东西，"甚为可喜之物"。

扎根高山白雪，吸取旷野晨露，沐浴瀑布清流，又有沼泽雨水滋养的山间野草，是上天所赐，地之精，水之精，保持太古之姿，令人心胸清朗开阔，觉得"我的血中流着泉水的清流"。

露伴这个笔名，就是取旅行途中露宿野地，与露水为伴之意。露伴书写的旅行中的饮食，清爽得仿佛可以洗清双眼，又有新鲜蓬勃的生气。这大概是由于露伴的笔力，赋予荒山野地的素食新的生命力。

称蕨类为"握拳向上挥舞，风吹过山腰的优雅姿态""咬下去在舌上留下滑顺触感，难以形容的好滋味"，光是蕨类，就引用了中国典故，山村采蕨故事，信浓的蕨类，早池峰的蕨类，以及自己亲口尝过的蕨类风味。

来到穗高岳之下的五千尺旅馆，发现难得的山菜。"询问名称，据说叫作小网，类似山茶类的侘助，可爱优美。"适合当下酒菜，回家后查阅藏书，虽然找到类似的小葵，却没发现小网的记载，十分惋惜。不但食欲旺盛，更热心研究。

在山上吃了朮草，朮草就是曾在《万叶集》歌中出现的开花植物，典故风雅，刮除毛须，开水烫过后过水，去除水气，沾上芝麻和酱油，口感清爽，像是"木忽"芽，回想起昔日歌咏此花的歌人，仿佛化身万叶中人。

解释种种之后，感想是"但是不及'木忽'芽美味"。若是喜好《万叶集》的贵妇小姐听了，恐怕要蹙起美丽的眉头"应该是花椰菜比较美味吧。"他对味道十分严格要求，若不是实际品尝过，不可能写得出来。

露伴在《迟日杂话》中，提到饮食无尽的话题。这是数人聚集，缴交固定会费，一同痛快狂饮的宴会，决定任性的宴会主人、负责收账的三太夫角色、剩下的人演陪客，一起玩诸侯游戏。主人任性妄为，三太夫负责处理事务，任性的主人总是带着客人跑去贵得不得了的地方，所以必须仰仗三太夫的手段，等会费用完宴会也随之结束。只要有三十元的会费，在三太夫安排之下，十人可以进行整夜的狂欢。据说露伴演三太夫的时候，因为乱花钱导致破产。

一同游玩的同伴，有画家久保田米仙、富冈永洗、东京美术学校校长冈仓觉三（天心）、作家饗庭篁村等人，冈仓觉三被称为马夫，穿着小纹缩缅的绢织马装，腰间插着高悬的乘马提灯，光天化日之下在大街上骑马游玩。

既有如此擅长玩乐的前辈，露伴之流的后进，却因为还不明白玩法或者暗号紧张不已。就连以毒舌闻名天下的斋藤绿雨，也在一行中被视为不入流。露伴在呼朋引伴的游乐中，寻找江户的遗风。时代已值明治大正，露伴的嗜好却还保存江户的余温。其中，也包含了与其说是纯粹，不如说是火种般充满好奇心的旺盛食欲。

露伴既保有江户人的胃，也朝向近代前进。喜欢盐烫牛舌就是其中一例，喜欢肉食，随笔中也论及鸡肉和鸡蛋的普及。

对于料理的兴趣到晚年也毫不减退，经常一和编辑见面，第一句话就是"最近出了什么美味的东西"。

小林勇在《蜗牛庵访问记》中，写下关于露伴晚年食欲的文字。

"老师对料理的造诣之深，我怎么也无法说明，如果把老师的闲谈记录下来，可以出成一本珍奇料理的书。"

因为听小泉信三说银座某家料理颇为美味，小林勇带露伴一同前往，走出店门，露伴就说了"小泉说好吃，可是却一点都不好吃"。当时露伴六十五岁，喝得醉醺醺，还说"再去喝点烈酒"，让小林勇惊慌不已。

另外一次，小林勇听说银座某间店的牛排好吃转告露伴，下次见面时，露伴说"那间店的确不错"，小林勇慌忙招认"我自己还没去过"，被露伴嘲笑"你是先让人试吃有没有毒吗？"露伴也有合理的一面。

明治四十五年（1912）写的《供餐公司》，就是现今快餐店的预言。文中表示料理早午晚三餐十分麻烦，又很浪费劳力，此时若成立供应餐点的公司，供给清洁而廉价的餐点，必定非常便利。最近美国风行一种儿童餐厅，既不是高级餐厅，也不是咖啡店，只是便宜的餐厅。清洁、迅速、高质量，不多作装饰，只是适当提供餐点，这种店应该多开几间。露伴还说到，投入大量金额，在各大都市设置相同组织，由供餐公司代替米店，无论对于个人或都市发展都甚为有利。一方面保有江户的胃，一方面也敏锐观察现代发展。然而，对于新口味也不是全面赞同，当时传统金米糖、达磨糖、冰糖日趋衰微，由软糖牛奶糖取而代之，露伴认为"一点都无法认同，只不过是靠包装纸和盒子而获胜的，太奇怪了。"

《炉边漫谈》中，称赞柠檬汁和可尔必思。并建议病人除了喝牛奶，喝酒类也不错。主张啤酒、葡萄酒、波尔特葡萄酒、日本酒对不同疾病有效，又推荐奶酒。奶酒制法"脱脂奶装满四合瓶（720ml），砂糖一盎司，加上一茶匙的高级酵母，封住瓶口后以铁丝捆紧，放在冷暗处，五天内每天按时摇晃。发酵之际作用剧烈，若瓶身不够坚固恐有破裂之余。不需要太麻烦的手续，只要过几天就完成了，以开香槟的心情解开铁丝，稍微打开瓶塞，酿造完成品便以惊人之势涌出"，教导详细的做法。成品加上苏打水。东洋风味颇适合日本人，"成吉思汗也是爱饮者"。

露伴明治四十三年（1910）丧妻，大正元年（1912）再婚。幸田文的随笔中，记述再婚对象八代子和露伴个性不合，经常吵架。

露伴家有庆祝生日的习惯，即使家境贫困，也必在生日时全家共进晚餐来庆贺。

然而，新任妻子八代子经常忘记露伴的生日。文对于继母有所顾虑，无法强行前往父亲家制作料理。此时，文想到可以叫外烩，请了制作精美的八新亭送上庆生餐点。八代子也很高兴，自己也欣然同席，宴会一片和气。但是，过了许久还没送上米饭，露伴质问"饭呢"，但是餐厅是不会连饭都外送的，正准备收拾工具的厨师吃了一惊，反问："府上没准备庆生红豆饭吗？"八代子说："我以为餐厅会连饭也一起准备。"露伴坐正，无言瞪向八代子，八代子只是毫不在意回瞪，让露伴连气都没办法生。

从此之后，露伴对于生日大餐格外在意。据文的文章，露伴实际的生日是七月二十六日，但是觉得早一点比较清楚，于是订在二十三日。露伴去世于昭和二十二年（1947）七月三十日，一周之前迎接了最后的生日。

面临死亡的露伴，只能吃一些粥或流质食品，文随侍在侧照顾，亲手作了生日贺餐。当时日本战后不久，食物严重不足，文依然制作了肉汤、炖菜、酱煮、盐烤、红豆饭，盐烤材料是小小的鲷鱼。

文说"只是装个形式而已"，把餐点送到露伴的床边，露伴说"虽然难得但是吃不下"，要文放到棉被上，文因为餐点太过寒酸，不太想让露伴看到，惶恐地放到棉被上。

"眼光从碗流向碟，又从碟流向碟，认真观看。担心着父亲会说些什么，我害怕不已。父亲仔细看了饭碗中红色的米饭，还有酱煮的小鲷鱼。我已无法忍受，准备将餐盘撤下，父亲将左手伸向餐盘边缘扣住，阻止我的动作，徐徐使力，又更加用力将餐盘拉向自己面前，其间视线始终在碟子与碟子之间缓缓游移，使得我也无法放手。我心想要是输了就不好了，一拉之下碗盘都撞在一起，汤水溅出，父亲将手收回棉被里，静静躺下闭上眼睛，嘴角浮现一抹笑容。"（幸田文《父亲的琐事》）

文认为："我们家往年贫困，父亲小时候就是吃这些东西。"露伴闭着眼睛，笑意始终不减，然后说了"快吃吧"。小小的鲷鱼分成四人吃，最先伸出筷子的女儿玉子，模仿露伴的口吻戏称："六月小鲷鱼，贵如腌鲸肉。"

七月二十七日，露伴对着文说："那，我要去死了。"根据幸田文的记述，最后一口水通过喉结，震动了一下。

正冈子规

（1867—1902）

爱媛县松山市生，《杜鹃》创刊人，推动文章革新运动，门下高滨虚子等人才辈出，著有《竹里歌》《俳谐大要》《病床六尺》等书多数。

正冈子规

自我攻击的食欲

正冈子规原本就是对吃相当执着的人。从学生时代起就擅长靠人家吃饭，有种天生特有的傲慢，把别人请客当作是理所当然的事。明治二十八年（1895），为了静养而回到松山的子规，寄居在漱石处，漱石感想如下。

"大哥到了中午就叫鳗鱼来，发出声音喷喷大啖，而且没有事先商量就擅自去订来自己吃，还有其他几次也是这样，不过我记得最清楚的就是鳗鱼。然后要回东京的时候，只丢下'请你付钱吧'一句话就回去了，我吓了一跳，不但如此还要借钱，大约被他借走了十元。回去途中在奈良寄了信来，说是借去的钱在那边派上了用场，恐怕一天晚上就用光了吧。"

漱石对子规而言是朋友，对这种事情毫不介意。然而漱石这个人对金钱有种神经质，对这些账记得一清二楚。无论如何，子规相当欠缺金钱概念。

子规在过世前一年的明治三十四年（1904）写到死前的《仰卧漫录》，是本非常惊人的书，这本目录除了病床边绘制的水彩画、俳句，几乎都是只能说是疯了的各色餐点。

若把同时在报纸《日本》连载的随笔集《病床六尺》当作表面舞台，不想公开的《仰卧漫录》就是后台的真相告白。同时阅读这两本书，可以从《病床六尺》得知子规死前煎熬的痛苦与烦闷。

"病床六尺，就是我的天地。而且这六尺的病床实在太宽，尽管只要伸手便可碰到榻榻米，却无法把脚伸出棉被活动身体。严重时忍受极端的痛苦，整整五分钟全身动弹不得。痛苦、烦闷、号泣、麻醉药，在死路中求取一条生路，贪求少许安乐的空虚，即使如此，活下去就想畅所欲言。虽然每天看的就是报章杂志，大多数时间难过得连报章杂志都看不下去，但是读到令人不平的事、看不过去的事，偶尔有些雀跃的事，似乎得以稍微忘却病痛之苦。"

开头如此。

书中有俳句，有碧梧桐夫妇来访的日常杂记，信玄和谦信不喜欢枪炮但喜欢打猎，汉语知识，料理话题等，主题纵横古今内外，充分展现了子规的博学。子规困在六尺病床，他的表现力在死亡预感的阴影下飞向四面八方。肉体身在六尺病床上，精神在整个世界中散步。

子规谈到"自己没看过，有点想要见识的东西"：

活动写真（电影）

自行车竞赛和表演

动物园的狮子和鸵鸟

浅草水族馆

浅草花屋敷的狒狒和水獭

城哨废除后的遗迹

丸之内的楠公像

自动电话与红色邮筒

啤酒屋

女剑舞和西洋戏剧

穿茶红色裤子举行的运动会

身在病床，思绪仍在世界中漫步。

《病床六尺》是强韧的精神凌驾被囚禁的肉体的格斗记录，感动诸多读者的心灵，然而其后台的壮绝则见于《仰卧漫录》，其中留有如同自我告发的饮食记录。

食欲惊人。

三餐、零食、服药、更换骨疽患部绷带之间，子规吃太多就吐，因为吃得多而为腹痛所苦，挤出牙龈的脓疮后，再继续吃，排便量大如山。子规的性格是"一颗梅干可以吃两次三次，还会觉得舍不得丢掉，梅干的核不管吸几次都还带有酸味，要把它丢进垃圾筒怎样都觉得可惜"，长冢节送来的三只鸭子，翌日午餐就烤来吃，一个人就吃下三只，粥三碗，梨和葡萄合着吃，零食牛奶一杯，面包，咸煎饼，晚餐把与平寿司两三个、粥、鲔鱼生鱼片、炖茄子、奈良渍酱菜、葡萄一扫而空，甚至消夜还吃了两块苹果、喝了甜汤。

　　三鸭皆食尽　　秋意好寂凉

如是歌咏。

病床上的呻吟声，从仿佛朽木般油尽灯枯的肉体传出。在生死之际彷徨的食欲之中，观察自己身为"饿鬼"的肉体，寻找生存为何，吃又为何的意义。子规贪得无厌地吃，食欲骇人、难看、永无止境。正如《病床六尺》中的一节。

　　余至今误解禅宗所谓悟之含意。所谓悟，并非在何种境地皆能从容而死，而是在何种境地皆能从容而生。

　　试问狗子可有佛性。曰，苦。

　　再问祖师西来之意。曰，苦。

　　再问……曰，苦。

《病床六尺》是意识读者存在的随笔，报社担心子规身体状况，建议暂停连载。

子规提出："我如今生命就托付于《病床六尺》，每早醒来痛不欲生，仅有摊开报纸看到病床六尺才稍能平息。今早看到报纸时的痛苦，因看不到《病床六尺》而落泪，难堪不已，即便仅刊登少许（一半），也可以救我一命。"

《病床六尺》是子规临死之前唯一的寄托，可以说是为了维持执笔《病床六尺》的体力，子规能吃就吃。

一吃就体验到绝顶的痛苦。虽然说侵蚀子规身体的肺结核，以进食来补给营养的确是重要的疗养法，然而子规的骇人食欲，是和断食完全相反的饱食地狱。不是好不好吃的范围。吃是一种自我攻击，吃了难受，借着宛如苦行僧般坚强的精神力，探索自我的真相。病床之上，"死非悟，在何种境地皆能从容而生方为悟"，领悟到这种境界的子规，像母亲妹妹那样坚持素食到底的行为完全不成问题。

对于子规而言，饮食是朝向自己内在欲望的探险，明知道吃会导向地狱的窒息，依然以强韧的精神力执着于吃。吃，倾听日渐衰弱身体的声音，听见胃和喉咙在呐喊着"想吃"。为了悲哀凄凉的胃殉教。这种精神，对子规来说，就好像渴求知识的头脑想要阅读文献、学术丛书，是类似的事情。对知识的饥渴会将人又导向学问，沉迷于文献读物，子规则正面面对人类贪欲的根源，挖掘自己濒死的肉体。如果说饱食知识的结果，会将学者带领向荒漠的地平，对于食欲的疯狂殉教则把子规牵引进入虚无的黑暗。世人不会嘲弄追求知识而走向荒漠的人，却会讪笑一味贪吃的人低俗。对于自尊心强的子规，遭到世人嘲笑是至极的耻辱，但他却一脚踏进了危险地带。

"情绪一激动就睁不开眼睛，无法睁眼就看不到报纸，看不到新闻就只能空想，只能空想就察觉死亡的接近，察觉死亡接近就想如往常享乐，想如往常享乐就突然想大吃一顿，突然想大吃一顿就需要杂费，需要杂费是不是就得卖书……不不，书不能卖，这么一来徒增烦恼，烦恼又让情绪激动起来。"

到了这种状态，还尝试自杀。

"静了下来。家中只有我一人，我往左侧睡着，望向前方的砚盒，有四五根秃笔和一根体温计，还有约两寸长的钝小刀，两寸长的钉纸用锥子就在笔上方，即使不是如此，时时掀起的自杀冲动又涌上心头，实际上写电报文时便已跃跃欲试，但是用这钝刀和锥子一定死不成，到隔壁房间就有剃刀了，只要有剃刀或许就可以切断自己的咽喉，可悲的是如今连匍匐爬行都动不了，无计可施之下，这小刀或许还可勉强切断喉咙，用锥子刺进心脏也死得成，但是不想痛苦太久，若刺个三四个洞是否就可以立刻死呢。左思右想，实际上已经胜过了恐惧，依然下不了决心。不畏惧死亡，但是畏惧痛苦，连病痛都忍受不了，要是连死都死不成就太可怕了。"

子规画了锥子和小刀的图安抚自己的内心，精神试图饲养自己的肉体。子规具有肉体只是他者，当作实验动物来观察的非凡气魄。然而，痛苦的正是自己，肉体屈于病床六尺之上。也只能建立把现况拿来苦中作乐的野心。

子规素描丝瓜、面包、病房外的风景、牵牛花、葫芦花、罐头外侧的设计，对眼中所看到的事物进行写生。《仰卧漫录》中，更观察描绘事务的自己，试图写生自己的饥饿。"仰卧"是没办法翻身趴睡的状态，使用麻醉剂，排出大量的粪便，写生这样的自己。

我虽不能设身处地体会《病床六尺》中子规的心境，但我在九年前曾有吐血住院的经验，病房中的事情就只有吃饭，再来主要就是探病的人和窗外变化的风景，对患者来说，一天的菜色就是唯一最关心的事，就算是对吃的好奇心不输给子规的我，害怕吃了会痛、吃了会不舒服的恐惧依旧获胜。把吃的快乐和痛苦放在天平上衡量，我宁可选择从痛苦中解放的一边。不，怕痛这一点跟子规一样，但是子规的食欲已如怒涛汹涌不可遏止。

我想到自己的身体。二十出头的我干瘦得不像样，而后吃了又吃，变丑变肥。一旦开始书写关于料理的事情，受到自己空想的刺激，深入饕餮的魔域，就算想瘦下来也无法忍受空腹。然而，读过《仰卧漫录》，食欲即刻遏止，一个月瘦了八公斤，突然出现拒食症的症状，脚步不稳，无法专心工作，连答应好的工作都交不出来。友人忠告"不要太勉强"，却还是无计可施。子规狂乱的食欲，让我受到了震撼，我总算认识到"吃的力量"也是一种精神力。

《仰卧漫录》是拒绝公开发表的秘密记录，《病床六尺》则是有公开发表意图的随笔，两者互为表里，然而，也可以说，子规是向他者之中的自己写作《病床六尺》，向自己之中的他者写作《仰卧漫录》。

开始考虑自杀的子规，食欲开始减退，根据日记的记录，三月十二日是茶碗蒸乌龙面、生鱼片、豆、温饭两碗、牛奶，吃完之后服用麻醉剂。死前两个月，只剩下服用麻醉剂和快餐红豆汤圆跟豆腐。

《病床六尺》一直写到死前两天，死前三天考证了松尾芭蕉的俳句"蚤虱马尿 伴我枕边"，推断旅居当地的芭蕉应该不那么抗拒臭味。写下这段文字的子规的病床边，臭气又是何等强烈呢。

临终的模样，在碧梧桐的《君之绝笔》中有所描写。子规依然仰卧在床，飞快写了"（丝瓜）花开"，稍微往下写了"痰在喉"，吸了口气，在下一行写下"已是成佛时"，又写下两句。

胸中痰一斗 不等丝瓜熟
前日丝瓜水 采收未及时

写完将笔丢在一旁，笔毛先着地，白色的床上沾上了墨痕，他那时才正要满三十五岁。

岛崎藤村

（1872—1943）

长野县生，与北村透谷等人创办《文学界》，以《若菜集》展开诗人生涯，成为浪漫主义派诗人的代表，而后转为自然主义作家，《拂晓前》为作品里程碑。

岛崎藤村

干枯的苹果

　　岛崎藤村曾在《身边琐事》中写到"干枯的苹果别有一番特殊滋味"，这种独具风格的嗅觉是藤村特有的表现，并且还认为好吃的是"冬日将尽，水果快吃完时的干枯苹果"，堪称非比寻常。以藤村为中心的自然主义文学，素来被与谢野晶子和白秋等新诗社成员嘲讽为"闹穷的文学""阴沉闭锁的独白"，度过奢侈田园生活的白秋，从未尝过干枯苹果的滋味。

　　藤村出生长大的木曾地方，自古以来就只有简单的山居料理，《西筑摩郡法》中，描写木曾人的特质为"安于粗衣粗食性情俭朴""古来木曾料理便只以咸鱼闻名于旅人之间"。

　　藤村是典型的木曾人，座右铭"简素"。

　　藤村的长篇小说《拂晓前》中，出现好几样木曾料理。

　　寝觉床入口的荞麦面店（名产）。

　　简单清洁的山产餐点，下酒菜是山居的款冬，人家送的酱煮蛤蜊。

　　烤好的御币饼（略为扁平的钱币形状，串成一串，传统吃法是从旁一块块依序拔出来吃）。

　　聚在围炉边，看着马厩中的马，交饮赠别酒。

　　辣味茄子、油淋豆腐、煎蛋、小芋头、香菇、煮莲藕（宴会料理）。

烤海苔、柚味噌、三杯醋牡蛎。

大致如此，主角青山半藏，吃着烤海苔、柚味噌和三杯醋牡蛎，"倾听寂寥的秋雨声"独酌。这种场面算是藤村独到的笔法。

烤味噌也曾登场数回。半藏找出"半瓶酒，冷掉的烤味噌，刚好放在厨房门口的柜子上"来喝。

每一项看起来都不甚美味，这是当然，藤村原本写的就是主角的孤独和苦闷，对于料理也很冷淡。小说中登场的料理只是配角，不脱场面设定的小道具范畴。《拂晓前》是以藤村之父岛崎正树（青山半藏）为模型，描写明治维新时代，推动王政复古而遭到软禁，最后发疯而死的父亲一生。出现的餐点太美味就不像话了。

木曾料理之外，还有将军提供给荷兰使节的料理。"餐点在他们荷兰人看来，是全然不符合强大君主庄严高贵身份的粗食。"另一方面，在法国大使馆的料理，日本代表惊讶于"如同野兽爪子般的叉子"，干酪则是"只敢闻闻香气不敢动手"。

写作《拂晓前》时藤村已经六十岁，已非小诸时代的贫困青年。名闻天下，获取高额版税，定居在麻布饭仓片町的一方大家。关于饮食，写了颇有深意的随笔，实际生活上也吃得颇为高级。

于此，才赫然发现藤村原来是深藏不露，擅写难吃料理的高手。

能够把美食写得多么好吃，算是作家大展身手之处。反过来说，能够把难吃的料理写得多么难吃，又是另一番展露技巧之处。藤村便是如此。料理是好吃是难吃，端看当时的状况左右。即使吃的是相同的东西，也会根据吃的人所身处的时间状况，而产生好吃或难吃的差别。结婚典礼上的葡萄酒香醇，送别席上的葡萄酒苦涩，藤村深明此理。仅有明白料理美味之处的人，才能够写出难吃料理的味道，乏味之中混杂了深深的悲凉。

失意的半藏吃着厨房门口冷掉的烤味噌配酒，这项本身就苦味十足。苦涩之中，隐含悲哀、寂寞、干枯的甘美。吃的是状况。在此，藤村笔下冷淡的料理，看起来像是配角，又仿佛跃身成为主角。这正是自然主义文学的极致。被芥川龙之介批评为"欺瞒"，被夏目漱石誉为"全新"的独门技巧。芥川读过藤村的小说《新生》之后，骂道"世间再没有比藤村更严重的伪善者"，此时，芥川便已经落入了藤村的陷阱。因为藤村原本就是为了"讨人厌"写作《新生》。藤村的意识中包含"讨人厌的快感"。再深入点说，就是谋求"讨人厌所得的利益"。对于打着"讨人厌"招牌的作家，有芥川这等人物评为"讨厌"，可说是正中下怀。

藤村虽是擅长写作难吃口味的作家，也擅长把恋爱写得乏味，是贩卖自己讨人厌形象的巧手。

藤村是粗食淫乱的人，贯彻"饮食贫乏性欲丰盛"之道。藤村身上流着岛崎一门沉淀的颓废血液，上一代曾有父亲近亲相好的事实。在山村的封闭生活之中，藤村在近亲结婚和乱伦的背景中长大，四十岁的藤村和十九岁的侄女驹子发展出肉体关系，使得驹子怀孕，和一族的颓废不是没有关系。驹子是二哥广助的次女，十八岁来到藤村家帮忙家事，藤村是"无药可救的叔父"。这个无药可救的叔父，烦恼了半天，号称"忏悔过后罪的净化与新生"，在朝日新闻着手连载自白小说《新生》。这个无药可救的叔父，也是把经验透过小说，自我救赎，化为"死中再生的记录"的作家。后来更就任日本笔会的会长。芥川会认为他是"狡狯的伪善者"是其来有自。

小说《新生》之中，出现"葡萄酒"这个密语。难以理解究竟意指什么。这个时代的葡萄酒，对于把简素当作座右铭的藤村来说，实在太不适合了。

藤村关于料理的随笔颇富隐喻与深意，晦涩、暧昧且具深意是藤村的特质。举例来说。

"听说平日稍微喝点酒，就算平日疏远的女性亲戚，也会感觉到些许亲切。问到平常是怎么过日子的，回答威士忌可以喝三四杯，这也不坏。"

这是随笔《寝言》，承袭兼好《徒然草》的风格，同样，在《力饼》篇中，首先介绍西点店，解说空腹攀登险峻山路时，力饼可以补充体力。"更不用提各种伟人传记中的人物发愤图强的情节，世间旅途中，恐怕每个人都品尝过各种形态的力饼吧。"力饼只是单纯的譬喻。藤村的食物论，转化为训诂式的人生论。

"获得珍奇水果时偏偏没有客人来访，客人来访时却又没有像样的东西款待。我家不会专程到街上买东西来招待客人，只端出当时家里有的东西。因为一向如此，想要请客的东西总是自己家人吃掉，对于难得造访的客人却只能招待清茶。"

这也是藤村版的《徒然草》，还有其他类似的手法。

"采蕨虽是散心的好方法，却也伴随莫名的忧郁。和秋天拾栗、采菇有不同的趣味，专属于初春山上的忧郁。"

"马场里（注：小诸）家以草搭建，用落叶松的枯枝搭成的墙上会长出南瓜的藤蔓。某一年，南瓜藤覆盖了整面墙，开了黄花之后长出许多的南瓜，多到家里吃不完。遭到附近桑田主人抗议，才知道南瓜是吸取桑田的肥料长大，从此不敢放任南瓜藤攀墙。"

这里的南瓜暗示了小诸时代的藤村。藤村在小诸七年，把恩人木村熊二（小村义塾塾长）的私生活暴露于小说《旧主人》中，还写了以教师同僚丸山晚霞为模板的小说《水彩画家》，但是文中的男女爱恨三角关系则是藤村的亲身体验，使得被冒名的晚霞愤而在《中央公论》刊登抗议文，与藤村绝交。藤村汲取小诸义塾友人的肥料，灌注于小说的花朵。

藤村擅自暴露恩人的秘密，友人的秘密，一族的秘密。没有事情可以暴露时，就自己制造事件，而后暴露自白。因此，藤村的读者会一面想着"讨人厌，讨人厌"，却又继续读下去。藤村这个人，白秋讨厌，吉井勇讨厌，荷风讨厌，谷崎讨厌，镜花讨厌，志贺直哉讨厌。清野季吉也说"藤村若是同年代的友人，大概会吵架断交吧"，却又超脱好恶的观点承认"的确感到有种魅力"。藤村一方面阴沉讨人厌，却也借此争取到读者。

关于小诸时代的饮食，藤村写到的大约是以下的东西。

土萝卜（形状较小，根部像芜菁泛红，藤村将土萝卜挂在墙上风干腌制，萝卜虽硬，但腌成的咸萝卜颇受藤村偏爱）

芜菁（从木曾取来芜菁种子在小诸种植，和在木曾收成的几无差别，然而第二年就变成小诸的芜菁了）

将细笋切片做成的味噌汤（小诸有一天两餐喝味噌汤的习惯，藤村早晚饮用）

盐腌的黄色土梨，梅醋腌的红色蜡梅，味噌腌的茄子或紫苏果实。

越后路产的海带（在蔬菜吃完的四月送来卖）

山椒芽沾田乐味噌、笋寿司、蓬饼。

御煮挂（小诸地方的面类）

鮠鱼（千曲川钓来叫卖，把新鲜鮠鱼沾上田乐味噌食用）

鲤鱼（放养在水田，有泥巴味，藤村不太喜欢）

烤麻雀（藤村惊讶于还有人把乌鸦烤来卖。木曾有鸫、花鸡、伯劳、金翅雀等鸟类，没有吃麻雀的习惯）

荞麦面（小诸在酒宴之后会端出荞麦面）

大概就是这些，蔬菜和酱菜较多，和木曾的饮食相似。

住在东京的饭仓片町时，会有前来叫卖蚕豆、青梅、辣椒的小贩。并且用酒糟在壶中腌茄子，这是藤村少年时代怀念的滋味。喜食莼菜、青扁豆、瓜、茄子。他当时从法国回来，品味也变得洗练。附近有烤番薯店、泥鳅店，藤村曾经写过"满足于简单饮食的我家，偶尔也会把家常柳川锅端上餐桌享用，虽说泥鳅是夏天盛产，我十分喜欢，上了年纪就更是偏爱"。

葡萄酒应该经常饮用，却不见于文字。藤村二十一岁时参加《文学界》同人文社，当时的成员平田秃木追忆当时"我带了葡萄酒到藤村那儿去一起喝酒，酒相当美味，宾主尽欢。"

藤村和侄女驹子发展成肉体关系是在四十岁的时候，把此事写成小说《新生》则是六年后的事。其间，藤村为了清算和驹子之间的关系逃到法国，决心永远住在法国，但是遭遇世界大战，不得已只好回国。回国之后，和驹子的肉体关系也再度复苏，当时驹子已是二十五岁。岂不正如藤村在巴黎饮下成熟香醇的葡萄酒？

《新生》中，藤村将驹子描写为艺术性的女性。平野护分析"将她塑造成富有艺术性的女性，不必烦扰忧心的人物"。藤村为了逃开驹子而写作《新生》，在写出《新生》之前，驹子的父亲和其他亲戚都不知道藤村和驹子的关系，读了以后才大为惊慌。

藤村爱读王尔德的《狱中书》，王尔德试图以艺术性的生活挽回现实生活中的不名誉，藤村也有样学样，写了挽回名誉的小说先发制人。

藤村的饮食主要以蔬菜酱菜为中心，没有增长爱欲的肉食，对于饮食始终保持贯彻粗食的态度。对于吃只要求饱足即可，但对于爱欲却执念深厚。这种粗食淫乱称得上是青年的特质，不仅是藤村，贫困青年皆有粗食淫乱之嫌。藤村之所以会惹人嫌，是因为终生贯彻粗食淫乱。这或许意味着藤村终生都是青春时光，也是虽讨人厌却仍被阅读的藤村的力量。

藤村踏入文坛是二十五岁时出版的诗集《若菜集》，卷头有"序歌"。

不解风情的歌曲

就宛如一串葡萄

赖有情之手采下

方酿成香醇美酒

对年轻的藤村而言，一串葡萄是"不解风情的歌曲"，藤村不看葡萄本身的价值，而要"赖有情之手采下"之后，才能"方酿成香醇美酒"。

这是藤村诗歌作品的最初一节，若从这点来思考，可以看出"葡萄酒"隐藏其后的深意。一串葡萄是驹子，采下葡萄的有情之手就是藤村。而后看到第二节。

葡萄架藤蔓深深

寻不着紫色果实

有情人真心探访

绿荫下三串四串

葡萄架上的葡萄要靠"有情人"的真心才摘得到，年轻时代的藤村只拐弯抹角写了三串四串，实际上一生中摘下的数量不知多了多少串。

小说《新生》中，上了年纪的主角和女儿交换"葡萄酒"为暗号，可以想见这是暗示着肉体的交合。但是，藤村并非象征派诗人而是自然主义作家。不主张用隐喻表现性爱关系，站在把现实看得见的事物、风景或心理写生下的立场。"葡萄酒"的说法具体，把它当作暗号这件事也很具体，具体的背后则是《若菜集》最初的歌咏。无心的一串葡萄，被熟知性爱情趣的藤村摘下，酿造成芳醇的葡萄酒滴落。

《若菜集》中葡萄登场的次数多到可以称为葡萄诗集。"秋思"为题的诗的第一小节如下：

秋天不来 / 秋天不来 / 花叶沾上露珠 / 风来奏响琴音 / 葡萄由青化紫 / 酿作自然醇酒

诗中的"青葡萄"也是变成酒以后才有价值。

"狐狸的把戏"如此。

小狐藏身庭院 / 静待无人黑夜 / 葡萄秋荫之下 / 偷采多汁果实

狐狸不懂恋情 / 你亦不是葡萄 / 无人知晓之处 / 我愿偷采你心

葡萄园对藤村来说是恋爱的园地。恋爱就要像狐狸，在无人的黑夜偷采，才二十五岁，藤村就已经预感到自己是在葡萄园发展不可告人恋情的狐狸了。

"葡萄树影"的诗，是姊妹交互合唱的歌谣，葡萄园中姊妹歌咏对葡萄的思念。

若是从《若菜集》开始的忠心读者，想必可以轻易解读藤村在《新生》中"葡萄酒"暗号的意义吧。现实中，藤村的读者分为诗集派和小说派，爱读藤村的诗的人，嫌恶小说《破戒》之后的私生活。

藤村把人生论斤两贩卖，经常使用七年这个词，以七年为单位设计生活。小诸的生活是七年，《新生》到《风暴》是七年，写作《拂晓前》又是七年。写给儿子楠雄的信中也提到"人生当以七年为期思考计划"，侄女驹子来藤村家到最后分手也是七年。藤村看来像是随波逐流，实际上却是冷酷的现实主义者，而且每七年舍弃一次读者，到法国之前，把著作权悉数卖给新潮社。

"序歌"的最后一节如下。

由于歌的青涩

滋味色泽尚浅

咬过即可丢弃

一场白日幻梦

驹子的命运同样也是"咬过即可丢弃"，"序歌"预告了藤村和驹子的命运。仿佛被最初写下的诗诅咒，两人结合又分手。或者事实上该说是藤村把责任推托给诗的诅咒。藤村不会为自己的作品殉教。然而，可以推测他一面写作《新生》，脑中应该记得《若菜集》的一节，而后相当具体地提出"葡萄酒"这个暗号。

身在巴黎，藤村持续沉溺于葡萄酒醉乡。自我嫌恶、对罪孽的恐惧、对女性的复仇与怨念，计算与逃避，这些内心的不安，再加上世界大战的波涛，逃回日本又有原本想封印起来的女人在等着。女人已经成熟，热情如火的葡萄酒非喝不可。

和藤村分手后的驹子，去了台湾之后回到日本，和左翼学生同居，遭到警察追捕入狱，向藤村借钱被拒。后来驹子陷入精神异常，直到藤村再婚之后，还始终深信自己才是正妻，结束悲惨的一生。

K. Arashiyama

樋口一叶

（1872—1896）

东京生，在中岛歌子的萩舍塾求学，受到半井桃水的强烈影响，著有描写明治时代贫穷女性的《浊水》《比高》《十三夜》等作品。

樋口

口

一

叶

街旁水沟盖的

蜂蜜蛋糕

一叶食量极小，对料理没兴趣，把睡觉的时间拿来写小说。

所以她极端营养失调。

二十四岁结束一生实在太过短暂。如果一叶再多活个五年，说不定也有可能像林芙美子那样变胖又傲慢，但是，一叶的一生完整地以二十四岁完结，"如果再多活几年……"的假设一点意义都没有。

据和田芳惠所说，在一叶死前的"奇迹般的十四个月"，在这么短的期间内写出了《比高》《浊水》《除夕》《十三夜》《分手之途》。

一叶爱哭，却也冷静讽刺、性格强硬，却又消极自闭。对一叶小说评价颇高的露伴也认为"呼吸困难，内心不留余地的性格"。

死前一年，拜访一叶的斋藤绿雨见到"瘦削的身形与面容，带有逼人之气，唯口角有难以形容之可爱"的模样，当时已经因营养失调染上肺结核。

一叶喉咙严重肿痛，高烧不断，听力逐渐减退，宿疾的肩酸和头痛也随之恶化，绿雨拜托鸥外，透过鸥外帮忙找到名医青山胤通博士看诊，青山博士对妹妹邦子说："住院也没用，还是想办法多给她吃点好的吧。"让医师开出"多吃点好东西"处方的餐桌，究竟是怎么一回事呢？

青山博士诊察一叶的明治二十九年（1896），正是一叶小说急速受到好评的那年，同年年底一叶去世，不过死前的金钱周转已经好转许多。

一叶在死前虽然知道自己已经成为成功的青年作家，但是根据《日记》记述，只觉得自己的好评，像是这个翻脸不认人的恐怖世间中的飘荡浮萍，令人十分怀疑。

萩舍的同僚同时也是对手的三宅花圃，称一叶"偏激性格是她所有缺点的根源"。

葬礼当天，森鸥外提出要骑马随棺出殡会葬，妹妹邦子却拒绝说："这么寒酸的葬礼，怎么好意思让人家参加呢。"

《浊水》是以女性口吻写出具有召唤力的艳丽文体，描写菊井的卖春妇阿力拉客的言词，到黄昏的恋情故事，故事结束于阿力遭到情杀惨死之处。不过，这部小说也可看出一叶对食物的嗜好。

《浊水》概要如下。

第一章，阿力是个中等苗条身材，将黑发结成大岛田发髻，天生肌肤比起衣襟的白粉更要白皙的美艳女子，虽然有着爱使性子的评价，但是本性善良（一叶把阿力比作自己），成为店里的红牌。（本章登场的是酒店的便宜料理）

第二章，下雨的日子，有个戴着高帽子的男性经过，阿力强拉住这个名叫结城朝之助的男人进店里饮酒作乐，阿力表现出手腕，受到酒店同伴的感谢。（结城身上带有一叶失恋对象半井桃水的影子）

第三章，结城成为阿力店里的常客，两人关系亲密。某个月光明媚的夜晚，阿力向结城说明自己和源七的纠葛原委。源七家里原本经营大间的棉被店，是阿力的熟客，坐吃山空之后，在菊井附近的破屋和妻儿三人同住。源七是个丑男且一无是处，每天打零工、酗酒、家庭失和。阿力从二楼的窗口，把正在买桃子的源七儿子指给结城看。（"那个在水果店买桃子的就是他儿子，才四岁的可爱小孩。连在那么小的小孩眼中的我，看来都是可恨的魔鬼吧。"）

第四章，（源七家里的情况）水沟盖的杂居长屋路边，就是源七家的破房子。（"旁边围绕着长在竹篱上的青紫苏、虾夷菊、扁豆藤蔓，就是阿力旧识的源七家。"）源七之妻阿初年约二十八九，看起来比实际年龄老了七岁左右，眉毛不整齐，见不得人的模样。丈夫源七洗好澡，阿初端出冷豆腐。（阿初说我做了你喜欢的冷豆腐，把豆腐盛在小碗中，配上青紫苏端上，太吉从柜上取下饭桶，使力搬下来。）源七没有食欲，吃不下饭，妻子悲叹"夫君曾经享用过菊井的佳肴，但要知道如今的身份早已不同"，源七闻言，不快地横躺下来。

第五章，（阿力的日常生活）阿力平日的生意就是蒙骗男人，如今却怨恨男人的薄情，使她头痛难耐。七月晚上，结束宴会客席，阿力在外闲逛，被结城叫住。

第六章，结城询问阿力的身世，阿力原是贫穷人家的女儿，提起七岁时买米的回忆。买了米回家，却因为天气太冷手足冻僵，在水沟盖的冰上滑了一跤，米不幸掉到水沟里面。这事件说不定是根据一叶的亲身遭遇而来，可以体会到一叶吃得少又营养失调的嗜好。

"回家时因为寒意沁人，手足动弹不得，在五六间人家外，因水沟盖上的冰滑倒，手上的东西也掉落地面，从缺了一块的水沟盖跌进沟中，下面全是脏水污泥，看了半天也不知如何捡回，当时我虽只有七岁，也明白家里的状况和父母的心思，却把米掉在路上，拿着空篮怕得不敢回家，站在路边哭了好久，也没人来问怎么回事，当然更不会有人问了以后会买米给我，那时附近若是有河或池子，我必定投身自尽了。故事只到开头，我就是从那时开始发了狂。"

阿力因为发狂而沦落到成为卖春妇，是从把买来的米掉进水沟开始，深入描述把米掉进水沟的少女时代体验。太晚回家，担心的母亲前来把她带回家，但是母亲一句话不说，父亲也一语不发，也没人骂阿力。"家里充塞了叹息声，我难堪到坐立难安，直到父亲说出今天不准吃饭，始终坐在一旁，不敢喘一口大气。"

如果一叶自己的少女时代体验反映在阿力身上，就可以推测出一叶罹患拒食症的原因。

第七章，阿力对源七一家的窘境实在看不过去，买了甜点"蜂蜜蛋糕"给源七之子太吉，而且是用新相好结城的钱买的。

阿力买"蜂蜜蛋糕"给太吉的事已有伏笔。中元时节，源七没有零工的机会，只是镇日喝酒。妻子阿初责备源七："中元节连买个白玉丸子给小孩吃都没办法。""春秋分习俗上要分牡丹饼跟丸子给人家，我们什么也没有，不被人家当一回事。"阿初流下眼泪。夕阳西下，儿子太吉带着"蜂蜜蛋糕"，脚步轻快回到家里，阿初问了"怎么回事"，知道是阿力买给他的，阿初激动万分。

"你难道不知道那个姊姊是魔鬼，是让爸爸落到这步田地的魔鬼吗？你的衣服没有了，家也没有了，全部都是那个魔鬼做的好事，还要让贪得无厌的吸血恶魔买点心给你。"阿初怒斥："这种脏点心，放在家里就有气！"破口大骂把点心丢到后面空地，落入水沟中。

源七夫妇争吵不休，阿初带着儿子太吉离家出走。

第八章（终章），中元节过后几天，新市区出现两具棺木，阿力和源七的遗体。阿力被源七杀害，非自愿殉情了。有人说"这是双方你情我愿"，但是真相没人知晓。"众说纷纭，莫衷一是，怨恨长存，据说有人看见一道不知是人魂还是什么的光芒，从寺庙略高的山丘朝天空飞去。"而后故事结束。

阿力因为内疚于拖累小孩父亲，买了"蜂蜜蛋糕"作为免罪符。其中蕴含了阿力剪不断理还乱的复杂心情与善意。水沟盖路边的西洋甜点"蜂蜜蛋糕"，再怎么说都很不搭。

斋藤绿雨评判一叶的作品为"哭泣背后的冷笑"。一叶看出阿力的温柔其实是残酷。

《浊水》中，有许多种料理登场。其中包含强烈的死亡诱惑和震撼人心的余韵。从菊井酒店的窗看见的"水果店的桃子"十分鲜明，分手男人的儿子在水果屋买桃子的景象，指给馨香好看的时间的浓密和悲哀。源七家里端出来的冷豆腐包含尖锐的紧张。荒凉的空地长着青紫苏，洗过澡后"把豆腐盛在小碗中，配上青紫苏端上"，就算不是镝木清芳也不禁产生想要画成一幅画的冲动。阿初痛斥的"新市区的菊井御料理"具有和坏地方不符的温度感，导致悲惨结局的"街旁水沟盖的蜂蜜蛋糕"，虽有善意的背景，却包含不好的预感与不安的微温，一切的根源，都是阿力七岁时摔跤把米掉进水沟里的记忆，如无处不在的噩梦袭来。食物散发着恶魔的光彩。食物的背后有着故事，对不吃就活不下去的人类业障提出质问，无论点心、水果、料理都虎视眈眈。

一叶的父亲则因事业失败去世，是在一叶十七岁的时候，进入荻舍求学则是次年的十八岁。一叶一家，从那一年搬到本乡菊坂租来的房子，以裁缝、洗衣维持生计。

荻舍的学生多半是良家子女，更让一叶亲身体验到贫穷的难受。

荻舍同学的伊东夏子写作的《一叶的回忆》中，出现了几样料理。

"她是吃得很少，对吃毫无执着的人。跟一般人吃得差不多的也只有寿司了吧。"

"帮食物取名可能很奇特，但是在老师（中岛歌子）那边吃午饭时，出现了凉拌黄瓜加上生蛋，黄瓜还温温的，樋口小姐随口说了'生煮凉拌黄瓜'，让我一瞬间见识到才女的机智。"

关于这个"生煮"，类似的表现也出现在"比高"之中。"龙华寺的藤本如同半熟的生煮饼一般……"的部分，这间寺庙"从厨房飘出烤鲜鱼的炊烟"。《比高》中提及的少数料理还有寿司，出现在青春少女美登利（一叶假想的另一个自己）的母亲说"接下来要不要去订寿司"的情节，此外还有红豆面包，再来就是寺庙的住持说"菜色就从街上的武藏屋叫你爱吃的大串烤鳗鱼来吧。"

一叶请客时喜欢烤鳗鱼。在伊东夏子的回忆中"似乎是以前人家拜访的时候，请了鳗鱼饭之类的东西，然后那人要回去时，却急着追上来似的表示说要借钱，虽然那应该是迫不得已的手段，不过对被借钱的人来说，好像连说不借都不行。这怎么说都不太好吧。"被一叶请烤鳗鱼，似乎是相当可怕的事。

平日的餐饮相当简单，被青山博士诊断出结核时说"多给她吃点好的吧"以后，妹妹邦子煮的是炖萝卜。由于妹妹邦子向伊东夏子报告"昨晚姊姊说要吃炖萝卜跟饭，结果吃了粥"，应该是一叶自己说要吃炖萝卜。

根据伊东夏子的回想，"阿夏（一叶）无论过多么苦的日子，拜访时必定发自内心喜悦地迎接，就算找遍全家只有八十钱或五十钱，也会夏天送上冰水，冬天送上温热的东西，若是节日还会准备荞麦面，是相当体贴的人"，想必订鳗鱼饭也是要看对象的。

一叶相当长袖善舞，被评价为"很会应对进退，简直像是接风的女主人"（花圃），反过来说，也是会进行讥讽观察和批评的性格，总之是很会看对象。

一叶跟许多人借过钱，手段堪与石川啄木相匹敌。

希望不必担心金钱而写小说的一叶，为了寻找赞助者而奔走。分手后仍向半井桃水借过钱便是一例，和田芳惠评为"对桃水就好像紫式部对道长一样的想法。"

还曾经接近主持天启显真术会的怪人久佐贺义孝，试着榨出钱来，久佐贺则反过来要求她当自己的小妾。

向流行作家村上浪六借钱，遭拒之后写了"毒笔之人"痛骂一顿。

阿力的模型，就是一叶最后住在丸山福山町（现在西片一丁目）家附近的酒家女。一叶曾经帮酒家女代笔写情书，想必也曾亲眼目睹死在吉原的游女遗体吧。从这些日常体验之中，一叶扩大阿力的形象，仿佛把阿力当作自己。

根据花圃的回忆，一叶会"跟踪模型"，说是"只要把那人当作模型，就会跟她到天涯海角"。因为萩舍的塾生也常被当作范本，而且立刻就会知道。

一叶靠着作家的本能，跟踪有兴趣的东西。这在饮食上也是一样，《浊水》中出现的诸多点心、料理、果实，都是追踪自己饮食生活的结果。此外，另外一个一叶也在追逐追踪着某项事物的自己。表现最明显的就是一叶的《日记》。

明治二十四年（1891）四月十五日，日记中记述十九岁的一叶初次造访半井桃水家，漫谈之际到了晚餐时间，一叶受邀留下来吃饭。数度拒绝"初次见面怎么好意思留下吃饭"，桃水坚持留客，"无法拒绝，留下用餐"。

同年六月十七日，一叶再度来到桃水家，桃水不巧出了门，等到傍晚"如往常一般晚餐送了上来，不好意思拒绝于是留下用餐"，吃完饭桃水正好回到家。一叶用料理观察自己。

桃水擅长料理。二十五年二月一个下雪的日子，一叶访问平河町的桃水隐居处，吃到亲手做的红豆汤圆，因而打动一叶的心。一叶对桃水的恋慕之情，在此时达到巅峰。

雪夜的一碗红豆汤圆，想必是令全身颤动的至高幸福滋味吧。

此后，一叶和桃水之间的流言传开，遭到萩舍塾长严正注意后，断绝和桃水之间的往来。

二十五年夏天的《日记》，纵然对半井桃水有所埋怨，但想起下雪日子的餐点不禁落泪。当时桃水说过"我做的五目寿司很好吃，改天再正式邀你来享用""不知何年何月才有幸品尝那人亲手作的料理"的叙述，简直像是《源氏物语》中登场女性的口白。

对于桃水的恋慕起自于料理，采取《日记》之形，俯瞰自己和料理及桃水，自上空追踪观察。

《日记》中，此后有马场孤蝶、平田秃木、川上眉山到本乡福山町家中来访时"叫了鳗鱼等餐点"，此时《浊水》开始畅销，金钱周转有所改善。然而小说受到好评之后的日记反而不太有趣。一叶的《日记》大放光彩之处，就是为恋慕桃水烦恼不已的段落。把《日记》当作私小说写作时的一叶作品，想法零碎，不脱少女悲恋小说的领域。到了二十二岁写作《除夕》时，小说才开始反映私生活。以《除夕》为契机，把小说和日记的立场对调，原本作为记录"内心秘密"形式的日记，旋即跃入小说的舞台，《浊水》中出现的点心、水果、料理背后都有不为人知的故事，引爆的预兆也潜藏其中。一叶的文体中，飘散着引发爆炸的炖煮物气味。

一叶的餐桌营养失调，且正因营养失调而蕴含不安定的杀气。在下雪日子拜访桃水家的一叶，冻僵在原地等候许久，桃水所端出的一碗红豆汤圆，点燃一叶心中孤注一掷的恋情热火，引导向分手的结局。这岂不就像《浊水》中阿力买给源七儿子"蜂蜜蛋糕"的状况吗？一叶观察到了人情往来之际，对于食物的善意与恶意，表里两面的夹缝。

伊东夏子描绘"那个人削减自己的性命在写小说，简直像在削柴鱼片一样"，来到一叶病床前探病时，留下如下的回忆。

"探病时若是带了点心过去，知道我喜欢吃甜点，总是说着这个好吃那个好吃，用手剥下来分我吃。"

伊东夏子继续写道。

"然后我曾经笑着对她妹妹说，你姊姊身上的霉菌，你跟我两人少说也吃进了四五万个。"

语带讽刺的收尾。

泉镜花

(1873—1939)

出生于石川县，曾拜入尾崎红叶门下学习小说写作，以充满幻想传奇风格的作品风靡日本，创办以「泉镜花赏」为名之文学奖。作品众多包括《妇系图》《歌行灯》等。

泉镜花

酸酱草

泉镜花非常害怕"吃饭"这件事，对食物避之唯恐不及，有一个小故事足以证明他的厌恶食物症。他曾经因为不喜欢"豆腐"的"腐"字，而将它改写为"豆府"，这个"府"字是借用了他爱用的香烟厂牌"小府"而来。

他之所以喜欢豆腐虽然是因为家境贫穷，但他炖煮豆腐的方式可相当具有煮沸杀菌的效果。

他不吃生鱼片，因为他认为虾蛄、章鱼、鲔鱼、沙丁鱼等是下等鱼，所以特别讨厌，他只吃比目鱼、烤盐渍鲑鱼和鲷鱼汤等。他甚至还说过只要吃下一颗蚕豆他就会闹肚子。

肉类则是除了鸡肉之外一律不吃。

他一辈子都没吃过春菊，他说因为春菊的茎部有洞，一种叫作花金龟的有毒虫类会在里面产卵。

喝茶也得把烘焙过的茶叶煮沸加盐之后才肯喝，他对粗茶也有特别的冲泡方式，泉名月曾说他冲泡粗茶时，会将烧得火红的木炭放进小型的樱花木长火盆，再用盛冈产的铁水壶把水烧开，将烘焙好的茶叶放入万古烧的茶壶中倒入热水，热水必须淹过茶壶才行。

他每晚会喝两合（约360ml）左右的酒，而且还是热得让人连酒壶都拿不住，可能烫伤嘴巴的酒，他还曾经写过："山茶花和刚烫好的热酒"的句子。

此外，他还喜欢吃木村屋没有包馅的红豆面包，吃之前他会先用火将面包两边烤过，吃到最后他会将手指捏着的部分丢弃不吃。苹果也必须先由妻子将双手洗净之后削皮，而且削皮时手还不能触摸到果肉的部分，之后他会用手指捏住苹果头尾两端，像旋转陀螺一样啃食两侧。

由于他非常害怕细菌，所以无法出外旅行，即使需要外出，他也会在保温瓶里装满煮开的酒，在火车上小口啜饮。因为在火车上没办法烧水泡茶，所以画家冈田三郎助的夫人送了燃烧固体酒精的炉子给他，听说泉镜花随身带着这个酒精炉在火车上烧开水。听说有一回泉镜花夫人铃在火车上点火煮面，遭到车长斥责，泉镜花还据理力争了一番。

就连萝卜蘸酱他也必须煮过才肯吃。

他因为实在太害怕细菌了，所以还随身携带放有酒精棉的携带型消毒器，以便随时擦拭手指。必须跪坐在榻榻米上行礼的时候，他会将手背朝下再点头行礼，公共厕所因为小便可能喷上来，所以他拒绝使用。

他的生活就是这样。

所有和他熟识的友人，每每见识到他既奇特又异常的行为时，都十分惊讶。

所有的食物除非煮开他绝对不吃，即使是艳阳高照的夏天，他照样一边吹气一边吃着热腾腾的鸡肉火锅和滚烫的酒。

小岛政二郎回忆到，他曾经和水上泷太郎、久保田万太郎、里见弴、大根河岸在斗鸡料理店"初音"偶遇泉镜花，于是大家就决定共坐一桌。小岛政二郎逐项地吃着锅中煮好的食物，却见泉镜花把锅子一分为五，并将葱条排列整齐后翻着白眼瞪着他说："小岛！从现在起，请你不要把筷子伸过来这边！那边是你的！这边是我的！"

　　同样的事情也发生在他和谷崎润一郎、吉井勇吃鸡肉火锅的时候，由于谷崎热爱美食，所以即使是生肉也乐此不疲，所以只要锅中的鸡肉稍微烫过他就会夹出食用，因此总是连正在等待肉片煮熟的泉镜花的份也一起吃掉，泉镜花受不了了，就在锅中画一条线对他抗议，不准他越线侵犯自己的食物。

　　辰野隆的书中曾经写到，泉镜花曾表示："因为巧克力有蛇的味道，我不喜欢！"

　　对于汤类的食物，只要汤里加了些许像柚子皮之类的生食，他就一律不吃。

　　卖相不好的东西他更是讨厌，他曾经非常嫌恶地说："虾鲇、章鱼和虾究竟是虫还是鱼？"因为虾子会啃食人的尸体，他尤其讨厌，但他却曾经在酒席上因为醉酒而大啖芥末章鱼。和他同桌的画家小村雪岱（为泉镜花的书画插画及设计装帧的人）于次日问他："您昨天是怎么了？您吃了章鱼！"他闻言后脸色大变，说他肚子痛就匆忙回家了。

　　还有一次他接受冈田三郎助的招待去吃中国菜，起初他还小心翼翼地挑选食物，酒过三巡后，他就开始品尝桌上的各式料理。之后还津津有味地对着其中一道菜说："还真好吃！"餐后当他知道他刚才吃的是青蛙时，他吓得脸色惨白，赶紧将随身携带的胃肠药一饮而尽，发着抖说："真是乱来！"

　　关于泉镜花对食物的病态，精神科医生吉村博任表示：这种对食物的异常厌恶和对当时流行的赤痢、霍乱的恐惧有非常大的关系。泉镜花年轻时肠胃就有问题，所以对食物的好恶相当分明。

　　明治二十八年（1895），尾崎红叶门下弟子小栗风叶感染霍乱，泉镜花闻讯后由于身不由己无法离开，心中却还是觉得恐惧万分，虽然平常共处一室的同事得了霍乱，徘徊在生死边缘，但他还是不由自主地感到害怕。泉镜花在三十岁时感染赤痢，更因为赤痢的后遗症造成肠胃旧疾恶化。当时天花、伤寒、霍乱和赤痢是四大传染病，有许多人因此丧命，所以只要住家附近有人感染霍乱，泉镜花就会赶紧搬家。

泉镜花也非常讨厌苍蝇，他的《厌蝇记》描写一个在瞌睡中遭到苍蝇叮咬而濒死的幼童故事。事实上，他也因为苍蝇可能传播霉菌而避之唯恐不及，那个遭到苍蝇叮咬的幼童，其实就是泉镜花自己的化身。他因为太讨厌苍蝇，所以还利用千代纸自制盖子套在烟管上，每吸一次就换一次。除此之外，烫酒壶或茶壶的壶嘴也都必须套上盖子。在曲町的租屋处，光是擦拭楼梯的抹布就有三条，这是因为随着楼梯的高度不同，堆积的灰尘多寡也不同，所以必须准备三条专用抹布。

泉镜花严重的洁癖和他的生长背景也有关系。泉镜花是家中的次子，出生于明治六年（1873），父亲泉清次是金泽的一位雕金师，母亲铃在他十岁的时候就过世，由父亲抚养成人，但泉镜花和父亲之间却没有互相依赖的亲子关系，十九岁时他拜入尾崎红叶的门下担任门房，父亲死后家中生活陷入困境，泉镜花精神衰弱的情形日渐恶化，经常站在蜿蜒的小路上手足无措，更因为企图自杀为尾崎红叶所救，若不是因为他拜入尾崎门下，缺乏学历和教养无法独立生活的泉镜花可能早就发疯或是自杀了，他的作品最后却在他这种疯狂和濒临疯狂的邻接点中绽放光芒。

拜入尾崎门下的泉镜花，负责记录尾崎的口述工作，却常因为遇到不会写的字而手忙脚乱。泉镜花在汉字上注明假名读音的特殊文体，曾经获得川端康成在他《文章读本》中称赞是华丽的美文，而且深受泉镜花"文章的雕琢"吸引，殊不知泉镜花的"舞文之妙"单纯只是他不懂文字的一种反动行为。

泉镜花在私生活中异常的洁癖行为，反而在他的文学表现中开花结果。他的作品中有许多妖怪，充满了怪异和唯美，但他书中出现的妖怪却都比人类单纯且更有思考能力，他之所以在书中描写妖怪或幽灵，是因为他心中的恐惧。虽然他一心求死，却还是无法从对霍乱及赤痢的恐惧中解脱。

泉镜花对幽灵的存在深信不疑，他相信观音制邪的能力，所以在书桌旁放了一尊观音像，因为观音有封印妖怪及恶灵的能力。此外他也相信文字有文字灵，所以当他修正文稿时，都会以炭墨将修正的地方涂黑，此举是为了抹杀被他涂改的文字灵，他还在稿纸前放置供奉神明用的酒杯，里面装着磨墨用的水，在开始写作之前，他会在稿纸上撒上一两滴清水。

他在曲町的租屋处，在通往二楼的楼梯口有扇拉门，乍看之下会让人找不到楼梯在哪里，感觉很像日本忍者的住家。

泉镜花日常生活中的奇异行径和他特殊的写作环境，为他吸引了许多疯狂书迷。尾崎红叶死后，由他主持的砚友社遭到文坛漠视，由于自然主义的风潮高涨，泉镜花因属旧派而被拒于门外，不得其门而入，但这样的情况越是严重他就变得越加偏执。

泉镜花非常思念母亲铃，他的作品风格充满了对母性的渴望，妻子铃之所以和其母同名绝非凑巧，由此可知泉镜花好恶分明的个性。

他也非常讨厌打雷，在曲町住处的天花板上还吊有象征避雷的玉米条。他也不喜欢狗，只要一看到狗他就会把拐杖藏在身后伺机而动，听说他是因为看过得了狂犬病的人的惨状，才开始有这样的反应的。

他还讨厌雨蛙，根据广津和郎的回忆录《岁月的脚步声》一书记载，有一回泉镜花前往广津家拜访，当他抱着当时年幼的广津和郎走到院子里时，碰巧有只停歇在青桐树上的雨蛙小便在他手上，当时的泉镜花惊讶的程度非比寻常，他尖叫了一声，一把丢开水盆，飞也似的跑了。因为他相信沾到雨蛙的小便会长疣，所以吓得拼命洗手。

这种强迫观念的病情会随着年纪的增长而更加严重，当他在写作时有苍蝇飞到他的稿纸上，他不但会马上挥手驱赶，还会拿敬神酒杯里的水四处泼洒，或是在写作途中因为产生邪念而停笔时，他也会洒水。

泉镜花有个号斜汀的弟弟，斜汀因为向泉镜花借钱遭拒，而少有往来，但事实上他们的关系冷淡不只是因为钱。斜汀娶了家住千叶印旛沼的农家女，但妻子却不幸得了结核病，泉镜花因为担心被传染结核病所以才加以疏远的。有一回斜汀带着妻子家母鸡生的鸡蛋前往拜访泉镜花，泉镜花却命令家人不准招待弟弟吃饭，因为细菌会留在饭碗里，还把他带来的鸡蛋退回，斜汀回家之后，还要家人把他坐过的椅垫烧毁。

泉镜花在这种异常的心态之下创作的作品，夏目漱石批评为"狂想"，佐藤春夫却称赞是"美丽的奇想"。

泉镜花著有一部小说名为《酸酱草》，书中描写有个艺伎到医院去探病，在回程的电车中遇见一位肮脏的老婆婆，艺伎见到老婆婆口中嚼着酸酱草，觉得很恶心就赶紧下车，当她到面店去吃炸虾面时，炸虾面中混有酸酱草的幻觉却迎面袭来，她觉得自己好像吞进了酸酱草，回家之后开始大吐特吐，其实她是咯血了，每回只要她一咯血，她就又以为自己吐出了酸酱草。

这究竟是"狂想"还是"美丽的奇想"，虽然是见仁见智，但泉镜花应该不是看见咯血的人而联想到酸酱草，而是看见酸酱草而联想起咯血。泉镜花的病情已经到了连日常生活中的小事，都可能被他视为恐怖世界，在这个恐怖世界中，有着鲜明的死亡影子，他对食物的恐惧，将他的日常生活都牵引进完全不同的幽冥世界中。

泉镜花在十九岁时写了一篇小说名为《吃蛇》，当时他正在尾崎红叶家担任门房，六年后的明治二十一年（1888），这篇小说才得以发表。

小说中有一部分是描写一个叫作"稀有人类团体"的进食情形。（泉镜花的文章非常适合出声阅读，因为他是个对声响相当敏感的听觉作家。）

小说中写到"他们聚集在排斥他们的店家前面，或是排排站在店门口，大叫着说生意兴隆的店家老板小气吝啬，不给他们东西吃，眼睁睁地看着他们饿肚子，接着就从自己的袖口抓出一尾尾的蛇，扯断之后大嚼特嚼，接着又将口中的蛇肉到处乱吐，当时的情形任谁看了都会觉得恶心想吐，有些胆小的妇人目睹了他们恶心的行为之后，接连三天都无法进食，甚至还因此生病。"

"蝗虫、水蛭、蜥蜴等是我们最喜欢的食物，请答应我吧！我希望可以不用再啜饮粪汁了，如果我必须把它当作味噌汤的话，那么十万石的稻米恐怕都要枯死了。"

"他们最期待的丰盛饭菜，就是刚起锅的长虫。"

"他们从一棵朴树的树洞抓了几十只蛇，在下锅的同时盖上的网目紧密的筛子，再用大石头压住，以干草烟熏，再起火加以烘烤的话，长虫因为耐不住高温挣扎扭曲，为了想逃出煮锅会口吐蛇信奋力将头钻出筛子，这些人便顺势捏住蛇头一拉，整个蛇便连着背骨一起被抽出来，他们将抽出的蛇骨丢弃在一旁的蛇尸堆上，大啖锅中的蛇肉，那样的情景真的会让人毛骨悚然。"

整篇文章虽然是泉镜花惯用注释假名的文体，但内容描述的"扯断扭曲爬行的蛇身之后大嚼特嚼""吃水蛭和蜥蜴，把粪汁当味噌汤喝""刚起锅的长虫最是好吃"等，和泉镜花个人的喜好相互矛盾，也难怪有人会以为这是谷崎润一郎的作品，如果它真的是患有饮食恐惧症的泉镜花的作品，那真的应该追根究底研究一下他的症状了。

佐藤春夫认为对食物极尽挑剔之能事的泉镜花，竟然会写出这样恶心的作品，或许是反映了对他来说，一般人在日常生活中食用的普通食物，在他看来不是蛆就是蛇，他认为这是自然主义无意间影响了泉镜花作品。

泉镜花一直将作品投射幽冥世界中，由此可知，他或许是故意去体验恐惧来试图治疗自己，他在小说中描写自己的恐怖世界，取代对不可预见未知世界的渴望。

泉镜花其他的小说作品也都是如此，一心求死的泉镜花，借由杀死自己小说中的主角来预防现实中的自己自杀，事实上，他就是自己小说中那些食用"虚构料理"的怪物。因此，对他来说现实生活中的饮食，只要能够维持创作"小说"这个肉体的料理就行了，但当他看见实际的食物时，却又因为自己严重的强迫性格，而导致妄想逐渐扩大，才会看见酸酱草就联想到结核病患者吐血，再加上幼年时期缺乏亲情的抚慰而产生的自闭倾向，使情况更为严重，还有满三十岁时就罹患赤痢的泉镜花，日后胃肠便因此经常隐隐作痛，这样的心理作用更加深了他对食物的恐惧。

泉镜花的师父尾崎红叶三十七岁过世时，泉镜花正好三十岁，当时泉镜花和女友铃已经同居一段时间，却因为尾崎的责骂而无奈分手，丧礼上由泉镜花代表门人弟子致哀悼词，尾崎红叶临终前将门下弟子招至床前说："从今天起，你们要多吃点难吃的东西多活些日子，好多写一点好文章。"不知道这句话对泉镜花的心理产生了何种影响？泉镜花遵照老师的话，活到六十六岁，临死之前他所咳的痰中含有些许的血丝，不知道在他眼中这些血丝是否也变成了酸酱草？不！因为他对酸酱草的幻觉，已经随着小说的完成而升华，在他的血痰当中，他或许看见了死神悄悄接近的酸酱色黄昏。他在绝笔中写道："好怀念露草和红豆饭。"

泉镜花虽然性好杯中物，酒量却不好，只要喝个两小杯就会醉得不省人事，天生的顽固个性更是经常让他丑态百出，他实在不能算是个酒品好的人。他之所以吃咸鲑鱼，完全是因为咸鲑鱼是地道东京人的食物，所以他只好努力学着吃。他非常喜欢东京，就连自家的装潢和家具也都相当讲究，穿着和行为举止也丝毫不马虎，但只要三杯黄汤下肚，就难免露出马脚。他虽然拼命地构筑自己虚构的宇宙，试图让自己的日常生活优游其中，但仍难逃贫穷的出身，无法改头换面成为货真价实的东京人。他变身的渴望和现实生活中的落差，就是镜花文学中灰暗的地方。

泉镜花描写妖怪却害怕妖怪，他热爱尾崎红叶却也憎恨他，他喜好女色却因为惧内而自我压抑，他担心跟不上时代潮流，但个性却偏执别扭，他虽然一心求死却又害怕死亡，这般矛盾的困境发展到极致，就引发了人格分裂。

参加宴会时，泉镜花经常态度傲慢。有一回内务大臣后藤新平仿效西园寺公望的做法，邀请知名文人到自家府邸餐叙时，泉镜花也受邀前往，在豪华的西式房间中，应邀的宾客端坐在柔软的椅子上时，泉镜花突然说："我实在不习惯坐椅子……"就穿着和服在椅子上盘腿而坐。当侍者端出葡萄酒时，他却要求对方提供一壶温热的日本酒，甚至还在席间对着里见弴大呼小叫。因为泉镜花向来相当拘谨含蓄，他的举动让同席的人都觉得不可思议。

穿着和服在椅子上盘腿而坐是泉镜花的作风，他虽然试图贯彻自己的想法，但只要三杯黄汤下肚，就连裤管内衣都可以外露的丑态，实在称不上什么是东京人的好典范。当他接受一位想要翻译他作品的美国女士的邀请，前往帝国饭店时也是如此。不仅在椅子上盘腿而坐，对眼前的西餐也毫无兴趣，不明所以的侍者只好照他吩咐端来热酒和煎蛋，泉镜花也只吃这两样东西。他异于常人的行为让这位美国女士对他更是好奇，这也是泉镜花特有的做法，而且当这位美国女士表示她不懂日文时，泉镜花竟然要口译员挖苦她说："叫她回去把日文学好再来，我不想让西方人看我的小说。"

尽管如此，对生活细节他还是挺讲究的，帽子得买克里丝蒂的，牙膏则是克洛诺斯，雪茄要是上等的舶来品，贴布必须是安提夫罗狄丝汀，痱子粉必须是美国货，他还喜欢葡萄酒、白兰地、威士忌和苦艾酒。

同时他还是个大烟枪，家中经济情况不好时，他还曾经将落叶或昆布塞进烟斗里代替烟草。泉镜花从濒临自杀边缘的赤贫生活，最后终于一跃成为时代的宠儿，但在此之前他也经历不少的波澜挫折。

泉镜花的代表作《妇系图》，其实是在报复尾崎红叶责怪他和铃同居一事，当时认为泉镜花还不到适婚年龄的尾崎红叶，怒骂他"要老师还是要女人"的场景，在作品中都重现了。"赶紧分手！那在当艺伎的时候……"这就是当时泉镜花的心情，即使在老师死后仍无法释怀的怨恨尽数在他的作品中升华了。

吞食自己的作品是泉镜花唯一的嗜好。

腌梅是泉镜花少数喜欢的食物之一，泉夫人铃一边驱赶苍蝇一边进行曝晒工作的腌梅腌渍的时间都超过十年，整颗梅子像羊羹般透明，这些腌梅或许也是泉镜花狂想奇想中的一分子吧！

有岛武郎

（1878—1923）

出生于东京，于札幌农业学校在学期间，即跟随内村鉴三学习，为「白桦派」同人，身为人道主义作家，为追求理想解放自己名下的土地，代表作品有《该隐的后裔》《某个女人》。

有岛武郎

《一串葡萄》

有岛武郎在杂志《赤鸟》中发表的《一串葡萄》被日本的国语教科书选录其中，供整个日本的中学生研读。有岛武郎还有其他许多作品，但广为人知的却只有这一篇，阅读过这篇文章的人在吃葡萄时，都会不由得想起有岛的《一串葡萄》吧！

《一串葡萄》的内容大概是这样的。

"我"（有岛武郎）小时候非常喜欢画画，我就读的小学在横滨市区，老师全都是外国人，学生当中也有不少外国人，有一次因为我非常想要大我两岁的吉姆的进口西洋画具，于是就趁午休偷了他蓝色和红色的颜料，却被他发现，被带到二楼的教师办公室。当时老师居然一直安慰不断啜泣的我，还爬上二楼的窗户摘下一串葡萄送给我，还要求我"明天无论发生什么事都要来上学"。第二天我到学校去的时候，吉姆跑过来握着我的手，拉着我一起到老师的房间去。老师对我说："只要你们从今天起成为好朋友就够了！"一边又递了一串葡萄给我。老师把葡萄放在她白皙的手心上拿给我，我好像从那天开始就变得比以前懂事，也更不畏畏缩缩了。

为什么老师说的话会让我如此印象深刻呢？当那位外国老师说"你们可以走了"的时候，我觉得很不好意思，如果说："我想到竟然这样折磨我喜欢的老师，真是太不应该了。"好像也太做作了。尽管如此，当时流着鼻涕吃着美国配给食物的学生，大家对这件事都非常感动。因为《一串葡萄》写的是一位善良老师和单纯学生互动的美事，这也是为什么会被教科书选录的原因。

《一串葡萄》被刊登在教科书时，几乎所有的学校都没有葡萄棚架，也没有美丽的外籍教师和学生。现在重看《一串葡萄》，这个部分不禁让人有些不悦，但在觉得不悦的同时，却也让人心生感动，如果是一个胖教头摘的无花果，大概也不会让人这么感动了。横滨市区、外国学校、再加上进口画具，还有身穿白亚麻的外籍美女老师爬上窗台摘的一串葡萄，将这一串带粉的紫色葡萄放在大理石般的白皙手掌上，用银色的剪刀剪成两串的画面，简直是如梦般地耀眼。

有岛武郎可悲的分裂人格由此可见。

有岛武郎在故事中描写的内容，几乎是他的亲身体验。他五岁时为了学习英语会话，前往位于横滨市区居留地的美籍牧师住处，六岁时进入同样位于横滨市区居留地的横滨英和学校就读，这个故事就是他根据当时的记忆所写的。创作的时间大约是他和外遇对象波多野秋子在轻井泽别墅殉情的三年前。

"我或许长得很可爱，但却是个身心都不健康的孩子，再加上个性胆小，往往不敢清楚地表达自己的意见，所以无法惹人怜爱，也交不到什么朋友。吃完中饭后（中略）只有我一个人心情沮丧，单独走进教室。"

有岛武郎如是写到。这也难怪，因为小说是有岛武郎对否定的资本家世界的情感抒发，他身为资产阶级的事实是与生俱来无法改变的，但此时的他却选择远离基督教走向唯物论思想，基于否定私有财产的理念，他于大正十一年（1922）解放北海道的自家农场，该年丛文阁也以单行本的形式出版《一串葡萄》。《一串葡萄》中有着走投无路的有岛身影，书中的我，也是有岛武郎无法舍弃的我，他为书中的我讴歌，同时也突然改变自己的态度。

有岛武郎长相俊美无人可比，在日本近代的文学家中也是屈指可数的，他的长子有岛行光就是日本电影界的大明星森雅之。他家世清白，个性纯良正直，待人亲切，而且是毕业于美国哈佛大学的才子，再加上拥有北海道的农园，简直是只有在画中才会出现的贵公子。他遍访欧洲各国，擅长绘画，返国后担任大学教授，有岛生马和里见弴是他的弟弟，可说是财、才、德兼备，而且为人谦逊不骄傲又懂得自我反省，即使是现在，拥有如此条件的男人也相当罕见，他和西洋葡萄还真是相得益彰。他洋溢着葡萄色的浓浓忧郁，全身漫流着深红色的血液，眼神透明又甜蜜。

关于有岛武郎温柔的个性，有这么一段小故事。他在上小学之前，曾经跟着美国牧师学英文，当时和他一起的还有小他两岁的妹妹爱。有一天正好有好吃的东西，但妹妹因为遭受老师责骂，所以没有分到大家都分到的点心，一个人关在房间里闹情绪，有岛武郎因为心疼妹妹，所以想把自己的点心给她，但又担心会被老师责骂，于是就把点心藏在自己嘴里，偷偷地跑到妹妹房间，再将点心从嘴里拿出来分给她吃。妹妹爱每次一想起这件事就会说："这件事我怎么也忘不了！"

他的温柔即使在他长大成人之后，也丝毫没有改变，还因此广受艺伎青睐。有一回民主运动的指导者在新桥的料亭新喜乐聚餐，当时出席的人中有大山郁夫、生田长江、室伏高信等大名鼎鼎民运斗士，有岛武郎担任干事，翩翩风采俊冠群雄。有岛武郎并不喝酒，只是面带微笑地在热烈讨论的宴席中和艺伎谈笑，一个人抢尽众人风头，不久众多艺伎都聚集到他身边，众人都觉得他不愧是"最佳男主角"，因为他的气质实在太好了。

那么，如此优秀的有岛武郎喜欢吃什么呢？翻遍他的著作，除了三明治和孩子的便当之外，就没有其他相关的记载了。他的妻子安子在结婚七年后过世，三个小孩由他抚养，而且因为他在孩子还小的时候就殉情死亡，所以没有人可以记录他的日常生活。

有岛武郎非常疼爱三个孩子，只要长子要参加足球比赛，他就会带着便当早早去加油，便当则由他的母亲幸制作。

他位于北海道的有岛农场（Niseko 狩太农场）种有稻米，在有岛武郎纪念馆中还留有印着"食味自慢·特撰有'山岛'米"的红色货单，从上面写着"分量正确"一点来看，还真不愧是有岛武郎，凡事一板一眼绝不马虎。在有岛农场中还种有其他蔬菜，在农场的账簿中还有他认真的签名。当他决定将农场送给佃农时，他还要求佃农不要向欠农场钱的人讨债，将所有的债务一笔勾销。不仅如此，他还提供一笔与负债金额同值的捐款给共生农场。

他的另一本小说《该隐的后裔》，是一个出生在北海道荒野的农民故事，书中出现了小麦、小米和大豆等植物。居住在北海道时，有岛武郎就经常食用自家栽种的作物，饮食主要以蔬菜为主，生活相当简单，这样的饮食习惯和好友高村光太郎相当接近。有岛武郎有一个高村制作的铜手塑像，还曾经写诗加以咏叹。

孤独且寂寞的神秘／手……一只手／每当我凝视它，就不由得从肉体从灵魂开始游离的手／存在的庄严与虚妄——是神？是虚无？／哦！只要我一凝视它／所有的东西就会留下手而消失殆尽／在无边际的空间中，只剩下一只手。

高村光太郎比有岛武郎小五岁，妻子名叫智惠子，而有岛的妻子却留下三个孩子早早离世，而有岛武郎在妻子安子生前因为个性不合，曾经考虑过离婚一事。安子是陆军中将神尾光臣的次女，是透过有岛父亲的朋友所介绍的结婚对象。对有岛武郎而言，他需要的是像高村光太郎一样，在性爱和食欲上都能互相满足的女人，所以他其实是借由高村的铜手塑像窥视自己无法完成的梦想，他甚至曾在日记中写道："结婚！非常可怕的抽签！"这是在见识过朋友森本厚吉的婚姻生活之后有感而发，但他自己的婚姻却也十分类似。妻子安子虽然是个温厚诚实的女人，但却无法满足他饥渴的心，有岛武郎外表看来忠厚老实，但事实上却需要大胆无畏像炸弹般的女人，他的欲求不满是导致他后来和波多野秋子殉情的原因。

小说《该隐的后裔》中的该隐，是《旧约圣经》中亚当和夏娃的长子，原本和弟弟埃布尔一起务农，却因为杀害埃布尔遭天神驱逐而流浪人间，是罪人的代表。有岛武郎将小说中的主角流浪农人视为该隐，在他自己的内心深处其实也有该隐的存在。

由此可知，有岛自愿务农并不是他原本想做的工作，看得出他只是和该隐一样有着赎罪的心态，他后来之所以解放农场，可能也只是因为觉得务农麻烦罢了！

有岛武郎所属的白桦派，虽然是扎根于理想主义，但却有旺盛的性欲和食欲，这点只要看志贺直哉和武者小路实笃便知，他们热爱女色，大吃大喝，更乐意接近大自然，长寿的人不在少数。因为拥有农场，所以如果有岛武郎大吃大喝就好了，如果他愿意三杯黄汤下肚让丑态毕露也就好了，这样他就不会和波多野秋子这个已经三十多岁戏子般的有夫之妇殉情了。

年轻时的有岛武郎照片看来颇为圆润，他十九岁进入札幌农业学校就读时，还是个圆滚滚的胖小子，留美时的身材和晚年相比则算中庸。从二十五岁开始在美国生活三年之后，又转往欧洲旅行一年，四年当中吃的都是西餐，在伦敦时也不像夏目漱石还得了胃溃疡。因为家境富裕，还在拿波里和弟弟生马会合一起旅行，留美最后一段时间还到农场工作，可以说精神相当好。

他和安子是在他三十一岁，也就是回国后第二年结的婚，当时他在札幌农业学校担任预科教授，在札幌市内有栋房子，还有一处父亲为他准备的农场，除了农场管理人之外还有佃农，生活可说是不虞匮乏。他虽然和安子个性不合考虑离婚，却也还是一个接一个地生了三个孩子，这段婚姻就这样拖拖拉拉地到安子病死才结束。

因为三十八岁就失去妻子，而且还留下三个年幼的孩子，世人对有岛武郎十分同情，而他对自己丧母的孩子照顾有加，还邀请儿子的同学来家中用餐，秋田雨雀形容他当时过的是"健康的生活"。有岛家虽然缺乏女主人，生活却没有什么不方便，秋田雨雀也说："很少人和有岛一般热爱生命。"安子因病去世虽然很不幸，但因为有岛武郎和安子个性不合已经考虑离婚，所以即使安子健在他们有一天还是可能会离婚吧！所以无论是生离或死别都与离婚与否无关了。

丧妻之后的有岛武郎更加受到女性青睐，他虽然还有三个孩子，但对他来说这根本不成问题，因为他有智慧，忠厚老实，对女人温柔之外还是个美男子，世上的女子怎么可能让他孤单寂寞呢？关于这点，生田长江就写得很清楚。

"有岛先生并不是一个遇见稍具姿色的女性，就轻易甘拜石榴裙下的人，因为无论是已婚或未婚，能让自己甘愿犯错的美女，在有岛先生身边永远都有一大堆。"

在有岛丧妻之后，最早接近他的是神近市子、与谢野晶子和望月百合子。光是大家耳熟能详的名字就有这么多人，至于他有没有和这些人发生肉体关系，因为他本人坚称"在遇见波多野秋子之前，一直保持着清白之身"，所以我们也只好相信他了。

与谢野晶子在有岛武郎过世时，还以《悲伤》为名写了二十首诗。

你死后，如果说悲伤似乎太过，说痛苦，外人就不会觉得奇怪
最终，因男女有别，必须隔着屏障说话
在信浓路的明星澡堂等你，山风狂吹，日落的秋天

还没有告诉你别死就分手，因为旁人骄傲也消失

也不说到底有没有在古籍礼记记载的交际行为中

晶子虽然已经和与谢野铁干结婚，却还是写出如此露骨的哀诗。此外，致哀的还有松下八重。

她写道："一想到波多野秋子竟然一个人就将许多人尊敬爱慕的武郎先生，永远从我们身边夺走，虽然知道此举对死者不敬，但还是忍不住恨她。"

深受众多女性爱慕的有岛武郎，人生中完全没有任何不幸。

他在妻子过世之后，生活得多彩多姿。妻子死后，他在发表的评论中赤裸裸地表示他"热爱自己的欲望"，并因此广受好评，发表的小说《该隐的后裔》也有不错的评价。在这些好评的背后，或许隐藏了大家对他的同情，当所有的事情都太完美时，人或许就会开始冀望不幸和破灭吧！在有岛武郎的禁欲主义中，开始浮现出一个人拥有一切时特有的虚无感。

在小说《该隐的后裔》中曾经出现红豆麻糬，这个麻糬和受到祝福的《一串葡萄》不同，是令人忌讳的东西。喝醉酒回家的农夫仁右卫门，一把抱住熟睡的妻子，嘴里一边说："你还真是个可爱的动物"，一边将买来的红豆麻糬塞进妻子的嘴里，害她差点窒息。此处表示了他对红豆麻糬的厌恶，"吃"这个行为不仅丑恶、野蛮而且悲惨。这对夫妻虽然在同一个农场工作，却不一起用餐，往往只有妻子一个人孤独地吃着晚饭，这其实是安子生前和有岛武郎生活的写照。

有岛武郎不喜欢酒，他在大正十二年（1923）死时在自己担任编辑的杂志《泉》，发表了小说《酒狂》，内容充满了他对酒醉友人到家中拜访时的厌恶。

"充满酒臭味的油腻皮肤，和脸颊上参差不齐的粗硬短须，让久

未接触人群的我深感不快，仿佛有人将血腥的动物尸块凑近习惯素食的我的鼻前。"

这个酒鬼缠着"我"，要我喝酒，最后还要我拿开水泡饭给他吃，夹杂着同情和嫌恶情绪的我，虽然还是准备开水泡饭给他，甚至还留他过夜，但他第二天早上就消失不见。有岛武郎生动地描绘出男子醉酒及缠人的情形，仿佛不这么写就无法发泄心中怒气似的。

有一回有无政府主义的人找上门来募款，这件事在《泉》杂志的"独断者的会话"也曾经提过。这名无政府主义者称呼有岛为"同志"，喋喋不休地跟他要钱，让有岛武郎非常不耐烦。他在文章中写道："今天的无政府主义者只有两条路可走，一是恐怖主义，一是依靠最小的面包，和大多数的人类同甘共苦，来完成他们的任务。"但他的理想主义并不适用于现实的无政府主义运动，有岛武郎为了歌颂人类的纯真，不得不记载年少时的回忆《一串葡萄》，书中出现的不是死要钱的无政府主义者，而是双手细致如大理石般的外籍女老师。

有岛武郎写作《一串葡萄》时已经四十二岁，当时的他虽然放弃基督教转而支持无政府主义，却开始心生怀疑，他开启虚无孤独的门，试图进入爱和死亡的享乐世界。

波多野秋子是《妇人公论》的记者，当时的她已经年过三十。她虽然已有年长的丈夫春房，却因为不喜欢平凡的丈夫，而开始接近有岛武郎。有岛武郎最初害怕得直想逃开，却因为秋子积极的态度，而和她产生了肉体关系。生田长江写道："没想到像有岛先生这样的人遇到不怎么样的波多野夫人，竟然这么容易就被攻陷，也只能让人感叹命运弄人啊！"

知道妻子外遇的波多野先生要挟有岛武郎付钱了事，介入其中协调的足助素一写得很清楚。

波多野春房说："我把秋子当妻子养了十一年，在那之前我教育她三十四年，所以绝不能免费把她让给你。我有负债，而且也想好好地玩一下，所以你得拿出一万块给我当作赔偿金。"有岛武郎表示："要我拿钱去换自己拼命爱上的女人，我没有办法忍受这种屈辱。"而加以拒绝，波多野春房因此说："那你只好跟我上警察局了！"在当时还有通奸罪，有岛武郎回答："去就去！"他已经疲于应付波多野春房的威胁，所以决心把所有的事做个了断，春房因此更进一步威胁他说："你去坐牢看看，你三个不经世事的小孩怎么办？还有你的老母亲呢？"

波多野春房从小便苦心教育如同女儿般的秋子，对自己的成就相当有自信，他虽然爱着秋子，但秋子却受够了年长的春房，渴望追求浪漫的梦想。除了有岛武郎之外，她还试图接近芥川龙之介，幼时家庭的不幸在她心中产生了阴影，她对充满艺术的死亡非常憧憬，有岛武郎就是绝佳的目标。

如同波多野春房所说，只要他提起通奸罪的诉讼，有岛武郎的一切成就都必须陪葬，世人将会咒骂他是"奸夫"，但即便如此，有岛武郎还是坚持"不能用钱买心爱的女人"，但秋子却劝他付钱了事，因为如此一来就正中秋子的下怀。

但有岛终究还是没有付钱，足助素一认为这是"武郎纯粹精神的结果"，但在有岛武郎心中，他其实是试图走向死亡的，这个英雄般的殉情想法，和秋子的艺术死心愿正好不谋而合，两人也就毫不犹豫地殉情了，这也是给变成复仇之鬼的春房的答案。

在极度的虚无和无力感中，有岛武郎试图追求重现代表纯粹精神的《一串葡萄》，秋子却在此时闯入，而死要钱的波多野春房正好扮演了恰如其分的坏人，有岛武郎在轻井泽别墅净月庵房间中唯一的梁柱上上吊自杀了，死后一个月尸体被发现时已经腐烂了，当时的情形又是另一本《一串葡萄》。

·K. Arahiyama·

与谢野晶子

（1878 — 1942）

大阪府生，明星派代表歌人，处女作《乱发》大胆歌咏女性的官能，带给世间强烈的震撼。歌集中有《小扇》《恋衣》等作品。

与谢野

晶子

一菜一汤地狱

如与谢野晶子这般长相随年龄改变的女性十分少见。虽然照相技巧可能也有影响，但是有时如天仙下凡般光辉美丽，另外的照片又如幽灵般双目深陷。大正八年（1919）的纪念照中，晶子在丈夫与八个小孩围绕中合照，结着发髻坐在中间的晶子，看来已完全像是疲于生活的旅店老婆婆，再没有写出《乱发》出道的歌人风华余韵，这一年晶子四十一岁，已经生了十二个小孩。

晶子二十四岁生下第一个小孩，此后十五年间生了十二个孩子，其间身体没有休息，经常处于怀孕状态，二十九岁时生了双胞胎，女婴死产，三十九岁时的小孩出生两天就死亡。

歌咏"肌柔复血热　堪慰君寂寞"的歌人已疲于生产。此时晶子出版第十六歌集《火鸟》，但是活跃方向已由歌人转向社会评论家，成为与平冢雷鸟齐名的女性运动家论者。

歌集《火鸟》中，有"男性空口夸智慧　女性之战永不休"的战斗性短歌，同时也出现"此身后世终寂灭　但于今生空描幻"，兼具四十一岁的达观与苦味，让笔者喜欢这段时间的晶子的短歌。即使双目深陷，依然保有"肌柔血热"的温度与脉动，晶子的体内依然残留着妖异的魔物。《乱发》中，充斥桃色、接吻、乳、黄昏、油、暗室等香艳浓烈的味道，毒性猛烈的情色被批判为"猥行丑态""乱伦之言"。做出这种短歌的女性，其食欲也相当旺盛。

晶子的娘家是位于堺市甲斐町的点心商骏河屋。明治十六年（1883）的《豪商指南》中，用版画记录下骏河屋的繁盛风景，骏河屋以羊羹出名，是宫内省也会光顾的老店。对饮食的讲究代代相传，从大阪搬到鱼虾新鲜美味的堺港，晚餐餐桌摆满美味的十样菜色。

晶子是第二任妻子生的小孩，曾经提到由于前妻之子不爱帮忙，"我是在点心店里帮忙用竹条包羊羹长大"（《清少纳言之事》），当时"等待夜勤结束，在深夜十二点熄灭的电灯中，瞒着双亲，倚赖的一小时半小时的光明，偷偷阅读清少纳言及紫式部的笔迹"，习得古典文学学识。

酷爱读书，在享受美食是理所当然的环境中长大。多愁善感的少女，有一天读到刊登在《读卖新闻》上的短歌而受到冲击。歌曰"春朝山间茶屋中　便服书生食糯饼"，晶子盛赞"与谢野之歌比以往的短歌自然不加造作，让我读了之后，得自己也可以尝试看看。"（《晶子歌话》）。当时晶子才二十岁，对于"食饼书生"的短歌风格感到耳目一新，也或许是对身为"食饼书生"的铁干本人。铁干的短歌中没有以往旧派的沉闷阴暗，让晶子一见倾心。

晶子投稿到铁干主持的《明星》杂志，三年后二十三岁和铁干结婚，改掉娘家的本姓凤。

结婚对象铁干是和尚之子，而且出身贫困寺庙，一餐只有一菜一汤。新婚时晶子把汤、菜、炖鱼端上餐桌，被铁干斥责"不能这么奢侈"，让晶子无言以对。端出带头尾的鱼，就被怒责"一条鱼要切成三块分次吃"，让晶子萌生回娘家的念头。

铁干既贫穷又小气。杂志《明星》的经费也是前任妻子泷野的娘家赞助，铁干这个人充满年轻诗人常见的过度自信与夸大妄想，介入晶子和铁干之间的山川登美子也是有钱人家小姐。

铁干的父亲身为僧侣，却因投资弹珠汽水等生意失败浪迹街头，铁干被送给其他寺庙当养子，饱尝辛酸。离开家当教师，最初跟学生浅田信子发展出恋情，信子是有钱人家小姐，第一任妻子泷野也是有钱人家小姐，出身贫困的铁干，总是染指有钱人家小姐，又是才华洋溢的俊男，有着"拥有千名恋人是理所当然"的自负。

铁干是跟女人打交道的专家，让浪漫的文艺少女晶子一见倾心。实际上开始生活，则和外表全然相反，饮食匮乏。

世人批判晶子为"逼迫铁干和前妻分手跟自己结婚的豪放女"，事实上，大胆的应该是铁干才对。《乱发》在外遇期间推出，这本歌集以绯闻效果为背景而大为畅销，身负绯闻评价，却仍丢开一切，于笔下展开意乱情迷的恍惚世界，这正是晶子具备的文艺之力。

晶子童年时代常跟着奶妈女佣，搭乘车夫驾驶的马车到大阪街头游玩，到山上采松茸，参加住吉大社的夏日祭典，而身为寺庙养子的铁干自幼与享乐无缘。晶子起初结婚时，想对生活的落差相当烦恼。像晶子样身负才情的女性，理当离开小气的丈夫，痛快离婚，但她却始终没有这么做。结婚第二年，长男光诞生，石川啄木也前来寄居，晶子成为《明星》的歌坛宠儿。即使家计贫困仍答应啄木寄宿，这是晶子的肚量。年方二十三，晶子的笔力已超越其师铁干，与谢野家的家计仰赖当红歌人晶子之手。可以说铁干获得了"生金蛋的妻子"。

与谢野光的回想集《晶子与宽的回忆》中提到这么一段小插曲。

深尾须磨子在"与谢野晶子论"演讲中称赞晶子，并提及"在贫穷中长大……"使得听到演讲的晶子之姊里子大发雷霆，特地前往后台抗议"晶子才不是在贫穷中长大""穷的是与谢野家"，虽然只是为了强调文学印象，做了一部分的夸张表现，但是知道现实的家人还要挺身指正错误。就算文坛的收入称不上丰富，晶子依然固定作红豆汤圆或日式甜点给小孩吃，保有点心店小姐的风范。

秋分时节制作萩饼，把红豆泡在水中煮滚，放在钵中磨成泥，去掉残渣，用木棉布袋沥干制成红豆馅。光回忆道，他曾经把放进重箱的萩饼拿去送给马场孤蝶。

还做过月见丸子。把米饭蒸熟搅烂，加入芋头，做成圆锥形帽子的样子，再抹上黄豆粉，配上芒草，真的像是在赏月一样。

此时的晶子表现出贤淑温柔的母亲一面。生下长男光后两年又生了次子秀，三年后生下双胞胎八峰、七濑，三十岁之前就生了四个孩子的晶子，三十一岁、三十二岁、三十三岁又持续生了小孩，完全没有休息。三十五岁生了第九个，就算当时的人是大家族制，也应该会就此打住，然而三十七岁、三十八岁、三十九岁又各生了三个。

晶子不是专业家庭主妇，一生作了五万首短歌，来支撑家计，又撰写女性论参加论争，书写童话，翻译源氏，三十四岁时从西伯利亚铁路到巴黎旅行，体力绝非常人。

靠着与谢野家的一菜一汤，好不容易才能撑到这等地步。要照料门下两百多人的门生，还要招待客人，还要应付副刊经营和新闻杂志歌栏的晶子，几乎始终有孕在身。由于很少在晚上十二点前就寝，早餐都是小孩子们自己吃。

住在堺市娘家时，以为"米是放在米俵堆在仓库的东西"的晶子，面临必须变卖娘家嫁妆帮家里买米的窘境。

晶子饮酒。《乱发》中就有咏酒之歌。"杯中深紫虹相映　初春美人细蛾眉"，是歌咏纤细的眉毛映照在杯中的酒席之歌。"灯红酒绿歌春宵　无名女子赛牡丹""薄紫琼浆色绝美　但忘今生无常事"，酒时常出现。但是铁干不喝酒。

根据光的回想，晶子疲倦时，会在睡前喝一杯冷酒，这时的晶子看来似乎很愉快的样子。铁干和晶子两人都吸烟，晶子吸朝日，铁干吸敷岛，光劝晶子"还是别吸烟好"，晶子回答"如果只是延长个两三年寿命，没有不吸的必要"。

晚餐一菜一汤，炖煮豆类或者芋头，给小孩吃的烫菠菜、红萝卜等简单小菜，鱼比肉多。可以体会晶子至少不想放弃吸烟的心情。晶子生长在注重美食的家庭，精通料理做法，动手便可变出许多花样，只是配合与谢野家的一菜一汤主义，又加上经济的不如意。能够忍耐贫乏的饮食生活，一方面是许多孩子的存在，另一方面则是铁干。

晶子为铁干神魂颠倒。

为了和铁干结婚，曾跟山川登美子互不相让。结果登美子放弃铁干，回到故乡福井小滨结婚，两年后丈夫去世又回到东京。

铁干作过"重温老歌旧曲调　如重逢昔日恋人"的短歌，听到"重逢昔日恋人"的晶子可以说是颜面扫地，多情的铁干对昔日恋人登美子念念不忘，重燃爱火。还有"柑果芬芳如橘花　往日恋情香如故"，往日恋情如同橘树花朵的芬芳一般重返身边，晶子的心情也为之动摇。

生了两个小孩，进入激烈恋爱后倦怠期的铁干，毫不害臊地发表给登美子的恋歌。橘树花的歌表现出男人的率直心声。男人外遇多半都是在妻子怀孕期间，死了丈夫的登美子回到东京，正是恋爱老手铁干求之不得的机会。铁干是恋爱至上主义者，对于夫妇关系抱持极为自由的见解，所以才和前妻林泷野分手投入晶子怀抱，晶子面临婚姻危机。

对于山川登美子，晶子抱持着同性爱式的友情。二十二岁时，铁干带着晶子和登美子，三人同游京都的永观堂借住。当时铁干另有妻室，晶子和登美子两人都是门下弟子，名正言顺的三角关系。

晶子和回到东京的登美子合著第四歌集《恋衣》。同时生下双胞胎，必须重修和铁干之间的夫妇感情。《恋衣》中的其中一首短歌是"耽听海岸浪潮声　重回儿时父母家"。此时的晶子深深怀念堺市的娘家。

晶子的作品中有一首有名的长诗"虔心哀叹　为你落泪　愿你不死……"这首诗的副题是"叹旅顺口包围军中之弟"，被大町桂月痛批是"危险思想"而强烈非难，晶子反驳"所有少女都厌恶战争"，言辞激烈且性格强悍。晶子的眉毛颇粗，口型曲如ㄟ字，下颚轮廓分明，强过男人。所有照片皆睁大了黑色的眼睛注视摄影者。即使比男人还强，体内依然流着女性的鲜血，以强韧的意志扮演母亲和女人的角色。身为日本最强的母亲，最强的女人，却为铁干前妻林泷野的存在反复痛苦不已。晶子的歌"心中恋火烧不尽　为君永无餍足日"，表达晶子为多情的丈夫饱尝嫉妒的心情，甚至让人怀疑晶子会不停地生小孩，该不会是出自担心铁干的心不在身上的不安。在一菜一汤的生活中，体内一直怀着胎儿，说是"靠恋爱过活"可能妄想过度，但是晶子为了铁干这个男人饱尝修罗恶鬼的妄想，以此为食活下去。如果没有铁干，就没有后来的晶子。或者也可以说，晶子以铁干这个人为食。

晶子和铁干经常旅行。喜好温泉，一直到现在，至今只要到知名的传统温泉胜地，就会看见铁干与晶子的歌碑。信州星野温泉、箱根、伊豆温泉、上诹访温泉、十和田湖、函馆、金泽、别府、日光、浅间，都有他们的足迹。和铁干结婚后，几乎每年都去旅行，而且由于受到各地召开的歌会邀请，只要参加就有收入。旅行成为晶子赚外快的方式，以收入支持一部分的家计，而且只要是到温泉乡就有旅馆的大餐招待。对照顾许多小孩，每天过着一菜一汤生活的晶子来说，可说是眼睛为之一亮的营养资源。旅行时的晶子，眼睛总是闪闪发亮充满生气。

阅读晶子的孩子或媳妇的回忆录，可以得知晶子爱吃不加调味料的烤鳗鱼，也喜欢涮乌鱼，并曾经有过在鱼店订了涮乌鱼，因为没去骨而丢掉的记录。

晚年，长媳迪子夫人买了小鲷鱼煮好端上桌，晶子说："我在堺市长大，吃的都是明石鲷，买的时候都是算眼睛以下有几寸长，东京的小鲷鱼根本就不算鲷鱼，鲷鱼至少也要有眼睛以下四五寸长。"另外还爱吃芝麻豆腐、百合根、蚕豆、蒸寿司、鳖料理，收了人家送来的香鱼干，便指定要吃"香鱼的甘露煮"，做好吃了还批评味道"普普通通"。(《偏好种种》)

说过想吃"用白昆布慢熬出来的清炖鳕鱼"，对蚕豆发表"试着调味，要好像有味道又好像没味道"的指示，简直像短歌的指导一样深奥难懂。原本的意思似乎是指关西式的清淡，既然如此，最初以清淡来说明不就好了吗。

"把慈姑刨丝以后，用油炸过，和牛蒡丝一起调成甜辣味炖煮"的要求让媳妇进退两难，晶子补充说明："用细网目的刨丝器把慈姑刨丝以后，稍微加点盐，再沾上太白粉放进油里炸好，把牛蒡切丝，一起调上甜辣味，用小火炖煮，只是这样而已。"晶子旅行日本各地，吃遍了全国的知名料理。

晶子的叔父是经营一间叫作五郎鲷的海鲜批发商。晶子三岁左右曾经寄养在叔父家，对鱼的要求很挑剔。就算嫁入一菜一汤的与谢野家，等小孩长大不必顾虑多以后，便恢复原本爱好美食的一面。

晶子一生的饮食生活，可以说是极其纯粹。过着贫困生活，要让许多小孩吃饱，想必费上不少工夫。

小孩入睡时，晶子每晚都在枕边说故事。因为家境贫困，无法买玩具给小孩，所以至少在故事中极尽奢侈之能事。进入美丽的贝壳的故事、糖果屋的故事，晶子的故事总是依照小孩的愿望改变剧情，小孩喜欢糖果屋的故事，就再三重复讲给孩子听。

如此安详而稳定的生活，和被评为傲慢且充满爆炸性的晶子的歌风，实在很难产生联想。晶子在铁干面前始终是柔弱无助的女人，到死都敬铁干为师，扮演贤淑的妻子。从这点看起来，仿佛变戏法一般，让晶子如此激情的女性拜倒在脚下不放，铁干这号人物可说是天生的花花公子。能够嫁给铁干这样的男人，对晶子而言是终生的幸福。

铁干每次结交新恋人一定会向晶子忏悔，往往是被忏悔的一方受不了。晶子作歌："君为别恋哀泣之时 我非圣母亦予宽恕"（《舞姬》），晶子在二十八岁作这首歌的时候，山川登美子人在东京，两年后登美子去世。铁干作歌哀悼"若狭（福井）君登美子 惜如白玉碎尽"，铁干的歌人生涯在此时达到顶峰，而后逐渐衰退。当时晶子的想法是"与其嫉妒亡友 不如心怨良人"，到此夫妇感情有破裂之虞，毕竟当初铁干会和前妻泷野离婚，也是由于铁干的短歌影响。然而，这就是晶子坚强之处，"夫妇与已逝之人 三人过往埋墓中"，表达了晶子的决心。

受托从晶子歌集选出两千首的佐藤春夫，举出晶子"预知灾祸将临身 我心飘摇风雨中"，说明"晶子将真情流露当作身为诗人的使命"。会任由心在风雨中飘摇，就是诗人与俗人的区别。晶子看起来仿佛"以恋为食"，实际上是以铁干为媒介，去接触无限虚空，简单地说，晶子因为铁干的外遇，体验到食不下咽的日常生活。田边圣子说"晶子的眼睛窥见男女之间的地狱"。换句话说，铁干是让晶子"饱尝地狱滋味的男人"。

晶子一生是"我心飘摇风雨中"的纯粹歌人，直到六十三岁去世都无法逃脱出道作品《乱发》的诅咒。以"永远的少女"自诩的晶子，疲于照顾小孩，日渐衰老，仍以老妪乱发令世人为之惊叹。

长媳迪子夫人的回忆录中，出现了芝麻拌菠菜。晶子挟了迪子夫人做的芝麻拌菠菜，抱怨："噢，真恶心，简直像青蛙的肠子，菜茎切得太长了。"

永井荷风

（1879—1959）

出生于东京，曾留学美、法等国，以处女作《美国物语》在文坛发声，为颇有人气的反自然主义作家。1952年获得文化勋章，代表作品有《比腕力》《濹东绮谭》。

永井荷风

临终呕出的饭粒

　　昭和十二年（1937），永井荷风在《中央公论》发表的随笔《西瓜》在一开头的地方写道："让人头痛的一颗西瓜和一个人。"这句话同时也出现在昭和八年（1933）的《日记》一文中，描述的他在朋友送来一颗西瓜时的感触，因为他实在不知道该拿这颗西瓜怎么办，句中透露了单身者收到他人送来象征团圆的西瓜时的苦恼。

　　他在文章中写着："从小家人就严格禁止我吃西瓜或香瓜之类的食物，或许是因为这样，长大后我还是很不喜欢瓜的味道，我虽然吃腌白瓜，但不吃小黄瓜。"

　　荷风家还有这样的规矩："家人之所以会禁止我吃西瓜或香瓜，不单只是为了可怕的传染病，因为对我们来说，诸多瓜类中这两种瓜算是低级的食物，所以长辈才会禁止我们食用。除此之外，我们也不吃青花鱼、秋刀鱼和沙丁鱼之类的青鱼，零食类则特别讨厌凉粉，绝对不让家中的小孩子吃。"

　　永井荷风的父亲永井久一郎是内务省卫生局的高级官员，之后到上海担任日本邮船的分店长，算是上流社会的家庭。由于永井荷风十八岁时就跟着父亲在上海生活，所以年轻时就有在国外生活的经验。十八岁的永井荷风就进出吉原等风化场所，当时已有放浪形骸的迹象可循。

他年纪轻轻就非常讲究饮食。

因为生活奢华所以不屑写作评论食物的文章，或许因为如此，所以遍读荷风全集也难得找到和烹饪或味道有关的文章。

永井荷风在他二十八岁，也就是昭和四十年（1965）时前往巴黎，在《游乐的法京巴里》中记载了当时的情形。

"我稍微介绍一下我滞留巴黎期间的所见所闻，关于他们的餐厅营业时间这点来看，有些准时的仿佛有官员进驻似的，有些则是彻夜不休，前者的食物和日本相比，虽然便宜许多，但营业时间仅限中午十一点到下午两点，以及傍晚五点到晚上八点，之后就没有餐点供应了。后者则由于提供的餐点较为豪华，因此价钱也稍高，大多是以刚看完表演回家的客人为主，从半夜开始营业，喝酒、唱歌、跳舞一直嬉闹到凌晨。"

这样的巴黎经验让荷风觉得"日本的西餐都是既便宜又实用，没有什么无趣的东西，我虽然知道不少东京的西餐厅，但和东京的日本料理店相比，却都上不了台面。"（明治四十五年《杂草园》）

"筑地的精养轩虽然也不差，不过去了之后才发现，建筑虽然雄伟，不过侍者却不够细心，身上的制服也脏得可以，让我不得不讨厌。"（同）

对于曾在巴黎享尽美味的永井荷风而言，当时受到日本文人青睐的精养轩也不过如此。（永井荷风小夏目漱石十二岁）

永井荷风的日常生活，清楚地记载在他的日记《断肠亭日记》中。这部日记记录的时间长达四十二年，从大正六年（1917，三十八岁）记到昭和三十四年（1959，七十九岁）他去世为止。在这部长篇的日记中，有关"饮食"的有趣记录有以下三项。

昭和十五年八月（在银座食堂的感想）

昭和二十年八月（和谷崎润一郎聚餐）

昭和三十二年（在浅草亚利桑那用午餐）

第一项昭和十五年（1940），永井荷风前往银座在银座食堂吃饭。

"他们送来在南京米中拌有马铃薯的饭，今天在街上看到写着"浪费为敌"的立牌，听说爱国妇人联盟在路口散发通知给路人，我出门办事时并没有看到实际的情形，尾张町四的路口或三越店里，也没有什么异样，我绕到丸之内的三菱银行办完事才回家，老实说，在东京真的有什么可以称之为奢侈浪费的吗？真是可笑！"

他还在栏外用红笔写着"浪费为敌"，这句话是苏俄共产党政府建立时，街头宣传用语的直译。

除此之外，他还记录了八百善伊予纹、筑地茶料理喜多、竹月町花月、代地河岸深川亭、山谷鳗屋重箱、日本桥小松等的高级料理店，旨在嘲笑原就不懂奢侈的女人竟然高呼"浪费为敌"的时代潮流。

第二项昭和二十年（1945）八月，位于麻布的住家因为空袭惨遭火灾，永井荷风于是前往拜访住在冈山县的谷崎润一郎（小荷风七岁），顺便大啖美食一番。

"住宿处的早饭有鸡蛋、洋葱味噌汤、酱油味烤鱼、茄子，此时吃来仿佛是在享用八百善的美食一般。"虽然他在八月十四日的日记这么写着，但其实他前一天吃的是牛肉火锅和日本酒，回程的便当则是白米饭团、煮昆布和牛肉。当时因为空袭烧毁了许多住家，粮食缺乏甚至连米都买不到的时候，谷崎润一郎将银行的存款提领一空，只为好好款待永井荷风。当时他正埋头写作《细雪》，他用尽存款招待永井荷风（见谷崎的《疏散日记》）的行为超乎常理，可说是对荷风敬畏的奢侈表现。在谷崎看来，永井荷风的舌头非常可怕，或许是因为他以前曾经读过荷风所写的"被迫吃了不想吃的东西，还要对他表示谢意，方可离开，简直是至极的痛苦。"

第三项是昭和三十二年（1957）左右，荷风迷上位于浅草的西餐厅亚利桑那，当时他已经七十八岁，日记中连着好几天都出现了亚利桑那这个名字。即使七十三岁时接受文化勋章的表扬，他还是没有停止进出浅草的脱衣剧场。日记里他特有的风化行业评论及灾难记事都消失无踪，只有浅草亚利桑那这个名字不断出现。

根据《断肠亭日记》的记载，永井荷风虽然不写有关味道的文章，但却经常出入料理店、餐厅、咖啡厅，而且只要喜欢某家店，他就相当捧场，一段时间之后，却又突然不去了，就好像甩女人一般，丝毫不留情份，既任性又偏激，而且还挺无情的。

大正六年（1917）之后他经常前往的店家有银座的风月堂、芝公园瓢箪池的茶亭、鳗屋小松、上野精养轩、有乐町的东洋轩、筑地的精养轩、山形饭店、永坂更科、日吉町的咖啡厅布兰丹、麻布的鳗屋大和田等。根据他在大正十四年（1925）十月的日记记载，银座风月堂已经变难吃了。

"风月堂在经历地震之后更换了大厨，东西已经没有以前好吃了，今天我吃了一盘牛肉，除了咸之外没有任何味道，蔬菜的料理更是糟糕。"

东西好吃的时候，他从不在文章中提及，但只要东西难吃，他就毫不留情地大加挞伐。

大正十五年（1926）他开始前往银座的太讶，太讶虽然是咖啡厅，但是提供酒和餐点，永井荷风进出这家店一段时间后，便和店中的女侍阿久发生肉体关系，由于阿久已有情夫，永井荷风最后也只得付钱了事。永井荷风每去一家店，都少不了有女人相陪，不是带着他帮忙赎身的艺伎前往，就是和店里的女侍发生关系，他也曾经带着太讶的阿久到甜品店梅月去。在这之间他还去了神乐坂田原屋、帝国饭店餐厅、银座的西餐厅藻波、银座的咖啡厅黑猫、神乐坂的中河亭、银座的花月、牛门的迟迟亭、银座食堂等，但前往太讶的次数还是没有减少。

昭和七年（1932）左右他开始前往银座的奥林匹克西餐厅、新桥的咖啡厅银座宫殿、银座的人造金、浅草的鸡肉店金田、银座的烤钵、银座的千疋屋、马武儿、银座的松喜食堂、银座的竹叶亭、不二屋等店，当然也少不了女人，这些可都是他和艺伎或女侍幽会的好地方，他虽然还是到银座的太讶用餐，但太讶在昭和十年（1935）停止营业，旧址为森永点心收购。

昭和十三年（1938），他开始带着女人前往森永的新店，次数相当频繁，此外他还经常光临不二屋，还有浅草的咖啡厅日本、浅草的咖啡厅鸽子、牡蛎料理圆屋、弁天山的小料理店丸留、银座的野鸽、吉原角町的寿美礼、玉之井的关东煮店香取屋等，到了昭和十五年（1940），因为粮食不足的关系，日记中好不容易出现了不一样的名字，也出现具体的食物名称如白米、牛油、芦笋等。战争期间，有不少店家因此关闭，位于日本桥的干柴鱼店前竟然出现排列的队伍，寿司店里没有鱼，蔬菜也不够。此时的永井荷风忍受着饥饿阅读阿波奈里的诗集，昭和二十年（1945）因为空袭住屋惨遭烧毁时的灾难记事，可说是永井荷风的《断肠亭日记》中最有趣的精华片段。

战争结束情况稍微安定后，荷风又开始带着舞娘进出浅草的浅草天竹、浅草饭田屋、浅草鹤屋、浅草邦思瓦、浅草藤木亲、浅草年糕汤屋梅月。到了晚年，他多到亚利桑那用餐，午餐则在市川住家附近的大黑屋解决。

他经常用餐的地方，现在还有几家仍在营业，味道是否一如当年我不清楚，但他晚年用餐的地方都不是什么高级餐厅，不仅价钱便宜，味道也都不怎么样。好比大黑屋就在永井荷风住家附近的京成八幡车站前，两年前我曾到那吃过炸猪排，但因为他用油不新鲜，我剩下一大半没吃。因为当时的炸猪排好像只有八百块，所以要说它难吃好像也对不起店家，它虽然还不至于难吃，但也实在谈不上美味。

位于浅草的亚利桑那现在已经关门大吉，昭和四十六年（1971）时我曾经和小门胜二去过，当时我点了永井荷风爱吃的牛肉炖蔬菜，也不觉得特别好吃。小门胜二就是《日记》一书中最后以小山之名出现的每日新闻社记者，他后来成为研究永井荷风的专家。我在自己担任编辑的杂志中，制作《浅草的荷风》特集，因此邀请小门先生和我一起到浅草彻底地绕了一圈收集资料，这已经是二十五年前的事了。

小门先生告诉我，永井荷风到亚利桑那厨房，经常拿五百块点瓶啤酒和一样小菜（炸虾、炖牛肉之类的），饭后从不拿回找的零钱。知道是永井荷风常去的店时我很兴奋，后来却发现亚利桑那是那种四处可见的普通西餐厅，这就是他晚年时流连忘返的餐厅。

其实只要观察永井荷风的一生，就不难了解，他是那种含着银汤匙出生的人，十八岁就流连风化场所，之后又到上海享受人生，二十岁时拜入相声家朝寝坊门下，更是镇日吃喝玩乐，二十一岁时成为歌舞伎作者的见习生，二十四岁在美国留学时，和妓女伊蝶丝更是关系匪浅，每天过着"在淫乐中只求一身的破灭"（见《西游日志抄》）的生活，二十八岁前往法国里昂，二十九岁进出巴黎的戏院及歌剧院，返国后一跃成为广受瞩目的人气作家，三十一岁便成为庆应义塾大学教授。

夏目漱石在英国留学时罹患神经衰弱，森鸥外在沉痛的心情下自德国返国，和他们相比，永井荷风算是为所欲为尽情享受够了，才回到日本的。只要是男人都想如此不受拘束地逍遥一番，这一切放荡的行为，都成为他创作的小说而大受好评。如果老天有眼，也想好好处罚这个男人吧！永井荷风也非常清楚这一点，他的作品以情绪和孤独诠释天谴的哀怨，并加以调和，充满日式的风格，其中巧妙地中和了西餐的味道。他自愿祈求天谴降临，是个一心追求幻灭的思想犯。恶男表现恶的艺术指的就是这么回事，这其实也是流氓作家的真面目。

永井荷风在长达四十二年的《日记》中，详细记载了出入的餐厅和拥有肉体关系的女人，但对和这些女人之间的性事，以及餐厅食物的味道却丝毫没有着墨，关于餐厅也顶多只有"名气大跌"或是"变难吃了"之类的记载。

永井荷风在大正六年（1917）曾以石南居士之名在杂志《文明》中发表一篇文章《洋食料理》（后改为《洋食论》），大致的内容如下。

西餐以银座通和神田小川町附近最好，我自知才疏学浅，对法式料理的典故由来不甚清楚，但应该是源于神户和横滨的饭店，银座竹川町的骨户风评还不错，但现在已经关门大吉了。筑地明石町山多拉尔饭店的餐厅，因为改朝换代味道大不如前，日比谷帝国饭店的味道应该是不错的，结果也不如预期，光顾的客人表示每天的菜单都一样，让人哑口无言。

木挽町的精养轩应该是和松元楼不分轩轾的餐厅，但却空有雄伟的建筑外观，菜做得不怎么样，不知道是在模仿哪国的料理，尤其是侍者的不成体统更是让人惊讶。

芝口有乐轩的牛排和羊排虽然难吃，但因为女侍貌美勉强支撑，近来也是大不如前了，而且他们的菜非常咸。世事本就无常，东京的牛肉料理则以以吕波为最上乘，但常盘却在不知不觉间超越以吕波，最近流行到松善吃牛肉，曾经独领风骚的宾亭和三桥亭如今也已被东洋轩和中央亭取代。

一味地批评餐厅似乎不太公平，用餐的客人也不懂，不知道西装的穿法还喜欢穿西装，就如同不知该如何拿拐杖还硬要拿拐杖，是同样的道理，现在流行不懂味道的客人拼命地狼吞虎咽。

西餐厅的侍者以女性为多，但大多不知料理的名称，经常是五六个人坐在一起聊天，完全不理会客人的要求。餐厅多以白布及花朵装饰餐桌，但白布上经常沾满了汤汁，刀叉也都锈得黑乎乎的。结账时经常要等很久，服务生才会送上应找的零钱，日本的西餐厅大多只重形式没有内涵。

文章的内容大致如此，永井荷风以第三者的立场，批评否定这些店家。

大正五年（1916）永井荷风三十七岁，他辞去了庆应大学的教职，当教授时的永井虽然教学认真，但私生活却还是放荡不羁，时常为艺伎赎身，因此遭到其他教授批评。他和女人分手时，通常会通过律师支付分手费，因为他认为"交女朋友时，就必须考虑分手时的费用"。

永井荷风对西餐的看法，说的都是深受法国影响的老实话，所以他才会以石南居士的别名发表这篇文章。对他来说，料理就好像男女关系，没有女人绝对无法享受饮食之乐。

荷风认为料理首重调和，他曾说："如果家里的菜很难吃，只要有艺伎在场也会觉得美味吧！即使不到八百善或常盘那些大餐厅去，到普通人去的小店，只要有地方坐就行了，不需要找高级的艺伎，只要跟传统的艺伎聊聊以前的戏剧，不需要太讲究也能够充分享受。所谓的日本料理，用餐的过程仿佛是一场游戏或装饰，必须艺伎、酒和食物三者齐备才算完整，而且我认为日本料理只是果腹或提供养分，是非常不对的。"（见《调和就是味道》）

由此可知，他的论调主要是午餐时吃西餐，是比较好的。

关于女人和料理的关系，他曾经谈到他和一个叫阿房的女人在大久保同居时的事。

"当时快过女儿节了，在经过市谷馒头谷的破落街道时，阿房在好几家古董店前看见了女儿节人偶，她拉拉我的袖子，停下脚步，我说如果她喜欢的话我愿意买给她，她说她已经不是小女孩了所以不需要，我们就继续往前走到大街上的杂货店，购买隔天的食物，接着就大包小包地回家了。不知道为什么，这件事直到我们分手之后都一直留在我心中。"（见《西瓜》）

这就是永井荷风喜欢的料理。他喜欢的味道是当时的状况。他知道自己是个薄情的男人，不仅如此，他的薄幸还渗入料理当中，他试图品尝恰如其分的孤独，还将这份孤独写成小说。

对他来说，出生时就是人生的巅峰，之后便每况愈下，孤独至死，但这就是他的表演艺术。事实上，他的每一瞬间经常都是人生的巅峰。

永井荷风自法国返国后，便成为知名作家，版税收入颇丰，经常带着女人出入高级餐厅，在那段情色妖艳的时光中，他已经预见自己晚年的孤独死亡。没有被人发现，口吐便宜猪排饭粒而死的自己，对他来说应该是一生一世的作品，可以说他是排除众议、我行我素地走完一生，孤独地死在市川破旧的房屋中，应该是他远大计划的完美结局。

永井荷风在市川家中拍摄的照片，榻榻米上直接摆着陶炉、煮锅和食物残渣，曾经嘲笑西餐厅的白色桌布上沾满汤汁油污的他，也只能在被烟熏得漆黑且满地油污的榻榻米上度过晚年，榻榻米上炖牛肉、MJB的咖啡罐、宝味酥、味露奇的柳橙汁散乱一地，永井荷风在这个房间里扇着炉火、炒饭、炖汤，享尽人生最后的欢愉，散落在房间中的罐头和烟酒，都是当时很难买到的上等货。"一代浪子"打着领带端坐在破旧的榻榻米上，仿佛是因为行为放荡搞坏身体后又突然觉悟的大爷。

听说有一次有个深受永井喜爱的浅草舞娘到市川拜访他，他却让她吃了闭门羹，害那个舞娘哭着回家，这或许是因为他花了一辈子才找到这个榻榻米房间，所以无论是多么美艳的女人，他也不肯让她进来吧！

在昭和三十四年（1959）四月三十日吐血而死的永井荷风，被定期前来打扫的妇人发现，享年七十九岁。他留下不少存款，在我看来，这应该是他和这个世界道别的分手费吧！

永井荷风所吐的血中夹杂着饭粒，这应该是他最后食用的大黑屋猪排饭，在那些沾满血的饭粒中，他或许看见了自己最后一部作品吧！

斋藤茂吉

（1882—1953）

出生于山形县，毕业于东大医学部，除了是青山脑科医院院长之外，同时也是紫衫派代表歌人，著有《赤光》《璞玉》《灯火》及《白山》等歌集。

斎藤　茂吉

吃食歌人

斋藤茂吉非常喜欢鳗鱼，只要餐桌上出现蒲烧鳗，他就会高兴得眉开眼笑，其子斋藤茂太在《回忆父亲茂吉及母亲辉子》一书中也曾经提到这件事。斋藤茂太和妻子婚事谈定时，双方家长曾相约于筑地的竹叶亭聚餐，当时的茂太夫人因为过于紧张而没有胃口，斋藤茂吉竟然毫不客气地一口就吃下她盘中剩下的鳗鱼，他热爱鳗鱼的程度，已经到了只要有鳗鱼可吃，就会觉得"虽然只有那短短的几分钟，树木似乎都变得更鲜绿了"。

此外，大战期间他疏散至山形县大石田时，在一次聚餐的宴席上看到鲤鱼料理，他直盯着邻座的鲤鱼看了一会之后，要求对方和自己交换，因为他觉得对方的鲤鱼看起来比较大，对方于是同意将自己的鲤鱼换给他，交换之后他又觉得还是自己的鲤鱼比较大，于是又要求对方换回来。

在《紫衫》杂志选歌时，晚餐订了外卖的蒲烧鳗，斋藤门下弟子的妻子特意将最大的鳗鱼放在他面前，他还是眼神锐利地逐一检视鳗鱼的大小之后说，"喂！你的那块比较大，跟我换！"所有的鳗鱼就在他的要求之下一个换过一个，最后还是换回了原先的顺序。

如果我是他的弟子，我一定会为他订一份特大的鳗鱼，不过如此一来，他可能又会因此不高兴吧！因为只有自己独享特大号鳗鱼，实在不符合他的个性。

斋藤茂太认为其父的个性是"总而言之，他是太认真了"，他还分析道："他虽然是很典型的执着和死心眼，但其实在他的个性当中，还是存在胆小、在乎对他人看法（和身为养子有关）及不喜冒险的要素。"

斋藤茂吉担任青山脑科医院的院长，可说是日本首届一指的精神科权威，当然必须在乎社会大众的看法。日本的歌人自《万叶集》时代就有身为社会输家的传统，即使不是输家，也都有企图不幸的倾向，斋藤身在如此的文学传统中没有崩溃，可说是奇迹了。

在和自己媳妇双亲初次见面的宴席上，吃掉媳妇鳗鱼的斋藤，日后非常感谢媳妇辛勤地工作，曾作有和歌如下：

昨晚媳妇很机灵地为了我炖了些肉片。

不仅称赞了她做的菜，也称赞了她本人。
此外，在《强罗漫吟》也写道：

住在东京的弟弟送我一条小鲤鱼，炖煮之后好吃极了。
他也非常喜欢鲤鱼。

由此可知，斋藤茂吉对食物要比其他人敏感，但他自己却说："我对食物没有什么特别的看法。"意思是说："只要阅读所谓的饮食专家，也就是精于饮食的人写的书，你就会发现见解实在鞭辟入里，让人阅读起来十分愉快，如果自己能够恭逢盛会当然心存感谢，如果无缘也不至于觉得难受。"

"我并不讨厌酒，大学刚毕业当医生助手时，我也喝了不少，不过大多是因为当时情况需要，晚餐时我倒是不会先喝酒。"（见《茂吉小话》）

斋藤和医院中的公费患者吃一样的米饭，即使是粗茶淡饭，他一点也不介意。

出生在山形县上山市的斋藤茂吉，非常喜欢茄子、茗荷和山菜等简单的山野料理，他虽然请人从东京送来西红柿种子，撒在山形县的老家，却表示"真是中看不中吃，这个西方人的食物不合我的胃口。"还将好不容易结果的西红柿丢弃。他在第一本歌集《赤光》中写道：

从红茄子腐烂的地方，没走几步就可以到

歌中所说的红茄子指的就是西红柿，《赤光》出版时茂吉正好三十一岁，歌集中充满了鲜明的红光，虽然深受正冈子规的影响，但以红光渲染田园的观点，是斋藤茂吉的特殊才能，只要你反复阅读，就会发现书中有关食物的地方不少。

被红蕈雨淋湿的悲哀无人能解，我一直看在眼里
守候茗荷花苞时，我思念的孩子也许在遥远之处
伫立在整片红如辣椒小路上的小孩的小眼睛
黑色浑圆的成熟豆柿，小鸟逝去梅雨落下

红蕈、茗荷、辣椒、豆柿隐藏了在田园中散发异样光芒的神秘生命力，此外还有四首。

早晨独自用餐，突然想起生命短暂
微红的猫舌，清楚明了这样的悲哀
上野动物园中喜鹊吃着红色的肉
野兽渴望食物不断吼叫，这是什么样的温柔
看着纷飞的似雾似雪，心中涌现犯人的心情

斋藤茂吉非常讲究饮食，听见动物等待喂食的叫声，竟然会觉得是："这是什么样的温柔啊！"还有独自吃早餐时，竟感叹起生命的短暂，在此同时也冷静传达了无论是人或动物，如果不吃东西就无法生存的看法。

从他的第一本歌集开始，他就是个"吃食歌人"，他在《赤光》中写有"蒙死的母亲"追悼其母，内容如下。

吃着山边的竹笋，母亲啊！母亲！

茂吉在三十九岁时曾前往欧洲留学，他曾说："从来没有在自己的住处煮过日本菜。"他最早前往柏林，朋友带他前往一家名为坎裴斯基的高级餐厅吃烤鸭，他在书中写道"我觉得很好吃"，算是个美食家。

他接着前往维也纳，在维也纳大学的神经学研究所就读，当时在他住处附近有个便宜的餐厅，他混在工人当中，每天吃着夹杂硬肉的咸汤度日，没有机会吃到高级料理。不久因为在旧书店发现一本神经精神学的书，为了存钱买书只好省吃俭用，晚上也不再参加留学生的聚会，有人因此认为他得了"精神衰弱"。

他虽然是个美食家，但如果没吃也就不吃了，留学生偶尔会煮煮家乡菜，他虽然也曾受到邀请前往打牙祭，但自己却从来没煮过。出身群山当中，讨厌西红柿的他，出了国倒是很快就适应了当地的食物。他说："我的三餐很随性，有什么就吃什么。"在拿波里时他写过一首和歌：

垂滴在黑贝上的柠檬汁仿佛一首古诗
看起来真是好吃

他在维也纳住了一年半，随后转往德国的慕尼黑。在《密尼黑漫吟》的前面写道：

> 耳朵包覆着红布的大马，运送着高耸的啤酒桶

生性懒散的斋藤茂吉去了维也纳之后，也偶尔会煮日本菜了，在歌集《遍历》当中有：

> 一个人吃着意大利米煮的饭，黄昏时盐的颜色
> 在遥远的国度咀嚼着饭粒，如同海沙般的寂寞

在赛诺亚时，他写了"走过港边的低洼处，吃了红黄色的菇和章鱼"，描写的全是食物。斋藤承袭正冈子规及左千夫派，具有卓越的写生能力，由于没有浪漫派深思的幻觉，因此可以将他的歌集当作游记来阅读。这首歌描写的是大正十三年（1924）十月五日，他在意大利的赛诺亚港口吃到草菇及章鱼时的事。

当他结束三年的留学生活准备回国时，家人居住的青山脑科医院惨遭火灾全数烧毁。

> 与其说要回到烧毁的房屋探视家人，不如说是要回去吃纳豆饼
> 回家后，享受放置在晨光中矮桌上泛着烟火微香的腌萝卜
> 仿佛发呆般，我和妻子吃着餐桌上些许的荞麦面

这是描述当时心境的《灯火》中所发表的和歌。斋藤茂吉非常喜欢荞麦面，在留学前发表的和歌作品中，就有这么一首。

> 结束简单的工作，愉快地预定晚餐的荞麦面

斎藤和歌中出现的每样食物都十分生动，他虽然主张"有的吃就好"，但其实却是个贪吃的人。料理依附着斎藤的和歌，一一反映他的心情，如果要从他众多的和歌作品中，只挑选出和料理相关的，编制成料理歌集的话，一定可以制作一本高级且美味的歌集。

这是因为他的和歌都是在"告诉自己生存的意义"，他不像石川啄木般别扭，若杉牧水般酗酒，也不像正冈子规般嚣张，与谢野晶子般沉溺，只是充满对生命的疼惜。

在斎藤茂吉歌颂的料理中，也有充满悲哀和孤独的部分，如留学返国后的创作便是如此。

料理有好吃的，也有难吃的，美食家写的书通常会深入味觉之中，探究味道的好坏，但这样的书籍缺乏吃的人的精神状态，每一道菜都有这样的精神状态，而能加以精确地描写出来的，就是斎藤茂吉的和歌。

他非常讲究鳗鱼的吃法。

"我大约在明治二十九年时第一次到东京，当时一份荞麦面只要一钱六厘，而一份鳗鱼饭就要价五十钱，因此大家都习惯吃一半剩一半，从在地的上流阶级人士都如法炮制这点来看，果真已经变成常识了，他们吃剩的鳗鱼饭当然也就便宜了年少时的我。"（《茂吉小话》）

之后，养殖鳗鱼开始出现，除了京桥和日本桥的高级餐厅之外，我也经常前往涩谷的道玄坂和浅草等地味美价廉的鳗鱼饭馆。正因对鳗鱼如此着迷，所以只要一谈到鳗鱼，他的眼神就会闪耀着少年般的光芒。他赞颂鳗鱼的和歌，在昭和二年（1927）刚回国时就刊载在《灯火》当中。

黄昏时，我独自坐在餐桌前享受着鳗鱼

在留学期间，他想必也非常想念鳗鱼吧！只要眼前出现鳗鱼，他就会忍不住地出声赞叹。

昭和四年（1929），他随口写了一首：

从以前到现在我想吃的东西大概都吃了

当时他四十七岁，在重振被火烧毁的青山脑科医院之后，接任院长一职，并成为《紫衫》的代表歌人，确立了自身的社会地位，借此和歌抒发自己"吃尽想吃之物"的情怀，可说是真情流露，其实也在检讨自己吃遍美食却不知足的遗憾，至此他对食物的执着日渐消退，为了要消除这样的心情，在一月的某一天他写了这么一首和歌。

一直喜欢吃热腾腾的白饭，现在要暂时吃得粗糙些

斎藤茂吉在奋斗着。

他试图从吃白米饭的小小乐趣中，重新找回生存的意志，此时他的和歌创作，没有初期的和歌集《赤光》或《璞玉》中那样鲜明的光芒，伫立在火红的辣椒田中的少年眼神逐渐地消失了。

在这首和歌之后，还有一首前言写着"一月二十九日，仰卧，耳里听见心脏的跳动"的和歌如下。

随着年纪的增长，我的性欲也逐渐消失殆尽

真是个直言不讳的人。

在此之后，发生了一件令他痛苦一生的事。妻子照子行为不检一事被刊登在报纸上，斎藤茂吉因此意外遭受精神伤害，从此无法再行夫妻之实，当时他五十一岁。

斎藤茂吉的妻子照子是斎藤纪一的次女，茂吉接受入赘住进斎藤家，照子从小娇生惯养，个性骄纵任性，她虽然偶尔也会下厨，但茂吉却几乎不吃她做的菜。

晚年的斋藤照子经常单独出游世界各地，精力之旺盛让身边的人都觉得不可思议，当斋藤茂吉还在世时，她骄纵任性的程度可是让人无法忍受的，关于这点其子斋藤茂太在回忆录中有详细的记载，书中写道："照子煮的白萝卜或红萝卜吃起来还会卡卡作响。"她因为怕孩子钙质不足，还把蛋壳磨成粉喂孩子吃，此外她认为泡完的茶叶还有养分，还把茶叶晒干做成拌饭的香松，她料理的蔬菜都半生不熟，这是因为她在报上看到报道说如果菜煮得太熟养分会因此流失，在她的诸多作为下，斋藤家人开始出现消化不良的现象，排泄物中甚至出现蛋壳或部分的茶梗，斋藤茂太甚至将这种现象命名为"母原性恶性消化不良症"。

来自山形县的歌人结城哀草果前来拜访时带了山蕨当礼物，虽然家中只有妻子照子在，斋藤茂吉还是很高兴地要妻子将山蕨料理一番，因为他非常喜欢山蕨，只要有山蕨味噌汤或韭菜蛋花汤他就会很高兴。在吃了一口照子料理的山蕨之后，因为实在太难吃了，他生气地大吼说："你是不是跟我们有仇啊！"

当照子交友行为不检一事被刊登在报纸时，茂吉因为过度沉痛而手足无措，当时的他又正忙于写作第十本歌集《白桃》，要是没有青山脑科医院院长的这份工作，他恐怕要气疯了，他其实是个性急的人，虽然个性冷静、沉着有毅力，但一旦生气，就会变得深具攻击性，关于这点从他和太田水穗的病雁论争（有关茂吉的和歌与松尾芭蕉的俳句之间的关联性之争）中便可获得证实。

勉强支撑斋藤茂吉的就是和歌，他用尽所有的生命力创作和歌，借以支撑濒临崩溃的自己。在《白桃》中有这么一首和歌。

享受晚餐的声音一直延伸至墙壁中

这是他在前往拜访松尾芭蕉的幻住庵旧址时，所写下的旅行和歌，心情仿佛是石川啄木一般，但他的表现能力发挥在他题名为《白桃》的和歌上。

唯一舍不得吃的白桃，还是被我吃了

此首和歌在他咏叹自己吃尽想吃之物的无力感中，更看清了人类根本的孤独。但这份绝望并没有让他死亡或失败，在孤独绝望中，甚至隐约浮现出如白桃般的丰硕果实，石川啄木无法咏叹这样的事，这种无尽的悲伤是男人的孤独，只有过了五十岁的男人，才能做出这样的和歌。

这首和歌在描述斋藤茂吉收到冈山医科大学的朋友送来的桃子时，虽然觉得很可惜还是把它吃了，入口的同时，身体仿佛要融化了般，他分析："自己食和色是人类最强烈的冲动，彼消我长，当无法满足其中一方时，便只好满足另一方吧！"（《色与欲》）此时斋藤茂吉沉迷于柿本人麻吕的和歌当中，试图借此将自己从悲痛的气氛中拯救出来，借由满足食欲克服自己"精神上的伤害"，在满足食欲后的空虚中，吐露满怀无可发泄的恋情。

创作《白桃》时的茂吉，应该是突然想起了年轻时在神田的旧书店借阅正冈子规的《竹乡之歌》，接触到正冈子规"柿果味涩"之类风格的和歌，是斋藤茂吉写作和歌的出发点，对于正冈子规咏叹柿子的"味道苦涩"，斋藤茂吉写了"桃子被吃尽的空虚"加以呼应，这首《白桃》代表斋藤又回到他和歌的原点。

正冈子规是食魔，想起这件事情的斋藤在随笔《色与欲》中写道："子规因为疾病的缘故断了色欲，因此只好在食欲中求得发泄，晚年的他丝毫不羡慕男女之情，也就是说他有多专心在食欲上了。"斋藤虽然和正冈子规同样赞颂食物，但对斋藤而言，他知道自己是将变形的色欲隐藏在食欲当中。发表《白桃》之后，茂吉的和歌充满"唯今有歌"的惊人气魄，可说是达到巅峰。

当然斋藤茂吉写作和歌并不只以食物为对象，但《白桃》以后出版的七本和歌集中，仍然隐约可见对食物的渴望。

斋藤茂吉虽然很喜欢吃东西，但在看诊当天他绝不吃大蒜、洋葱、腌萝卜和萝卜泥。其子斋藤茂太解释道："因为他的嗅觉很敏感，很在乎自己嘴里的味道，正因为嗅觉敏感，所以就更神经质吧！"身为歌人的他即使站在悬崖边，但同时也是医生的他却勇敢独立丝毫不慌张失措。或许就是因为这份强势，才会和妻子照子互有口角吧！

在《白桃》之后的第十一本歌集《晓红》中有这样一首和歌。

早晨对那碗味噌汤的愤怒，也是肇因于前世的罪孽

第十二本歌集《寒云》中写道：

我拿着菜刀刮掉年糕上青霉的聚落

之后，在最后一本歌集《月影》中则到达如此的心境。

我这个六十九岁老翁，心情好时就会吃纳豆

在"冬天煮粥时，我会配着鲑鱼一起吃"这首和歌当中，鲜明地表现让人想起《赤光》中那"粉红色的鲑鱼"。

为了吃大栗子，我这垂老的身躯昨晚还是起来了

这描写的是他死前一年的食欲，大栗子的果实不小，当时他的牙口应该还很不错吧！灵光一线地展露老化的自己，之后又提出纳豆让大家安心，同时还记得歌颂生命的意志力，丝毫不见老气。

令人感动的还有一首。

当我还有仅存的色欲时，我来到涩谷车站

哦！原来如此！这首和歌让我不禁点头称是。

种田山头火

（1882 — 1940）

出生于山口县，为荻原井泉水的门下弟子，出家后除沿路托钵行脚外，并辗转借住友人家中，致力创作自由律俳句。死后因永辅六等人的努力，作品终于广为人知。

K. Anchiyama

种田 山 头火

便当行乞

种田山头火是个食量相当大的行乞僧人，反正就是吃，大口地吃大口地喝，他喝酒也喝水，大言不惭地度过他"喝了就尿"的五十八个年头。

山头火有"流浪俳人"之称，他舍妻弃家，带着一笠一杖，身穿破旧的僧衣，过着漂泊行乞维生的日子，因此才会给人清廉的漂泊诗人印象。但大家可别上当，山头火丝毫没有觉悟，也完全没有脱离尘俗的迹象，他其实还是个欲望之人，所以才能写出珠玉般的俳句。他最有名的句子是：

背影在阵雨终消失

铁钵中的雨珠

无论再怎么奋力前进还是青山

会这样走向天际吗

这首俳句广为人知，美国人最熟悉的俳句诗人不是松尾芭蕉，而是种田山头火，他的"直直的路充满寂寞"最受欢迎，美国人还将它翻译成The straight road, full of loneliness.传诵着，我也请美国人教我它的英译。美国人相当喜欢"充满寂寞"这个句子，动不动就想引用。

无论是帝国大厦、汉堡或是白宫，只要形容它们"充满寂寞"就会充满诗意。

种田山头火被美国人认为是"寂寞的俳句诗人"，他的俳句透彻分析人类根本的孤独，乍看之下毫不特殊的风景，却让人感觉凄凉，这就是山头火的创作功力，也只有沈浸俗海的铁胃才能办得到。

山头火写了许多有关食物的俳句，日记中也有许多关于食物的记载，除此之外就是酒和沙丁鱼了。在他死前的旅游日记中写道："我吃了五合米""连我都对自己的惊人食量感到不可思议"。他的《便当日记》是专写食物的日记，他在昭和十四年（1939，五十七岁）十一月的《遍路日记》这么写道：

十一月二日"在野外工作的人吃着便当，我也跟着吃。"同月三日"我买了蒸地瓜边走边吃，也吃了全都是白米的饭"，同月四日"歇脚处的阿婆从祭祀用的一盘寿司分了我一些，真是好吃，我今晚又喝了两杯。"同月五日"我在风景很好的地方吃便当"今天的俳句是"在有月光投射的岩洞里又吃又睡"，同月六日"我在椎名隧道内打开饭包"，同月七日"晚餐有青豌豆和煮地瓜、煮南瓜和腌萝卜，早餐有两杯味噌汤、腌萝卜，还有饭有茶就足够了。"同月八日"好吃好睡，终夜水声，同行的人给我年糕、橘子和茶水。"

整本日记都是这样的内容，没有一天不和食物有关，他靠着行乞得来的米或钱，支付住宿的费用，如果没有得到布施就露宿荒郊。

对于每天布施得来的功德费，他都会详加记录。例如，"功德费二十八钱，米九合余"，在住宿处吃的东西他也都写得非常清楚，如"我很高兴便当很重""我在高知城下打开便当""肚子空空可没办法读经""中午在街上的关东煮店，晚饭则在高桥先生家用餐"等。

行脚行乞的山头火，脑中所想的就是当天能化多少缘，要吃什么，要在哪里吃便当之类的事，一整天想的都是吃，他对化缘得到的金钱也非常小心，还留有如同家庭主妇般的收支簿。因为身无分文，所以化得的金钱通常很快就透支，这个时候他就会再去化缘，即使金额不多，他还是很重视化得的钱，只要获得较多的布施，他就会去喝酒。

还写有"喝醉后倒头就睡"的句子，不行乞时，只要到同为俳句诗人的朋友家，就有酒可喝，山头火认为酒是汽油，一口气喝光酒杯里的酒是他喝酒的方式，他说喝酒的方式有"一合稀里稀里，两合呼噜呼噜，五合稀里呼噜，一升噗噜噗噜"。他只要一开始喝酒就喝个不停，山头火的俳句老师荻原井泉水曾正面地表示："与其说他是借着酒精忘却自己，不如说他是想借着酒精掌握自己。"但喝得烂醉的山头火其实很讨人厌，他的俳句诗人朋友中，有人曾经这么描述还住在山口县汤田时的他，"深夜的烂醉，一家喝过一家，狂歌，只看着他的表面就让人无法忍受行为不检的愚蠢山头火。"当时的他经常为了要朋友请喝酒而赖在朋友家里，到最后还喝得烂醉发酒疯。

山头火在四十二岁时出家，大正十三年（1924）他又喝得烂醉站在熊本市公会堂前，挡住正在行驶的电车，电车停车之后引起颇大的骚动，之后他被带至附近的寺庙成为男仆。他之所以出家就是为了酒，他在一钵一笠出外云游时，正好四十四岁，山头火的流浪事迹发生在他往后的十四年之间，在那之后酒品就更差了。

山头火在流浪期间，支撑他生活的是参加由荻原井泉水主持的俳句杂志《层云》的俳句诗人朋友们，他一边行乞，一边拜访在九州岛、四国和中国地区的友人住处，爱好俳句的人以医生或商店老板居多，施舍起来也比较大方，他们热情款待带着破旧斗笠前来的山头火，他根本就是个擅长敲诈的俳句诗人，关于这点他在日记中也有记载。"我无能无才，虽然胆小但放纵，虽然怠慢但诚实，虽然隐藏了所有的矛盾，但除此之外别无他法，薄弱的意志和贫穷是我的致命伤。"他清楚地明白自己的不知长进。

但表示懦弱是他厉害的伎俩，懦弱的独白更是他的武器，痛饮讪来的烧酒，过着不省人事的每一天，是山头火自暴自弃的挑战，当他向朋友要钱时，他的口头禅是"真不好意思，下辈子再还你了。"他看穿了人请客的心态，将所有人生吞活剥。山头火对井泉水说："我虽然是被施舍的一方，但我必须认为自己在施舍者之上，否则就无法真正地"得到"，只有相信自己居于优势，才能清楚地听见读经的声音。"

山头火的父亲是山口县佐波郡西佐波令村（现防府市）的大地主种田正一，十岁时母亲阿房在住处投井自杀身亡，亲眼看见尸体的山头火深受打击，之后他进入早稻田大学文学部就读，但中途退学，二十九岁时发表屠格涅夫小说的翻译本，三十四岁时因家中破产而妻离子散。

母亲的自杀对他造成一生无法抹灭的伤痛，导致山头火日后外出流浪，在此同时，他无法忘怀自己出身良好优渥，他仿佛是憧憬贫穷的懒惰少爷，虽然无力讨生活，却是空有强壮体魄的好吃鬼。

山头火留有许多有关食物的俳句，他的俳句甚至可说是饭句集或配菜句集，以下就依照他发表的先后顺序列举几首如下。

含有剧毒的生命，喝河豚汤最好
正午安静地添着雪白的米饭
雪白的米饭，火红的腌梅
咀嚼米饭的香甜，秋天的风
深夜独自温热米饭，不禁流泪

这些都是他出外流浪之前写的俳句，在流浪之前，他的生活虽然穷困，对饮食还是挺讲究的，这就是他游刃有余的特殊个性。山头火刚出家时，不仅拒绝喝酒，还开始赞叹清水的甜美。

品尝着水的滋味

耐心地吃着全都是白米的饭

有各式各样的食物，有风的一天

暖和的日子里还有食物

带着装有无花果的便当

诚心诚意地吃饭

月夜里，送来的礼物是米啊！

这些都是他在昭和八年（1933）五十一岁之前所做的俳句，收录在《其中一人》和《行乞路上》当中。在这本俳句集的后记中，山头火写着："我喜欢酒也喜欢水，到昨天为止我比较喜欢酒，今天我喜欢酒的程度和喜欢水一样，或许明天我会比较喜欢水也说不定。"

摘下经午后阵雨洗涤过的茄子

蟋蟀啊！我只有明天要吃的米

伸手可及无花果的忧愁

汲取下得淅沥沥的雨水

喝酒的山枯萎了

把所有的东西都煮成咸粥

有吃有喝，杂草之雨

草啊！被风吹的豆腐也冷了吧！

想喝的水发出声音

这些则是他在昭和九年（1934）五十二岁之前所做的俳句，山头火在五十三岁时，为了寻找死亡之所前往关东和东北，却无所获，只好暂时回到位于小郡的其中庵，服用大量的安眠药企图自杀，但却在昏睡状态下从屋檐的走廊下滚落，被雨水打醒，因为他身体很健康，所以存活了下来。他在平泉时曾写道：

走到这里之后，喝了水就离开

这是他自杀未遂后，想起妻子所写的俳句。

远方分手的人正在煮着小菜
洗着洗着萝卜也变白了
影子幢幢，熬夜的我还在吃东西
安静的冬季捕的活鲫鱼

自杀未遂之后，山头火有关食物的俳句，都充满了寂寞的结晶。他描述的虽然是食物，却有味觉之外的含义。

把乌龙面当作祭品，妈！我也陪您一起吃

这是在他逝世四十七年的母亲忌日所写的俳句，山头火或许就是为了咏诵这首俳句才活到今日的吧！他虽然写了不少有关食物的俳句，但却不受看重，因为人们认为漂泊的俳句诗人，不适合写作有关食物的作品。如果要我举出山头火三首作品，首先我会举这首。吃是人类的欲望，如果依照先后顺序阅读他的俳句，就可以清楚地发现山头火的精神轨迹。

山头火在行乞期间所吃的便当，看起来真的很好吃，让人有"为了吃便当而行乞"的感觉，因为山头火希望能够"吃到比任何人都好吃的便当"。

他在昭和十五年（1940）去世时所写的俳句如下。

把饭煮得刚好的黄昏

烤过的咸沙丁鱼干，头和尾巴都令人怀念

晒过的鱼干，中间还硬邦邦的

把明天要吃的米泡在月夜的水里之后就寝

月光穿透饥饿的肚子

艳阳下咕噜叫的肚子

没有食物就喝清凉的水

　　食量大的山头火经常在日记中记载他对饿肚子的恐惧，不吃饭就没有办法行乞，他希望自己饿倒路边却又无法忍受空腹的感觉。他在昭和十四年（1939）的日记中写着："啊！这是我三天以来吃到的第一顿饭！它的白皙，它的温暖，啊！这样的味道不是穷人、没有经过饥饿是无法体会的，真是令人流泪的味道。"他在重点处还加上眉批。此外还有"能够爱吃多少就吃多少的感觉，是优哉、失望、沉睡！"他在十一月十日的日记里还写着"在墓地里安静地打开便当"，昭和十五年（1940）二月二十七日里写着"贫穷也没有关系，只希望生活能够不缺米"。

　　他在旅行的途中，在所经之地均有盖了草屋，五十岁的时候在小郡盖了其中庵，五十六岁在山口县盖了风来居，五十八岁在松山盖了一草庵，只要盖了草屋后，他的俳句诗人朋友就会带着酒和食物来拜访他，刚开始，朋友还会照顾他，不久后就会因为他的生活懒散而避之唯恐不及，只要发现朋友不再上门，山头火就会舍弃草庐离开，来访的朋友发现无主的草庐后，都难免心有戚戚焉。

　　山头火酗酒后经常会因为虚无感袭来，而试图自杀，他在五十五岁的时候，曾经因为喝霸王酒喝得烂醉，被关进山口县警察局。每次只要喝酒而闹事，他就会决定要戒酒，但每回还是一边叨念着"作孽啊！作孽啊！"一边屡戒屡喝，他的牛饮让友人伤透脑筋，从他剃头当了和尚之后，喝酒的情况就比以前更为严重，他出家不是为了断绝烦恼，而是为了助长烦恼，如果不是因为他会创作俳句，他根本就是个游手好闲的人。因为他将每天的生活都写入俳句中，为了创作俳句才变得游手好闲，流浪汉就是这样，任性妄为、自私任性，看清自己的任性之后再行写作，人们因此深感迷惑、畏惧和尊敬。

山头火对井泉水说："酒的味道虽然不错，但水的滋味更难以言喻。"还举例"大山之水、鳄渊寺之水"加以说明。他非常了解水的味道，如果举办一场铭水座谈会的话，他一定是专家。山头火会选择他最喜欢的地点吃便当，一边品味着当地的水。在旅行途中，即使口渴了他也不会马上喝水，他会让口渴到极致之后，再品尝好不容易找到的泉水，他喝水的方法就好像酒鬼喝酒一样，他会采取最佳姿势来喝水，他之所以有所节制，是因为想要增加喝水之后食物的美味。他是为了美食才行乞，所以根本不可能有所顿悟，行乞只是山头火吃美食、喝美酒或美水的工具，他和谷崎润一郎正好相反，是一个快乐至上主义者。

山头火曾说："我曾经想要戒酒，但就是戒不了，也曾想过不再写俳句，但就是没办法。"酒和俳句对他来说是同义词。

山头火曾自言自语说："我行乞时，有时因为心中杂念过多，诵经的声音浑浊，所得的布施因此减少许多。"有一回他还遇见狗朝他狂吠，狗吠得凶的时候，他就盯着狗眼睛看，专心地诵起观音经，没过一会，那只狗就会摇着尾巴跑过来亲近他了。那户人家因为这只狗从不会对陌生人摇尾乞怜，还因此多布施了一些米给他。

这也是他的丰功伟业之一。虽然很有说服力，但其实是站在功利的角度，说明"只要心无杂念地念经，就能够得到比较多的布施"，这倒是和山头火的饮食口味和俳句一致。

"身无长物就是拥有世间一切"是禅学的教义，山头火忠实地加以实践。但对他来说，他得到的并不是禅世界的精神满足，而是比任何俗世人更为现实的味觉。他是禅学的睡和尚，却是味觉的妖术师。

俗话说："空腹是最棒的美食。"这是食物味道中永远值得讨论的话题，只要肚子饿了什么都好吃，但只是肚子饿还不够，在什么情况下吃，什么时候吃，和什么人吃，怎么吃，这些都必须纳入考虑，吃的人的健康状态也会产生微妙的影响，印象中的味道也很重要。口渴的时候，忍耐的意志力也是。

人是没有进食就无法存活的动物，这种可悲的天性也有别有一番滋味，酒、水和饭都是行乞之后的最好收获。俳句也一样，即使是同一首俳句，和同好们一同吟唱，和一个人行乞独自诵读感觉是不一样的。山头火是极度的俳句中毒患者，他对食物也一样，自己所处的境界为何对他来说十分重要。

对山头火而言，饭要好吃除了必须是空腹，还必须是强要来的饭，酒也一样，他人施舍的饭或酒的美味他最清楚，他对布施者的心态掌握得一清二楚。在此同时，身为受惠者的痛苦，也变成甜美的自我陶醉，渗透在他口舌喉间。

他死时那年的正月，他写了"我收到充满施舍喜悦的年糕"，所谓的"充满喜悦的年糕"虽然也包含了新年"恭贺新禧的年糕"之意，但其中也带有施舍者的想法，由此可知他是多么有自信。该年十月，他写了"把收到的秋天吃进嘴里，捡起来再吃"，临死之前，他描写食物美味的功力又更加精进了。最后的五句当中有一句是这么写的：

别人给的食物的美味让我心存感谢

在十月二日的日记中他写道："狗给我的。今天晚上不知从哪里跑来的狗，嘴里衔着一块好大的年糕，我接下那块年糕好好地品尝了一番。小狗！谢谢你！"连狗叼来的年糕他都要大书特书。十月五日的日记中则写着："我回到草庐后发现饭被野猫吃了"，十月六日则是："今天早上我吃了野猫吃剩的食物，我想连同前几天小狗的事一起写篇文章，要是能拿到一些稿费的话，我可要好好请这两只狗和猫吃一顿，我则要大喝一场。"

山头火死于四天后，也就是十月十一日的清晨。

十月十日晚上，山头火的俳句诗人朋友，曾在他的一草庵举行了"柿之会"的俳句会。

俳句会当时，山头火盖着棉被在一旁休息，朋友以为他又喝醉了，便在隔壁的房间照常开会，一直到夜晚十点才散会。之后在两点左右，朋友再来拜访时，发现他已经气绝身亡了。他终究还是没有完成猫和狗的故事，只在十月五日以犬猫事件为名，发表了一首俳句。

秋夜里，狗给我食物，我给猫食物

志贺直哉

（1883 —1971）

宫城县生，白桦派代表作家，其作品被誉为日文文体的理想形态，至今仍常出现在教科书及考试问题中，著有《和解》《暗夜行路》等作品。

志賀直哉

金眼蛤蟆味噌汤

　　白桦派的餐桌是怎么回事？比如说，年轻时代的志贺直哉，或武者小路实笃用餐的时候，都吃些什么？这是相当令人好奇的问题。试着想象，大伙儿瞒着有岛武郎，吃着一串葡萄，谈论关于友情或城崎温泉的话题，将人道主义滋味的面包，放在充满希望的餐桌上的情景。或许该说，对于白桦派而言，料理的内容本身并不是重点，超越料理之上的幸福时光，追求理想的林间阳光与风才是好滋味，背景漂浮着良家少爷的高尚品位。

　　若要试着找出白桦派身上不幸的要素，除了为情自杀的有岛武郎之外，每个人都很长寿。武者小路实笃活到九十岁，里见弴九十四岁，志贺直哉活到八十八岁。长寿这件事虽然不是什么拿来批判的主题，但是总缺乏为文学殉教的印象。每个人都是安享天年，将文学理念实践于实际生活之中，充分燃烧的作家，晚年风貌更是超群的伟大。正因如此，让人觉得难以亲近。

　　笔者还是学生的时候，曾在涩谷常盘松遇见在自宅附近散步的志贺直哉。拄着拐杖，戴着黑色高顶帽的志贺直哉，身材高大，品位出众，悠然望着天空漫步。阳光照耀着白胡子，看来宛若是没有一丝乌云的天上之人。我呆然仰望，志贺直哉从容走过目瞪口呆的我身旁。

　　前一天，我在中央公论社举办的文艺研习中，见到谷崎润一郎，谷崎身上飘散着脂粉妖气，如同来自异界的领路人，仿佛品定优劣似的环视观众席一周，二十岁的我顿时感到一股媚惑之气。相对于谷崎身上地狱领路人般的阴暗气氛，志贺直哉老了以后也依旧常葆青春光辉，甚至耀眼得连二十岁的我都要为之嫉妒。《暗夜行路》的主角时任谦作，最后达到"一切都从自己开始，我就是始祖"自我体悟的地步。志贺直哉也以一副"我就是始祖"的表情昂首阔步。

这段时间志贺直哉每天早上吃鹅肝酱和鱼子酱配面包，再加上两三杯红茶。根据阿川弘之著作的《志贺直哉》一书，偏爱的店有赤坂的鳗鱼屋重箱、板仓的野田岩，寿司店喜欢银座的久兵卫和喜乐鲊，天妇罗有新宿的纲八和涩谷的天松，西餐有芝公园的克雷森、涩谷的双叶亭、银座的习德馆、关西割烹料理有银座的滨作本店、西新桥的京味，江户料理则是筑地锦水，到了京都就是大市的鳖料理、朝粥瓢亭，中国料理喜爱六本木的上海酒家、新桥的江安餐室、田村町四川饭店、神宫前的皇家饭店，相当的美食主义者。讨厌豆腐，喜欢西餐甚于日式料理，自称"称不上老饕，但很好吃"（《风报》座谈会·昭和三十三年）。喜欢威士忌的老式酒吧。

昭和十年（1935，直哉五十二岁），他在《文艺》刊登的"白桦"座谈会中谈到苦艾酒。有岛生马从法国带了苦艾酒回来给志贺直哉，这是种法国诗人与画家喜爱的烈酒，众人稀释共饮，首先将水注入杯中，杯上放了两根筷子，筷子上放方糖，把苦艾酒倒进去，成为宛如牛奶般白浊的液体。因为喝起来口感不错，越调越浓，众人醉得不像样，连走路都觉得骨头快要散开。白桦派众人可谓是能吃能喝。

志贺直哉还会自己做料理。

在《风报》座谈会上，对尾崎士郎、尾崎一雄、水野成夫解说山猪料理的做法。

"山猪肉要用酒来煮，然后浸碳酸水使肉变软，加上牛蒡丝和芜菁调味噌炖煮，炖越久越好吃，配上烤海苔佐味更是美味。这个做法是和里见偶然间发现的。"

炖山猪的调理法是里见弴独家绝活。没有碳酸水时，试着加入苏打粉，直哉抱怨"有泡沫不好"。听说直哉喜欢山猪肉的熟人，把一整头没剥皮的山猪送来，拜托附近的牛肉店切开，又把安井曾太郎和福田兰童叫来，众人一同享用。然而一整头猪肉分量毕竟太多，把剩下部分送给谷崎润一郎，被称赞"好肉"。

还曾经吃过狸肉，直哉辩称"肉还不错，狸汤也没有臭味"，说明这是石川县山代的传统做法。一提到料理，直哉便热心不已，还曾经送牛肉给支持的相扑力士十津山。

直哉在宴会上展开独特的论调"大部分的食物是因为不够咸不够辣才不美味"，说是体力衰弱之际，便会感觉盐分不足。"一般人似乎认为，不清淡就不算货真价实的美味，但那是不常外出或运动不足的人的说辞，感觉太咸太辣太甜就无法入口。虽然感觉上关东地方的味觉比较落后，但实际上并非如此。"宫城县石卷出生的直哉，把关东、东北地方的浓厚味觉划归"人类活动的原动力"，平日工作量比关西人多上两分，所以饮食才会盐分浓厚，直斥关西人的清淡，属于"怠于活动者"的味觉。直哉义正词严的论调有着奇妙的说服力，即使论点有些强硬，仍可以窥见白桦派的力量。

提到白桦派，总让人有种共同迈向理想的亲友聚会的软弱印象，事实上是充满了战斗力，阅读"同人"的座谈会内容，可以发现"把不合己意的作家丢在一旁"自鸣得意的报道。例如，直哉厌恶太宰治的"斜阳"文体，直言"无话可说"，太宰治发言反驳，却遭到直哉的漠视，最后太宰治忍无可忍，试图自杀。证实无赖派反而比较软弱。

直哉嗜吃鳗鱼，经常订购鳗鱼外送，也喜欢香鱼。当泷井孝作钓了极其美味的新鲜香鱼送来，马上就烤来吃掉。提到"当时发现一件奇妙的事，通常说是要趁热吃，热的时候吃掉的那条也的确很美味。然而，把另一条烤好的香鱼拿过来，看着电视，三十分钟之后才开动，还没完全冷掉，也算不上趁热就吃，却比刚烤好的更为美味。稍微冷掉的反而比较好吃"，对自己的味觉抱持莫大的自信。此外，还曾经说过"之前西园寺大宴文士，当时宴会上有香鱼，因为以前通常都只是撒盐烤来吃，西园寺先生没沾蓼醋，女佣以为他不清楚，建议应该要蘸醋调味。可能是以为从前没有蓼醋这种东西吧"。直哉对味觉十分严格，同座的尾崎士郎则表示"还是盐烤的好吃多了"。

昭和二十八年（1953），《周刊朝日》中和德川梦声的对谈，谈到吃蟾蜍的经验。直哉问梦声："这虽然是奇怪的问题，但我想问你，有没有吃过蟾蜍？"梦声回答"没有"，直哉说"很好吃。肉与骨分离的程度刚好，比食用蛙美味多了，又没有食用蛙那样的奇怪水味"，把梦声唬得一愣一愣的。亲戚中有身体衰弱的小孩，直哉就把金眼蟾蜍煮成味噌汤来喝，还抓了两只蟾蜍烤了以后，发现十分美味。这真是非比寻常的奇怪食癖、无所不吃的肚量。

连蟾蜍都敢吃，抬头挺胸活到八十八岁，强韧的精神寄居于强韧的肉体中。遭到蔑视的太宰曾对直哉说"还是软弱一点好，文学人应该要软弱一点"，还指称"至少努力去理解你那一套以外的东西，不，试着理解别人的痛苦"，令人心生同情。

然而，明治、大正、昭和的文学，采取个人主义、自由主义的基准，将文学视为"灵魂救赎"的装置，就是白桦派所坚持的。从这点来说，太宰连他们的脚跟都不及。

阿川弘之的回忆中，评断"白桦派艺术家中，对吃最不讲究的就是武者小路实笃，一生执着于吃的是梅原龙三郎，梅原之下就是里见和志贺直哉"。（《志贺家宴客帖》）

昭和三十三年（1958）的杂志《心》中，白桦派（志贺、梅原、辰野隆、里见与其他两名）召开《旅与食》座谈会。七十五岁的直哉成为座谈会中心，高谈阔论。其中令人印象深刻的部分如下。

＊ 喜爱鹅肝酱，待在法国时，常切成厚片食用，梅原龙三郎去法国时，也特地带了鹅肝酱罐头回来。邀请歌舞伎演员左团次来家中作客时，拿出鹅肝酱，左团次一个人喜滋滋地吃个精光。

＊ 到英国的时候，身体不适，朝海公使家招待的烤鳗鱼烤得相当美味。

＊ 水野成夫说要请客，打电话来问要吃河豚还是鳖的时候，回答两种都爱吃，结果两种都请了。

＊ 东京胜哄桥附近的河豚生鱼片味道极差，门司的河豚极其美味。河豚生鱼片不该一片片挟起来吃，应该要用筷子卷起来合在一起吃。

＊ 在高山和里见一起去吃的精进料理角正还算不错，另外一家活鱼料理更好。角正卖的是精进料理，菜色却有盐烤香鱼。

＊ 从东京的青山通到高树町，有一家叫中川的肉店，羊肉等各色肉品种类丰富。

＊ 在罗马吃到的西班牙料理的章鱼十分美味。热海的花枝分美味和难吃两种，但是罗马的花枝难吃得无话可说。

＊ 马德里的饭店经理推荐的虾十分美味。里斯本的后街酒吧也有相同的虾，壳跟剃刀一样，会在手指划出伤口。酒吧里面不把壳丢掉，在地上堆积如山，夸耀本店生意兴隆。

＊ 小时候肚子痛得受不了，吃了萩饼便不药而愈，令赶来的医师表情不悦。

＊ 包竹叶的鳟鱼押寿司，据说可能会有二口虫感染，但是鱼的鲜味跟米饭的配合相当美味。

＊ 金泽的灰贝黑而鲜美，大阪店里卖的白而无味。

＊ 四国的酸橘别具风味。比柚子小又味道细致，比柚子更高级。可说是"酸橘赛柚子"（玩笑话）。

＊ 来到南方两人猎鳄鱼，一人射中真正的鳄鱼，另一人射中的却是海龟，结果射到的鳄鱼不是真鳄鱼，而是假鳄鱼（玩笑话）。

＊ 在热海发现水边长了野生香草，当地的人不知道可以吃，所以

没有采收。同行友人一脸知之甚详的表情解说，但事实上自己早就知道了。煮味噌汤不太好吃。

    * 带着芥川龙之介到熟人家去看中国绘画，比预定花了更多时间，对方没特别准备午餐，就直接吃当场有的东西，烤了新鲜的沙丁鱼加上蛋卷。自己吃了觉得不错，尤其沙丁鱼相当美味。然而芥川可能觉得被看轻了，抱怨"请什么沙丁鱼嘛"。

以上，无穷无尽，实在相当会吃。然后，笔者发现座谈会上直哉提及的每个料理故事，都是一篇短篇小说。不仅谈论料理好吃、难吃，直哉的视点始终观察着背后的人，即使在座谈会上闲聊的简短对话中，也包含了故事的中心，十分了得。每段插曲都不强加上解释，以适当的旁观者目光从旁观察，却深入人心的要害。

直哉的文学中，贯彻着不容任何不正或虚伪的强烈正义感与自我意识。这也是难以亲近的理由。以自己和父亲之间的纠葛为主题的长篇《暗夜行路》即为其代表。然而，直哉文学的精髓在于之前写作的短篇小说，长篇《暗夜行路》的精神课题提示以"和解"来解决。直哉在现实生活中和父亲的争执以《和解》《大津顺吉》《某个男人之姊之死》等作品克服，可说是集其大成的《暗夜行路》，则是加入母亲的过失、妻子的过失的妄想式自传。

直哉的小说世界，从日常生活的嫌恶感展开，产生对立与苦恼，乃至解决，就好像把有些恶心的蟾蜍烤来吃，发现其实味道不坏而恢复活力的故事。直哉住过尾道、松江、赤城山、京都、奈良，被赞许为"每到一处即入境随俗写出佳作"。每到一个地方，就使用当地的料理素材自己烹饪，料理技术会大为精进也是当然。堪称"男人走进厨房"的先驱。

亲手料理的人，包含对于食欲的贪求，却也需要自省与调和。这是因为料理就是现实中自己要吃的食物。耽美派的谷崎对于食的好奇心和吊诡性，皆凌驾直哉，但是一拿起菜刀，直哉才是高手。

直哉的短篇《剃刀》，描述麻布六本木技巧高超的理发师傅，失手刺进客人的喉咙。文笔简洁更显恐怖。"他反手握住剃刀，突然刺进咽喉，刀刃深得看不见"的描写令人毛骨悚然。正因为不带耽美派般的华美阴暗，更显恐怖。刺入年轻客人的喉咙，染上淡红的血丝，血液汩汩渗出，而后"倏然流下一道鲜血"。不是亲自下厨的人是写不出来的。

短篇《范的犯罪》的开头，中国人魔术师范氏在演出中，用菜刀切断妻子的颈动脉，妻子当场死亡，范氏随即被逮捕，却无法解释犯行到底是不小心还是故意，范自己也不清楚。两种都有可能，作品鲜活描写出人类心理的迷宫，也表现直哉看透人性内心的力量。束手就擒的范，被刑警质问演出前"可有争吵"，回答："不是什么大不了的事"，详情是："关于食物的事。我肚子一饿就容易发怒，当时妻子准备食物的动作太慢，惹火我了。"

直哉本人也很易怒。直哉的父亲只要料理难吃，就会突然弄翻餐盘，或者把碗丢开，继承父亲血缘的直哉，也曾经把不合意的小盘敲碎。

由此观察，短篇小说中随处出现的小细节，也和料理有着微妙的关联。

《清兵卫与葫芦》中，深刻描写少年一时兴起，对身手又有自信，在尾道的小巷发现让人想要伸手去摇的葫芦的心情；《在城崎》中"生死并无太大差别"的达观，背后是唯有用菜刀调理生物的人，才能体会的无常观。

直哉将小说构想成型的过程，称为"勾芡变色"，脑中白浊的太白粉水，经过加热，变得凝固透明。既然这么说，对于直哉而言，应该确实抱有小说即为观念料理的意识。

白桦派身上同时存在自我肯定与自我嫌恶。既沉溺于友情，又抱有强烈疏远友人的意识，彼此之间感情虽好，却具有完全不同的性格。这个特质在直哉身上尤其明显。直哉在明治四十四年（1911）的日记中，写下"希望能有不淫乱而强烈的性欲"。"不淫乱的性欲"这般彼此矛盾的志向，也表现在食欲上。对于直哉而言，不贪婪而强烈的食欲才是理想。写给里见的信中提到"忧郁的滋味要比快活时更好"。直哉讲究吃，却也有品尝乏味事物的能力。白桦派容易给人理想主义、人道主义的印象，然而实际上，直哉的小说中并不刻意要给人感动或教训，而是干净利落的自我省察。

在此，笔者回想起小学读过的《小学徒之神》，重新读过一次。

在秤店工作的少年学徒仙吉，想尝尝看领班们赞不绝口的寿司，省吃俭用带了四钱到寿司店，想要买个寿司，却听到"一个六钱"，只好放下寿司离开。在场的贵族院议员A觉得可怜，某天在店里遇见小学徒，带他到寿司店去吃个饱之后就不见了。小学徒把突然现身的客人当作稻荷大神的化身。一方面，请学徒吃寿司的A觉得莫名空虚。明明是好事，却不知为何总觉得心中不太舒坦，以后不再经过秤店，就连那间寿司店也不去了。另一方面，小学徒每当悲伤痛苦之时，必定回想起A的存在，来聊以慰藉。

到这里都和记忆中的内容相同，然而小说还有后续。"作者写到此决定搁笔。实际上想写小学徒想确认'客人'的真实身份，向领班问了地址跟姓名跑去找人。没想到地址上查无其人，只有一间小小的稻荷祠，小学徒吓了一跳——本来想这么写，但若这么写，又似乎对小学徒有些残酷，于是作者决定就此搁笔。"

这部作品是根据直哉本人在寿司店碰到少年没钱买寿司的体验写成。看到小学徒心想"好可怜"的是直哉本人，而尴尬离开店里的学徒，又是直哉的另一个化身。

直哉性格易怒，但也十分体贴他人，总是请到常盘松家里做客的客人"吃过饭再走"。

二十岁时，笔者遇见散步中的直哉，认为是"文学之神"。当时笔者还是青涩的文学小学徒，为了拜见本人的一瞬间感动不已。想起这件事，不禁觉得当时的直哉对笔者而言，也同样是"小学徒之神"。

高村光太郎

(1883—1956)

出生于东京，为雕刻家高村光云之子，身兼诗人及雕刻家两种身份，以诗集《智惠子抄》成为全国闻名的诗人，战后因以战争责任为耻，曾离群索居住在岩手县花卷市。

高村

光

太郎

咽喉风暴

高村光太郎有一尊木雕小品，名为"石榴子"。

木雕上的石榴已经成熟破裂，露出几颗种子，木雕作品竟然能够刻画得如此精细，实在令人赞叹。在高村光太郎诸多作品中，这个可说是值得纪念的佳作，但仔细一看，会发现"石榴子"的雕刻手法其实相当粗犷，刻痕清晰可见，不仅比真正的石榴更像石榴，而且散发着奇怪的杀气。淡红色的石榴子充满生命力，高雅的香味四散，果实饱满圆润却有着一被触碰就可能爆发的坚强意志，它虽然具备了木雕作品的温和，内在却是坚硬的真空，不禁让我想起塞尚的作品《苹果》，这个石榴子隐含着让人不可思议的情感伤痛。

能够雕刻出如此细腻的"石榴子"的高村光太郎，又有着什么样的饮食生活呢？

佐藤春夫在小说《智惠子抄》中曾经说过："光太郎原本就不觉得恶衣恶食有什么丢脸。"

高村光太郎自己也说："我在贫穷的环境中长大，出国留学也只能经济拮据地度日，和智惠子结婚后日子并不宽裕，正因为我父亲（佛像雕刻师高村光云）小有名气，世人更是喜欢乱嚼舌根，让我备尝痛苦。"高村光太郎是近代文学家中身高最高（据推测应有一百七十七公分）的一位，食量很大，非常能吃，甚至还曾经大言不惭地说："我是为了赚取生活费才写诗的。"但实际上他的诗并不受欢迎，只能靠着翻译维生。对高村光太郎而言，雕刻才是至高的艺术，写诗或翻译只是为了生存，这样的见解让其他的诗人都相当意外，而且他所写的诗都非常叛逆，不仅具有强烈的自我意识，结构也非常完整。《智惠子抄》中有一首名为《晚餐》的诗，是这么写的：

在夹杂着狂风的暴雨中 / 我淋成落汤鸡 / 买来的米一升 / 二十四钱五厘 / 咸鱼干五片 / 腌萝卜一块 / 腌红姜 / 鸡窝里拿的蛋 / 海苔被压得像块铁片 / 炸地瓜 / 咸鲣鱼 / 沸腾的汤 / 狼吞虎咽地吃着我们的晚餐 / （中略） / 我们的晚餐 / 带着比暴风雨强烈的力量 / 使我们将餐后的倦怠 / 化为不可思议的肉欲 / 在暴雨中燃烧 / 它赞美我们的身体 / 这就是我们难以下咽的晚餐

这是高村光太郎在大正三年（1914）的作品，这年三十一岁的他，刚和妻子智惠子结婚，虽说是新婚，但他们的性爱生活却非常狂野，在暴风雨的夜里一阵狼吞虎咽之后，开始疯狂做爱，这就是光太郎诗中所说的"难以下咽的晚餐"。由于他自己曾经说过"强烈的欲望迫使我走向造型艺术之路"，由此可知他的食欲和性欲都有如暴风一般，和智惠子结婚后，他更是试图将两人与世隔绝。

二十五岁之后，光太郎加入北原白秋及木下杢太郎等人组成的"面包会"，四处玩乐，过着叛逆、自嘲和颓废的日子。二十八岁时在诗作《夏夜的食欲》里有一段名为"食欲颓废"内容如下。

浅草的西餐厅赚取暴利 / 牛排盘里装的是马肉 / 浮着泡泡纤细的马肉 / 焗烤 / 咖喱饭 / 淋上恶性肿瘤浓汁的猪排味道

他一边嘲弄小餐厅的堕落，一边又说：

我的肉体攻击我的灵魂／不可思议极其兴奋的食欲／满足，满足／还想要，喘息，尖叫，狂奔

二十九岁时，他还以可口可乐写了一首诗。（《狂者之诗》）

吹来，吹来／秩父的落山寒风／从山那边簌簌地吹来／世界末日了，吹来吧／往我的背后吹来／猫在我脑中叫／有人在某处以罗丹作饵／可口可乐！Thank you very much

虽然在大正元年（1912）时，以可口可乐入诗是件很新潮的事，但也只有高村光太郎这么做吧！这样的放荡生活，在他和智惠子结婚之后，仿佛有了转变，但他其实只是改变了放荡的方式，走入自己放荡的虚构世界终点，他心中燃烧着对智惠子的热爱，生活虽然穷困，但他的食欲和性欲却丝毫不减。他虽然会顶着暴风雨去买米，但是喝着可口可乐，脑中出现猫叫的现象却消失了。他在昭和十四年（1939）所写的《怪异的贫穷》，就是自己的故事。

这个男人的贫穷非常怪异／他有时候会吃最高级的料理／没得吃的时候只好吃青菜和地瓜粥

在诗集《智惠子抄》中也有一段描写相当有名，"智惠子说东京没有天空／她想看真正的天空"（见《天真的话》），高村光太郎的一生渴望食欲及爱欲，爱欲是"女人淫荡／我也淫荡／无法满足的我们／挥洒爱欲"（《淫心》），在闷热的夏夜里，高村光太郎和智惠子"化成鱼鸟跳跃"。在另一首诗《夜里的两人》中写道：

我们俩最后会饿死的预言，是下雪的夜里雨滴告诉我们的。智惠子虽然比其他人豁达，但仍然拥有与其饿死宁愿烈火焚身的中世纪梦想。

光太郎和智惠子都非常害怕饿死，害怕饿死的并不只有他们夫妻两人，任何人都一样，但竟然以为雨声告诉他们可能会饿死，这足以证明两人都拥有饥饿的强壮肉体。

高村光太郎在智惠子临死前递给她一颗柠檬，他写到智惠子"咬了一口，充满了柠檬的香气"（见《柠檬哀歌》），"你的喉咙里虽然有暴风雨，在这命在旦夕的时刻，智惠子又成为原来的智惠子，我一生的爱完全崩溃。"

智惠子第一年的忌日时，光太郎没有焚烧迎火也没有请和尚念经，智惠子也应该不是死后的戒名，他只在妻子的照片前供奉了一杯水，以及她喜欢的桃子、哈密瓜和柠檬。"我经常和她一起吃这些东西，刚好在作忌的三天里全部吃完。"（智惠子第一年忌日）

在知道高村光太郎的饮食生活后，就可以逐渐了解他的木雕作品"石榴子"中隐藏的那股紧绷且惊人的甜蜜了。

光太郎写有一篇名为《初春时喜欢的食物》的随笔，只要是生长在住家附近的草或树木的新芽，他无所不吃。他会将春天的鹅肠菜放入味噌汤里，将鸡儿肠拿来作泡菜，蜻蜓草以白芝麻调味，蒲公英和杉菜则是初春的重要食材，酢浆草的叶子和虎杖花可以生吃，虎耳草的叶子经过搓揉之后，可当菜汁饮用，除此之外还有匆木、五加木和接骨木的芽，他甚至连杉树芽都不放过，他说杉树芽"虽然带有些许的油味，但味道非常清爽好吃。"带他品尝野菜滋味的人是智惠子，他还说一种叫鬼熏的蕈类，"死去的妻子虽然说它非常好吃，但我始终没有勇气尝试。""她说把它放进清汤里，入口一咬的口感比松露还好吃，今年秋天我一定要找来吃。"

智惠子死后，光太郎的饮食偏好也开始走自然风。

"亡妻老家在破落之前是酿酒的，所以每到春天，我们经常会收到新酿的酒，那种略带酒酿味、微浊、具有甜味、浓烈的新酿酒味道很是特别。将家乡味道甘醇的新酿美酒加热后，在春寒料峭的深夜里小酌一杯的感觉，我至今难忘，如今却往事难再，现在我看到喝酒的人，总觉得他们可怜，因为他们不知道纯净的清水有多么美味。"

这是昭和十五年（1940），他五十七岁时有感而发所写的。

他六十二岁时，在花卷县的郊外一个叫太田村的地方开始务农，过着自给自足的生活，为了种植马铃薯，他的双手甚至还磨出血泡化脓，得接受手术治疗。他种了豌豆、四季豆和稗子，当时他还针对宫泽贤治《不输给雨》诗中出现的"一天只吃四合糙米、味噌和些许蔬菜"写了一篇随笔，他认为"这样的饮食方式不是毫无计划的，他充分地考虑了所需的热量、维生素和营养素的配合，满足了最低的标准。"但他还认为："如果一直持续这样的饮食，又从事激烈的工作，任何人都会因此罹患肋膜炎而导致肺结核。"高村光太郎批评日本向来"尊重粗茶淡饭"的主张，对于通俗医学"只要吃糙米、芝麻盐、腌梅和腌萝卜就够了"的理论更是大加挞伐，他鼓励大家多吃牛奶和肉类，并认为只要改善饮食三代之后，日本人的身材一定能达到世界水平。从现在年轻人大一号的身材来看，证明高村光太郎的预测果然正确。

他在战时所写的《对于贫乏》中提到，"我只要肚子一饿，手就会发抖，无法写小字也无法进行精细雕刻，因此深感困扰，没有东西吃的时候我只好大口喝茶，只要肚子里有点东西，手就会停止发抖。"如此恐惧空腹的光太郎，不久之后当他知道"手发抖只是初期的肚子饿"时，即使手发抖他也不着急，反而等着让肚子更饿。

他说："只要饿个二十分钟，手就会停止发抖，甚至也不会再感觉饥饿。"比起实际的肚子饿，他认为"恐惧肚子饿的感觉更折磨人"。

由此可知他的身体有多健康了。光太郎肚子饿时，吃起东西来狼吞虎咽，连饥饿的感觉也一并吞下。他也写道："老实说，我没有资格谈论贫困的饮食生活，因为我没有小孩，一般人之所以烦恼东西不够吃，大多是因为家里有许多正在发育中的小孩，一想到父母面对孩子的嗷嗷待哺，我就无法再对缺乏食物置喙一词。"

高村光太郎在谈及食物时毫不掩饰，他既没有对美食的饥渴，也不是提倡粗茶淡饭的清贫主义者，他要说的只有人只要活着就必须进食的严肃事实，在面对食物时相当认真。

在他的日记中，曾经记载了东北地方的野菜水葵，这是生长在深山溪谷边的一种野菜，高村光太郎很喜欢吃，他会以凉拌、盐渍或煮汤的方式来料理山葵。他是来到东北地方之后才知道山葵的美味，并一五一十地将它记载在日记当中，他说山葵是"水嫩淡绿色的叶子靠近茎部的地方泛着美丽的浅红色"。高村光太郎描写蔬菜的方式，如同他的雕刻作品一样鲜明，这是因为他以雕刻家的眼光观察蔬菜，以和智惠子共有的"咽喉风暴"，迫近蔬菜的生命吧！

对于在田里采收的豌豆，他说："我一边吹着口哨一边处理它们的粗筋"，"摘下来放在笸箩里时的鲜活，就好像刚捞起的鱼在渔网里一样活蹦乱跳。"

"青菜处理好之后，清洗的工作很简单，只要加点盐烫过，再加入橄榄油、醋和胡椒，就是初夏时最好的礼物。橄榄油可以带出甜味，醋则可以锁住味道，荚豆不可以用酱油煮，它如同蓝宝石的颜色是最漂亮的。"

光太郎的烹饪方式，是非常正统的法式做法，六十多岁的单身汉像个小孩似的，兴高采烈地吃着荚豆，还吃得到处都是。他的欲望比任何人都强烈，虽然对自己的欲望感到不耐，但还是豢养了野兽般的欲望。重新再读诗集《智惠子抄》时，只是让我更无法忍受寄生在光太郎体内的钢铁弹簧，和他为自己的灵魂而爱女人的疯狂自我意识，二十几岁读《智惠子抄》时，只注意到他书中爱的绝唱及单纯，无法有此发现，等到自己年纪稍长，才发现光太郎的任性妄为。光太郎在与智惠子的生活中，也是快乐派的领袖，有着为了欲望不知道会做出什么事来的锋利刀刃，由此可知智惠子仿佛是深陷陷阱中的祭品，这从他对饮食的执着便可看出，四十二岁时他写了一首名为《葱》的诗，内容如下：

> 立川的朋友送来一把葱 / 长约二尺的细根横躺着 / 熟睡在工作室里 / 在三多摩平原上奔跑 / 风赐的孩子，有冬天的精锐 / 看着铺上稻草包大胆无畏的青葱 / 可恶 / 造型还真不突出 / 对于朋友给我的这把青葱 / 我感谢的是它忽视抽象

智惠子经常随身携带光太郎的木雕小品，"石榴子"也是她走到哪带到哪的东西之一，光太郎只要一完成木雕，就会马上拿给智惠子鉴赏，智惠子也比任何人都热爱、了解光太郎的作品，智惠子死后，光太郎感叹说："没有她的世界里，还有谁能像她一样把我的雕刻当作自己孩子一般疼爱呢？"

智惠子也是个画家，由平冢雷鸟主编的女性杂志《青鞜》，自创刊号起便多次以智惠子的画作为封面，智惠子的精神状态之所以会出问题，是她在致力追求绘画技术的精进和照顾光太郎的日常生活之间产生矛盾所致，智惠子的个性虽然纯真，但却相当好胜，光太郎曾说："如果智惠子不是嫁给我这种美术家，而是嫁给其他了解艺术的人，特别是从事畜牧业的人的话，或许就能够更长寿些了吧！"这样的想法在智惠子死后，还是一直存在他的脑海中。

在智惠子死后，发现妻子亲手酿的梅酒的光太郎，更加珍惜自己对智惠子深深的爱恋，这份爱在他的《梅酒》这首诗中展露无遗。

去世的智惠子酿造的这瓶梅酒／经过十年的沉淀散发着光芒／现在仿佛是凝结在琥珀杯中的玉石／独自在早春寒冷的深夜里／邀请我喝一杯／牵挂着死后留下的人

还有"在厨房里发现的这瓶香醇梅酒的滋味／我静静地静静地品尝"

此处联结光太郎与智惠子的是"咽喉风暴",所以更是冲击了读者的灵魂。九年后的昭和二十四年(1949),光太郎写了一首《如果智惠子……》,随着时间的流逝,他对智惠子的思念也就越发深刻,在花卷县郊外过着自给自足生活的光太郎,梦想着:"如果智惠子和我在一起／被岩手诸山原始的山风包围／如果在六月的草木中在这里的话……"

点燃杉树的枯叶／围炉的锅里煮着好吃的茶粥／摘下田里的豌豆／在宝蓝色的早晨高兴地用餐

此时光太郎六十六岁,食欲经常和智惠子同在,诗集《智惠子抄》是"黄昏之恋",光太郎一边点燃杉树的枯叶,一边思念着智惠子。

光太郎在《天真的话》中,写出"智惠子说东京没有天空／她想看真正的天空"的时候,是昭和三年(1928)的事,这首诗还有后续。

我惊讶地看着天空／在樱树新绿叶间的是／切也切不断的／从前常见的美丽天空／浑浊地冒烟的地平面由浓渐淡／是嫩桃色的清晨湿气

对光太郎来说，东京的天空是"从前常见的美丽天空"，是"嫩桃色的清晨湿气"。对他来说，智惠子所说的"真正的天空"是看不见的，光太郎其实是借由智惠子纯真的眼睛，来批判自己，对智惠子而言，"真正的天空"是故乡"阿多多罗山上的蓝天"，但在智惠子批评自己的纯真当中，也预先透露了她的疯狂。在这首诗发表的第二年，智惠子的娘家长沼家破产，家人因此四散。

智惠子无法适应都市的生活，沉迷于写生家中四周蔓生的杂草，还在自己庭院种植西红柿，生吃蔬菜，聆听贝多芬的第六交响曲，满足她空虚的心灵。光太郎的木雕作品"石榴子"在昭和三年（1928）于第二届大调和美术展中展出，当时正是智惠子因为与都市的大自然格格不入而心生郁闷之时。

走投无路的光太郎带着智惠子重游故乡的阿多多罗山，但当时的她精神状况已出现问题。智惠子口中所说的"真正的天空"，其实是她的幻觉，光太郎似乎也察觉到这是她渴求艺术所产生极度纯真又痛苦的幻觉，在阿多多罗山或许也没有"真正的天空"了吧！这么说来，光太郎的"石榴子"或许是为了治疗智惠子对"真正的天空"的饥渴所付出的代价吧！智惠子非常崇拜塞尚，在光太郎的脑海中，不知道有没有塞尚所描绘的苹果？

光太郎的"石榴子"虽然比真的石榴子还像石榴子，但却不能吃，如同光太郎的木雕作品"石榴子"在艺术上的优越表现，智惠子也努力地朝着虚构的美感、未知的天空飞去。"石榴子"是光太郎爱的结晶，也是吸引智惠子走向艺术魔界的毒药，这也许就是"石榴子"中潜藏魔力喘息的原因。果实是阳光结果的赏赐，其中隐藏了"真正的天空"，木雕"石榴子"是危险之爱的预兆。

七十岁的高村光太郎最后的雕刻作品，是在十田湖湖畔创作的裸女像，建议他进行此创作的人是佐藤春夫，佐藤春夫写信给他说："在如此森严崇高的大自然中，只有您的创作才值得摆放。"光太郎到现场勘查后，决定"我要将智惠子的裸体留在这个世上，我将会回归原始的自然当中。"这尊裸女像是光太郎呕心沥血之作。

光太郎对智惠子的占有欲极强，智惠子明明为光太郎所有，光太郎却将她的裸体公之于世。智惠子在光太郎体内升华，已经成为他信仰的对象。光太郎如此写道："眼前矗立着铜锡的合金／我该怎么设计呢／一定是无机的图形／肠、黏液、油腻、汗水和生物的／这里没有脏污。"

智惠子成了无机的图形，没有"肠、黏液、油腻和汗水"，其实光太郎之所以这么写，是在告诉自己，七十岁才开始的创作，光太郎仍无法将智惠子的黏液从脑海中剥离。就如同木雕的石榴子不能吃一般，光太郎无法将铜锡合金的裸女拥入怀中。他对着雕像呼喊"在你粉碎落地之前／要忍受这片原始森林的压力／继续站立几千年"。

我在月亮高挂的夜晚前往十田湖，以阴暗的湖面为背景沐浴在月光中，两个裸女闪耀金色的光芒，透露出无机的内里，意志坚强地矗立着。

北原白秋

（1885—1942）

出生于福冈县，最早为《明星》同人，于明治41年组成「面包会」，成为耽美派诗人而大受欢迎。著有许多杰出的童谣及民谣，代表作为《邪宗门》《回忆》。

北　原

原

白

秋

幻视苹果

　　检视诗人的餐桌是非常棘手的一件事，检视和歌诗人的也一样，比方说阅读石川啄木的和歌，就能了解他曾经吞下幻觉的贫困。即使是吃同一块面包，啄木也会将它视为孤独，在北原白秋眼中却是欢喜的快乐。北原白秋啜饮的香甜可可亚，到了石川啄木嘴里就成了恐怖主义悲伤的心。

　　白秋曾着有名为《白米汤圆》的三章长歌，这是他和第二任妻子章子在"贫穷至极面对饿死威胁之际"时所做的和歌。此时的白秋一文不名，连米瓮都是空的。

　　长歌的内容是：纯白米汤圆，可怜的白米汤圆，白米汤圆的米，汤圆的米，可怜的米汤圆，一颗、两颗、三颗、四颗地数着，可怜的白汤圆，凑一凑还不到十颗，挑一挑也找不到十颗，现在我早就饿了，我妻子也饿了，纯白的米汤圆，可怜的汤圆。幸好有白米汤圆，即使贫穷也有白米汤圆，连小麻雀都想要汤圆，每个人都分一颗吧！

　　他们虽然穷得米缸都快见底了，但北原白秋仍将米粒看成是白汤圆，如果是麻雀，大概吃个七八颗就可以填饱肚子了，但不幸他们是人。当时北原白秋三十二岁，石川啄木小他一岁，他们是在森鸥外的住处观潮楼举行的歌会中认识的，北原发表这首和歌时，石川已经去世了。

北原白秋住在千叶县南葛饰的小岩村，他称自己的斗室为"紫烟草社"，他的日子虽然穷苦，但却因为第二任妻子章子不怕穷苦地支持着他，他才能在这首和歌中，表现出安稳和舒适的感觉。

谷崎润一郎（三十一岁）带着吉井勇（三十一岁）和长田秀雄（三十二岁）一同前往小岩村拜访北原白秋。（见谷崎润一郎《诗人的分离》）

谷崎和吉井、长田在吉原通宵达旦地狂欢之后，清晨大快朵颐吃着烤鳗鱼时，突然想起隐居在小岩村的朋友北原白秋，于是就将吃剩的烤鳗鱼做成蒲烧鳗，当作礼物前往拜访他。三人找到北原伫立在稻田中央的房子，邀请他前往位于柴又的餐厅"川甚"，喝酒喝到晚上九点左右，趁着酒意又要北原和他们一起回东京，北原却坚持要回家，但拗不过大家的坚持，北原陪着大家从柴又搭了一站电车后就在江户川下车，手提着灯笼一步步地走了一里半的路回家。吉井勇看着身影逐渐消失在稻田中的北原白秋，眼眶含泪地说："这家伙可真了不起。"

北原白秋生长在九州岛柳川的一家海产批发商，从小生活就相当优渥，因此当谷崎润一郎和吉井勇看到北原过着如此贫困的生活时，都觉得相当不忍。他们为了鼓励他而专程拜访他，没想到北原白秋即使喝醉，也不想和他们一起重温旧梦。

这如果换成石川啄木，情形可就不一样了。但北原白秋在二十四岁时发表《邪宗门》之后大受欢迎，经常和所属的"面包会"中的成员木下杢太郎、吉井勇、长田干彦等人前往两国的餐厅或小传马町西餐厅大快朵颐。他有长者风范，喜欢照顾他人，个性开朗，朋友看到曾经大口吃肉大口喝酒的他落魄的样子，都感伤不已，"面包会"的会歌就是从北原白秋的诗改编而成的。

天空中火红云彩的颜色，

玻璃映着火红醇酒的颜色，

为什么我如此悲伤，

天空中火红云彩的颜色。

　　这首《天空火红的》收录在诗集《邪宗门》中，因为北原非常喜欢红色，《邪宗门》中出现有火红的泥土、染血的十字架、火红的花、刺棘篮和火之酒、红花睡魔、红色战栗、朱光等充满鲜红色的幻想，倾泻在玻璃上的红葡萄酒装饰着火红的夕阳，营造这种官能上的欢愉，就是北原白秋的特殊风格。

　　北原白秋之所以自我放逐，是有原因的。

　　和首任妻子俊子的婚姻破裂是主要原因。俊子是北原白秋二十五岁时住在青山原宿时邻人的妻子，两人恋情曝光后，遭邻人提起通奸告诉，北原白秋因此被拘禁在市谷的看守所。北原因为这件事，而遭到世人强烈指责，因而精神出现错乱，最后在赔偿俊子丈夫遮羞费后，两人方得以结婚。但俊子奔放的个性和北原家人不合，在户籍迁入一年之后形同被赶出家门般地与北原分手。日后家道中落，北原白秋在身心俱疲的情况下，逃至小岩村，遇见虽然朴素但却能忍受贫穷的章子后再婚，开始他的新生活。

　　明治四十五年（1912）时，通奸罪仍然存在。

　　《读卖新闻》便以"诗人白秋遭起诉　污辱文艺界的一页"加以报道，在这起事件的背后，虽然藏有俊子丈夫借此勒索北原的意图，但北原白秋却也不明所以地中了圈套。《读卖新闻》的报道中写着：

　　"北原白秋是文库及明星等杂志的投稿作家，和忠心的老仆住在位于早稻田的独栋房屋，过着坚守道德伦理的生活，不近酒色，却在三四年前，在某友人的陪伴下，前往吉原风花雪月，此后经常喝得烂醉如泥，不知自己身在何处，有一次甚至横躺在电车线路上，吓了司机一跳。"

引领北原走进花花世界的人就是石川啄木，北原白秋在沉迷酒色之际，完成了《邪宗门》。北原白秋形容九州岛的柳川是个"仿佛是漂浮在水面上的灰色棺木"的城市，从如同灰色棺木般的乡下城市，来到繁华的东京，单纯文学青年初尝酒色滋味，在打开棺盖之后邪恶的烦恼成群，感官的欢愉，开启了神经的痛苦狂睡之门。他了解"疯狂、珍藏之酒""对麻醉药的酸香味感到窒息""在附近的野地，喉咙被勒的淫荡女人摇晃痉挛"，可以说是彻底堕落了。

而且他堕落的方式很不寻常，眼前看到的尽是绚烂的极彩，在火红的夕阳中昏睡，从此明白何谓"柔软的毛毯和甜蜜的阴暗"。北原白秋的潜能就在初期爆发，他成名的代表作品是晚年的童谣集，他的才华虽然随着年岁渐长，而逐渐成熟净化，但他人生的巅峰应该是这段时间。

年轻的北原白秋吃些什么呢？无论是薮田义雄的《评传》或前田夕暮的《白秋追忆》中，都没有出现具体的菜名，但我们可以从他和"面包会"的友人进出东京各处的西餐厅来推测，他应该不只喝过红酒、吃过西餐，应该也去过浅草和吉原的鳗鱼餐馆，清晨回家时吃了豆腐，带着妓女去吃寿司和炸虾，还有在森鸥外家中聚会时吃过德国菜，他还算是挺会吃的。

他在《邪宗门》中的第一首诗《邪宗门秘曲》写道："让芥子颗粒看起来像苹果的骗人器皿"。这是个天主教用略带魔法的器皿，只要在这个容器里放进一颗芥籽粒，芥籽粒看起来就会像颗苹果。北原白秋幻想他看见苹果，这其实是诗人的想象力，北原白秋就吃了他幻想中的苹果。不！不只是苹果，他所有的幻想都变成吞食幻想的怪兽，这样的幻影充斥整部《邪宗门》。比方"仿佛腐烂苹果般的太阳味道"这一句，在北原白秋之前没有人创作这样的诗句。

北原白秋在二十六岁发表的诗集《回忆》颇获上田敏赞赏，其中有一首名为《蜂蜜蛋糕》的诗是这么写的：

蜂蜜蛋糕边缘的苦涩啊！

褐色的苦涩啊！

蛋糕的碎屑沾惹到眼睛，

稀稀簌簌地哭泣，

做点什么吧！

面对火红夕阳的背后，

独自种着石竹。

这首属于"第一次出现"的诗作，在神西清编着的《北原白秋诗集》中长度要更长些。北原白秋前往浅草时，或许曾和石川啄木吃过蜂蜜蛋糕，以映照着火红夕阳的石竹为背景，因为蛋糕碎屑而流泪。写出这样诗作的人，食欲一定相当旺盛，对食物的观察鞭辟入里，眼神贪婪锐利。北原诗中出现的食物，都具有旺盛的生命力，并散发着浓郁的香味及耀眼的光芒。

北原白秋和石川啄木虽然是两个不同的人，但他对啄木的和歌评价很高，也认为啄木和歌中的暗喻和象征性，是和歌的生命。但他们俩人的感性和资质还是不同的。和歌对北原白秋而言，不是悲伤的玩具，而是开门的暗号。北原白秋说如果他的画是色彩鲜明的印象派油画，那么他的和歌就是在画中轻微摇动的湿气油画。

那么，北原白秋有哪些和歌作品呢？当他和俊子因通奸罪同时遭到收押时，收押两周后出狱时，他写道：

挪开监狱的沉重木盖后，心情好像在苹果盒中跳舞

此外还有一首是这么写的：

在监狱里发着抖啃苹果，苹果的味道沾满全身

北原白秋似乎很喜欢苹果，当时他二十七岁，此处出现的苹果并不是出现在《邪宗门》中的幻影苹果，而是现实生活中清脆的芳香苹果。

北原白秋之所以能够出狱是靠他弟弟北原铁雄的四处奔走，北原铁雄每天还很周到地带着各式各样白秋喜欢的食物去探监，白秋还要求弟弟送一份同样的东西给俊子，弟弟每回送来的都是豪华的西点、汤品或水果，白秋出狱时大概还啃着弟弟送来的苹果吧！在他啃着苹果的当下，晦气的监狱也化成回忆中的苹果盒了吧！

北原白秋诗和和歌的创作数量，在他和俊子的婚姻关系仍然存在时最为旺盛，同时带有浓烈的香味色彩。俊子的长相洋味十足，是个标准的美人胚子，她百无禁忌的言行举止，无法被白秋的家人接受，但她仿佛就是白秋作品《邪宗门》中出现的魔女。在和俊子口角时所写下的《钱》，显示出他的精神状态是："因为贫穷而借钱，却无法可还，无论愿意与否，那个钱都在天上散放着光芒。"《贫者》这首诗则说明了他的生活："虽然讨厌，但如果不吃的话，就无法活下去，老天爷啊！为了活下去，就连蝗虫也得吃，满脸红光地。"他还有一首名为《蔬菜》的诗是这么写的：

银鱼的鱼鳍滑溜溜地

只要到菜园里瞧瞧

为了捕捉银鱼

手忙脚乱地弄坏菜叶子

这些诗被收录在《白金之独乐》中，这本诗集在大正三年（1914）出版时，白秋和俊子已经离婚了。大家所熟知的歌谣《城岛之雨》，也是他和俊子前往见桃寺时的作品。

迁居至葛饰小岩村的北原白秋，和第二任妻子章子过着极为贫穷的生活，但在耕作之余还是写了一首名为《高丽菜田的雨》。

> 寒冷的雨丝在秋雾中不断飘落，
>
> 飘落在高丽菜上，菜叶上，
>
> 下雨，冬天的第一个初绿，
>
> 在高丽菜中，在菜叶中。

北原白秋在此诗中变为田园诗人，白秋歌颂章子为"这个妻子虽然寂寞，在朝露欲滴长满矮白茅的野地上拎着裙摆"。

北原白秋和章子过着田园生活，吃着高丽菜，在潮湿的高丽菜中嗅着"真实的色和香"，最终成为清贫诗人。谷崎润一郎和吉井勇认为"不喝酒也不吃鳗吃肉一点也不像北原白秋"，因此前来拜访。

白秋和章子生活的这段时间，出版了《麻雀之卵》，他在开头处写道："因贫穷至极就快要饿死了，我一直忍耐，总算还是渡过了，这全是这些诗歌的功劳。"章子不像俊子般爱慕虚荣，一直坚强地支持白秋，但他和章子之间的关系还是出现了裂痕。

为了筹措位于小田原传肇寺新屋"木菟之家"的建筑资金，顽固的章子和白秋家人产生冲突，白秋的家人原本就比一般家族要来的团结，在弟弟北原铁雄的眼中，和章子一起生活的白秋，多少因为自己的诗作大不如前而烦躁不安，就在这样的纷扰下，章子和报社记者池田林仪陷入爱河，白秋虽然因为他们通奸而大怒，但事实的真相却一直是个谜。白秋之所以生气，其实是因为章子找谷崎润一郎商量此事，无辜的谷崎润一郎因此而成了北原白秋的拒绝往来户。

白秋和章子的婚姻短短五年就宣告结束，章子留下了一本名为《追分之心》的诗集，其中有一首《离别的港口》，描述的是曾和章子相爱的池田林仪即将前往柏林时，章子前往港口送别的情形。

点亮如苹果般的灯，

你手指着要我看，

苹果啊！苹果！红苹果！

是不是即将离去的你的眼睛。

　　北原白秋的第三任妻子菊子是标准的家庭主妇，擅长烹调法式料理，三十六岁的白秋好不容易找到人生的伴侣。有一天室生犀星和萩原朔太郎前来白秋的新家"木菟之家"访他，这件事在他的《山庄主人日记》中也有提及，他十分骄傲地说："有人来告诉我说，那个犀星对我的奢侈生活非常惊讶。他说我每个月不知道要花多少钱，吃的是法国菜，还有饭后甜点，只吃面包不吃饭。"

　　和菊子结婚后的白秋一帆风顺，婚后马上和菊子前往轻井泽，还写了著名的诗作《落叶松》"离开落叶松林，又进入落叶松林……"来年，长子隆太郎出生，燃起他积极创作童谣及儿童故事的欲望，因而出现了《枸橘之花》的名作。

　　另一方面，前妻章子沦落至品川区大井的妓女户，晚年变得暴饮暴食，最后在有木门隔间的大厅中全身沾满排泄物郁闷而终，关于这部分的细节，濑户内寂听的《经过这里——白秋与三位妻子》中有详细的记载。虽然对白秋来说，菊子是最好的妻子，但因为他曾经和俊子及章子这两位完全不同的女人生活过，最后才和菊子安居乐业，因此这三个女人对他来说都是不可或缺的，如果他一开始就和菊子结婚的话，还不知道会有什么样的结局呢！

　　薮田义雄的《评传》中，提到北原白秋虽然喜欢喝酒，却不怎么讲究，比起使用高级器皿盛装的料理，他反倒偏好用大碗大盘大家分食的吃法。他经常用着快人一倍的速度，大口大口地吃着在柳川附近的有明海捕捉到的螃蟹和虾蛄。他只要三杯黄汤下肚，就会开始表演他的绝招，那就是"烟火"和"苍蝇舞"。北原白秋站在酒席中央，表演某人点火柴，一边嘴里还发出点燃烟火的声音，两手又伸又缩地模仿烟火燃烧的样子。从点燃烟火到烟火消失的过程可说是精彩绝伦，他模仿苍蝇的模样更是专业，在场的人经常笑得乐不可支。北原白秋拥有南方人特有的热情，非常喜欢宴会。

有一回他和朋友及弟子喝了两三家店，所有的店家都打烊之后，他们来到一家关东煮的路边摊，摊上的食物都已经卖完了，老板觉得不好意思，北原白秋却毫不在意地拿起长筷子在锅里捞了捞，发现锅里还有一颗鸡蛋，就把鸡蛋插了起来，嘴里还说：终于打烊了。

他第一次约会时，当时还是有夫之妇的俊子背上还背着小孩，据说两人在代代木树林的榆树下，吃着自己做的三明治，喝着洋酒，由此可知白秋从年轻时，就有他胆大妄为之处。两人前往小笠原替俊子疗养身体时，白秋还写有"小笠原的西红柿有鸡肉的味道"，可见他的味觉要比一般人敏感。到了夏天，他会订购几十箱的啤酒，香烟则必须是敷岛的，一抽可以抽上十多盒。他抽烟时只要抽到三分之一，就把烟丢掉，然后马上又点上新的一根，片刻都不休息，来访的客人看到堆的跟土耳其高帽般的烟灰缸，无不张口结舌。

北原原秋虽然因为饮食过于丰富，可能患有糖尿病，但他还是非常喜欢吃牛肉，经常前往位于新宿的牛肉火锅店太田屋，和店家交情相当好。

当他带着长子隆太郎和菊子到信州旅行时，白秋做了这么一首诗。

天幕之外，
遥远的阿尔卑斯，
是风，是四月的好光线。
（看啊！菊子啊！）
是新鲜的苹果！
是旅行！

是信浓！

苹果又再度出现了，他幸福地将妻子之名镶刻在诗句中，单纯质朴又敏感的北原白秋，每每面临生命的转机时，就会歌颂苹果，这颗苹果既幻且真，虽然真实却又接近无限的幻觉，苹果是震荡诗人的心灵结晶。晚年的白秋患有眼疾，只能借由微弱的视力，进行口述写作，不知道当时的他看见的是什么样的苹果。

昭和十七年（1942），白秋因肾脏病及糖尿病恶化住院，但他却坚持出院在自己家中继续创作，埋首三本童谣及十数本著作的整理编辑工作，他的执着和气魄令人惊讶。他一边工作一边丢开氧气管气喘地说："一次就好！就算要在胸口打洞，我也要真的呼吸。"

十一月二日他出现呼吸困难及发绀的现象，在注射强心剂之后，他流着汗地喊着："我才不会输！我不会输的！"病情恶化让他说不出话来，身边的人悲伤地喊着："哥！加油！""爸！振作点！"

情况稍加稳定后，北原白秋突然说："我要吃东西！"妻子菊子闻言端给他苹果汁，他却说："这个不好吃，拿整个来！"

不久家人送来两片苹果，他一口气就吃完了，还边说："好吃！好吃！"当时的他其实只能吃流质的食物，在场的人看到他的表现都不禁齐声赞叹，这些都是白秋的主治医生米川稔的记录。

当隆太郎为了让空气流通，打开东边的窗户时，北原白秋说："啊！我醒了！隆太郎！今天几号了？十一月二日啊！是我的新生之日！你们一定要记住这个日子，今天是我闪耀的纪念日，全新的出发，把窗户再开大点！……啊！真好！"说罢就咽下最后一口气，结束他五十七岁的生命。

石川啄木

（1886—1912）

岩手县生，受到与谢野铁干赏识，以明星派歌人进入文坛，歌咏贫困与焦躁的短歌，至今仍受到喜爱。歌集有《一握砂》《哀伤的玩具》等。

石川 川

以诗为食

啄

木

　　若想了解少年时代的石川啄木有多么任性妄为又自我中心，可以参考啄木之妹三浦光子的回忆录。出身贫穷小庙的独生子啄木，从小娇生惯养，只要半夜突然想吃柚饼馒头，不吃到誓不甘休，还把家人叫醒，母亲不得已只好爬起来弄柚饼馒头给他吃。啄木的母亲把啄木过度自我中心的性格当作一种病来看待，曾经为此向神明发愿不喝茶、不吃蛋、不吃鸡肉。

　　某年夏天，啄木回到家，要母亲做寿司卷，而且要求整条不切开。母亲询问理由，得到的回答是学校同学便当带了一整条寿司卷，让啄木也想吃得不得了，母亲只好哭着帮他做寿司卷。

　　进入中学，啄木的同学经常在涩民寺进进出出，让啄木之父笑称自己家是"石川大饭店"。啄木对同学说："我家虽然没有什么好招待的，至少可以请你们看岩手山和北上川。"

　　逃到函馆之后，依靠妻子的小叔宫崎郁雨生活，到了东京则仰赖金田一京助。啄木称得上十分幸运，不管郁雨或京助，都是比啄木更为上品的人。郁雨和京助对啄木的才华评价颇高，多次答应借钱，还请客吃饭鼓励他。

　　金田一京助在《啄木与其交友》中提到，两人曾经到本乡吃荞麦面或天妇罗，或者到其他店吃炸猪排、牛排，喝啤酒打气。京助虽没写到请客的事，但当然是京助出钱。阅读啄木的罗马字日记，经常出现和京助、北原白秋、木下杢太郎、平出修、吉井勇等友人吃饭的内容。常和朋友借钱，跟京助借得最多。借了钱就到吉原吃牛肉，到浅草喝酒买女人，到寿司店、天妇罗、西洋料理店，用他人的钱大肆放荡享乐。

啄木从未感谢过借钱给自己的债主。甚至怒斥、憎恨借钱的人。可能是出自借钱自卑心理的反作用，才会痛骂借钱的债主，然而，心底抱持着自己是天才诗人，当然应该要接受他人施舍的想法。

残存至今的啄木记账本，是啄木二十四岁时记下的，当时向周遭友人借钱的总额，高达一千三百七十二元五十钱。其中白秋十元，杢太郎一元，吉井勇两元，其他总计一千三百七十二元五十钱之中，大笔的是郁雨的一百五十元和京助的一百元。二十四岁时，啄木进入朝日新闻社工作，当时月薪才二十五元，换算成现在的物价标准约是二十五万元（也就是说，这些数字可以把当时的一元换算成现在的一万元）

月薪二十五万元的人，负债一千三百多万元。光是留下记录的部分，就高达这种金额，实际上绝对不只如此。借钱给啄木，又没出现在记账本中的人想必十分不快吧。

二十六岁去世之前，也和郁雨、京助等许多友人借了钱。我在学生时代曾上过金田一京助的国语学课程，说是金田一家上下"听到石川的名字，就说是大盗石川五右卫门"。虽然金田一家讨厌啄木至此，但是京助年轻时，身为啄木的理解者，即使自己也不一定方便借钱给啄木，依然不吝予以资助。

啄木的收入除了月薪二十五元，还有东云堂的歌集版税二十元，以及其他的稿费。说是穷，也还没穷到一贫如洗的地步，收入还在平均以上。然而，这些钱都花在酒菜和浅草的妓女身上了。二十五岁时，朝日新闻的薪水加到二十七元，还多了二十元的奖金。

看到啄木的账本，可以发现北海道和东京的房租都没缴清，根本一开始就不打算缴房租。而且，料亭、料理屋的帐也没付。欠书店的账也只是记下来。简直就是流氓作风。难看的是，待在东京牛込大和馆的两个月间，就花了七十元。之所以会两个月浪费掉七十元，是为了第一本诗集《憧憬》出版时，接待客人的饮食费用。

啄木的债务，与其说是生活清苦，不如说是来自身为诗人的高傲自尊与不服输、死要面子浪费的结果，每每为了借钱大肆吹嘘。尽管如此，借钱给人家的时候却小气无比，大为感叹。跟他要钱的人，正是啄木的母亲。

对于母亲要钱的举动，啄木夸张地表现出惊愕，送了一元过去。罗马字日记中记录"我心自阅读母亲的信以来，始终未能平息"，还写了"余无力承担此重责大任，愿能早日绝望"。只不过是一元而已，也未免太过夸大其词了。寺山修司解释啄木的作品。

一时兴起背起母亲　为体重之轻落泪　三步也走不动

评为"这是把母亲背去丢弃的歌"。啄木终生畏惧母亲。

啄木的特质是身为加害者，却又能化身为被害者的伎俩。读了啄木歌集《一握砂》便能领略。那么，结合加害者与被害者的东西又是什么？就是气味。啄木对气味极其敏感。

《一握砂》中，歌集的卷首有"献给宫崎郁雨和金田一京助"的谢词，最初的歌十分有名。

东海小岛岸边的白沙　我潸然落泪　与螃蟹嬉戏

什么话，想哭的应该是郁雨和京助吧。歌集之中，出现不少和料理饮食有关的歌，重新读过之后，发现几乎都是关于气味的描写。

不经意间　提起故乡往事　飘散秋夜烧饼的香味

仿佛烤柑橘皮一般　留下香气　化作夕阳

全新色拉盘　醋香渗入心底的哀愁黄昏

一时之间归于平静　夕暮中　留在厨房的火腿气味

某个早晨　从悲哀的梦中苏醒　飘入鼻腔的味噌香

沾满尘埃的衣襟　染着故乡核桃味的乡愁

有时会想　我心正如刚烤出炉的面包

　　歌中登场的食物有饼、柑橘、色拉、火腿、核桃、面包，都是相当高级的食品，在白秋的歌中或许会表现出餐桌的奢华绚烂，啄木的歌却哀愁而孤独。

　　根据妹妹光子的回忆录，啄木的少年时代并没有啄木自己说的那么穷困。

　　"实际上，乡下小庙什么没有，新鲜蔬果最多，看着长满在小屋屋檐上的西洋西瓜，还说在围炉旁炖南瓜一定很美味，摘下一整篮果实累累的苹果，想吃多少就吃多少。"（《兄长啄木的回忆》）

　　大抵如此，苹果成熟的季节，从啄木的房间伸手就采得到苹果。味噌则有施主奉上。妹妹光子认为，啄木夸张描写的贫穷根本就违反事实。家里虽称不上富裕，但也没有啄木讲得那么严重，附近农家的生活还比较贫困。

　　成为代课教师回到涩民村的啄木，自负为"日本第一的代课教师"，不分早晚都召集村中的青年活动。光子自小受啄木的欺负长大，却反而在藤森成吉的戏剧《青年啄木》中被描写成"坏心眼的妹妹"，心中十分愤愤不平。生活满是破绽的啄木，自小受到父亲一祯的溺爱而任性妄为，日后，父亲却因不满儿子的作为而离家出走。

　　啄木是在任何情景下都能嗅出气味的高手。关于贫困，可以嗅出家周遭的贫困，敏感地将其吸收。啄木居无定所与呼朋引伴的习性，则是父亲一祯飘散的气息。啄木习于寄生他人，或许和老家是寺庙，"施主奉献是理所当然"的想法也不是没有关系。

气味极其抽象，模糊而难以捕捉，眼睛看不见却又确实存在。如《一握砂》。

新墨水的气味　拔开瓶盖　飘入饥饿的腹中

这首歌描写墨水的气味，经过啄木之手，飘入腹中。即使不直接用气味来表现，也依然强烈。

借了小钱离开　吾友　背影肩上的雪花

此歌的中心，飘散着友人的落寞气息，也结合自己日常的身影。

啄木的日记中总是写了许多钱的事。啄木原本想写小说，但是小说屡受挫折，终至失败。这是因为只考虑要卖小说原稿的事情，缺乏彻底书写的毅力，也因为啄木的专长在于捕捉情境下的气味，并不适合小说的手法。触动啄木的力量是一瞬间的念头，而非具体的故事。

"一时兴起背起母亲"只不过是幻想。啄木实际上不可能做这种事情。"背起母亲"的幻想是突如其来灵光一闪，想到而后要如何展开，结果是走三步就停了脚步。

啄木有篇《以诗为食》的小论。其中啄木写了"从故乡到函馆，从函馆到札幌，从札幌到小樽，从小樽到钏路——我如此求取粮食浪迹天涯"，回顾为了粮食在北方奔波的自己，形容"北方殖民地的人情，刺伤了我脆弱的心"，受到北海道那么多的人情照顾，在啄木口中却是"北方殖民地"。如小樽街上的歌碑。

可悲的小樽街道　不知歌唱的人群　嘈杂之声

这是贬低小樽的歌。就算自己家乡被贬低，对象既然是啄木就可以不多计较。啄木所说的"以诗为食"，是把诗当作每天吃饭一样必须品味的东西。"有种以贴近现实人生心情吟咏的诗，既非山珍海味，也非大宴宾客，像我们日常饮食中的酱菜一样，但却是我们不可或缺的诗。"这是对自己短歌的辩护，就好像小时候对来涩民村寺里玩的友人说"请你们看岩手山和北上川"一样，啄木主张吃念头就好。另一方面，认为"我是诗人"是不必要的自觉，"诗不能单纯只是所谓的诗"，说明"日记必须诚实书写，因此不得不呈现断裂的构造——不能加以统整"。

啄木的日记的确诚实得过火。正因为过分诚实，才能清晰描绘出啄木的双重人格，不过，找出写下这句话的明治四十二年（1909）时的日记，一月一日从前一天晚上就在本乡割烹料理店和平野万里吃饭，而后喝了一杯酒，吃了年糕，前往千驮谷的与谢野铁干家。一月二日和吉井勇等人到位于本乡三丁目某间割烹料理店，吉井勇喝醉。一月三日金田一京助等友人来做客，喝啤酒召开宴会。到森鸥外的观潮楼歌会上享用地道的西餐，又带北原白秋去喝酒。啄木死后，前往悼念的白秋，对着金田一京助说"教导我酒色的就是这个人，这个人"。啄木开始学会纵情酒色，是在啄木蔑称为"北方殖民地"的北海道。

啄木经常出现在与谢野铁干、晶子家蒙受招待，但在罗马字日记中，啄木离开与谢野家，走了两三步就"啐"地咋舌，写下"好吧！他们跟我是不同等的。哼！等着瞧，混账东西"。

与谢野铁干曾经提到，从盛冈回来的啄木，寄了一叠歌稿和一封信过来，因为邮资不足要多付钱，"当时我们连妻子喂小孩的牛奶里面的砂糖，都买不起五钱以上的货色，处于极度的贫困之中，还要每次

多付邮资让妻子烦恼，深感遗憾。"（《与啄木之交游》）

日常生活中，危害身边所有人的啄木，为何至今仍拥有广大的歌迷，广被阅读？一个原因是啄木的歌浅显易懂，但这绝不是唯一的理由。

啄木的歌中，贯彻走上歧途的人无处可去的感情。带有落败者的哀愁，实际上又不承认失败。可悲的逞强和透明的谎言，抓住了众多读者的心。

啄木曾试着写小说，终究没写成功。"当时发现到好像夫妻吵架时，吵输妻子的丈夫不由分说打骂小孩的某种快感，我至今都在任意驱使短歌这种诗的形体。"（《以诗为食》）

啄木的歌抱持着杀气，切入每个人都体验过的现实生活中挫折空隙。夸张的灵感在这里发挥压倒性的威力。啄木带有西洋风格。在真正饱尝辛酸的贫困之中，不可能产生啄木的西洋风诗句。如广为人知的诗《一匙可可亚》。

漫无止境的议论后　轻啜一匙冷掉的可可亚　舌际微苦的感触我体悟到　恐怖分子的　悲戚、悲戚的心

在这情景之下，恐怖分子啜饮的非得是可可亚不可。既然是恐怖分子，就该喝便宜的清茶，或者是昆布茶、咸汤、甜酒、味噌汤乃至于白开水，才符合其身份，这种说法或许可以成立，但是在这首诗中，让恐怖分子喝可可亚，才能表达恐怖分子孤独的气味。

啄木不知天高地厚的奢侈与傲慢，或者是过度夸大的贫困幻觉，如同语言的化学反应结合一般，化作透明的结晶。看到用钢笔写作、认真刻画下一字一字的啄木手稿，我强烈感受到一股冷静贯彻的决心。啄木的原稿完美无缺，没有订正一个字。发现罗马字日记中"我现在只有一个兴趣，就是到公司去校正两三个小时"的记述，我不禁

为之毛骨悚然。校正是搜寻印刷好文章中错误的作业。啄木对待友人的态度不也是如此？笔者有过校对的经验，所以可以明白，校正他人原稿时产生的自我厌恶，就像是"恐怖分子的悲戚之心"。

罗马字日记中，记录不想被他人知道的秘密，因而暴露出啄木的真正想法，如"因为肚子饿在电车里膝盖颤抖"，恐怕是真有其事。花钱买了一夜春宵，早上回来后悔"白花了三元的钱"也是诚实的独白。剃刀划伤胸口时"然后想要干脆切开左乳下方，但是痛得切不动"的无奈，都颇有啄木个人风范。金田一京助把剃刀拿走，然后带啄木到常去的天妇罗店。

在电车中看到小女孩，就想到留在家里的女儿京子，寄居处只有母亲和女儿在家，妻子节子出门去了。"我回想起那一天，眼前不禁一阵迷蒙。小孩最期待的不过是食物。生在这种单调而晦暗的生活之中，京子想必会央求吃些什么，却什么也没有。京子哭闹'妈妈，我要吃，妈妈！'就算安慰也没有用。叫着'个，那个……'啊，只吃得到萝卜干！难以消化的食物，从年幼的京子小嘴进入腹中，伤害脆弱肠胃的情景，仿佛就在眼前！"

写这段日记的时候，啄木装病向公司请了五天的假。

同时，抱着"至少玩个一夜"的想法去了浅草，向女人央求"请我吃点什么吧"，进了寿司店。

啄木死于明治四十五年（1912，二十六岁），那一年，母亲胜先啄木而逝。节子夫人的出纳簿中，记载了朝日新闻的佐藤编辑长带了公司十七名同事的悼问金来，共收入三十四元四十钱。经过森田草平代转，素未谋面的漱石夫人也送了十元和征露丸来慰问。

金钱出纳簿中，记载了豆腐两钱、豆皮三钱、梅干五钱，药、脱脂棉十钱等每天的支出明细，然而更引人注目的是烤鳗鱼三十二钱，寿司二十五钱等奢侈品。节子夫人想尽办法从微薄的收入买好东西给反复咯血的啄木吃。经常购买巧克力和香烟，其他支出主要是医药、冰块和咖啡。

节子夫人记载的金钱出纳簿是从明治四十四年（1911）九月以后到啄木去世之间的八个月，当时啄木和妻子的小叔郁雨断绝往来，少了郁雨的资助，生活费只剩下《朝日新闻》的二十七元，停止创作活动之后陷入困境。啄木在死前八个月，实际体验到过去在短歌中过度夸大的贫穷。八个月的出纳簿中，最大的收入就是四月十三日去世的奠仪一百二十元。节子夫人在写给三浦光子的信中，谈到舍弃歌人自尊心的实情。

"买了沾砂糖的杏子蜜饯来，说是很好吃，经常食用。一到了晚上就会叫大家赶快睡觉。若山（牧水）先生正好人在大冢，乘车过来进了房间，他笑着说：'你一直都这么壮，真让人羡慕，吃了草莓果酱，实在太甜了，还是住在乡下自己做比较好。'他这么一说，我也忍不住悲从中来而落泪。"

啄木得了肺结核，在生死之际挣扎，怀念起曾经深深嫌弃的故乡涩民村。啄木刻意从记忆中抹消、试图忘记的涩民村，此时反而化为确切而美好的现实。根据记载，啄木曾对前来探病的光子表示"死前想回到涩民村去，在那边弄草莓来吃"。

谷崎润一郎

（1886—1965）

东京生，以耽美主义、恶魔主义作家崛起，移居关西后追求日本传统美学，代表作有《痴人之爱》《春琴抄》《细雪》《钥》等。

谷崎润一郎

温软黏腻

谷崎润一郎已经超越用舌头品尝料理的范围，把身体所有器官当作触手来品味。味觉不仅是舌头上的感觉，更是充满官能，奏飨甜美旋律的恶魔性仪式。如同性的快感总是伴随着死亡的诱惑，食欲与腐臭和污秽也是一体两面，更追求极致的飨宴。对于谷崎而言，理想的料理比鸦片更为堕落可畏，又宛如暮春夕阳般徜徉的时间，与其说是料理，不如称为魔法的领域。

谷崎三十三岁（1919，大正八年）写了共二十八章的小说《美食俱乐部》，谷崎首先提示对于料理疯狂的嗜好，最后提出谜的料理，读者也随之进入充满谜题的迷宫。

故事如下。

对于美食俱乐部的五名成员来说，料理是种艺术行为，比诗、音乐和绘画更来得有艺术效果，饱餐美食，"仿佛倾听精彩管弦乐曲般的兴奋且陶醉，心情宛如灵魂飞向天空般的狂喜"，美食带来的快乐，不仅是肉体的欢愉，更是灵魂的喜悦。

每个成员都因为美食抱着个大肚子。由于脂肪过多，脸颊满是肥肉，大腿如同东坡肥肉般积满脂肪。总之，想象有五个晚年的谷崎润一郎就对了。等到有一天吃到肚子撑得不能再撑了，或许就是他们寿命终结之日，在那一天到来以前，他们"从肥硕下垂的腹中吐出废气"，饱食终日。吃遍东京市区所有知名的料理屋，只要俱乐部中一员说"想喝鳖汤"，就搭夜车到京都去上七轩町的鳖料理店，"顶着装满了鳖肉汤的大肚子，又心满意足搭上摇摇晃晃的夜车回到东京。"为了吃鲷鱼茶泡饭前往大阪，到下关吃河豚料理，想吃秋田名产的鲜鱼，而远征北方大风雪的小镇，然而，他们对平凡的美食早已麻木，吃了银座四丁目摊贩的今川烧、乌森的艺者屋町的烧卖都无法满足。主张"我们要的是适合大规模的飨宴，色彩丰富的食物"。

此时，俱乐部成员G伯爵从美食俱乐部所在地的骏河台，徒步走向今川小路，河畔冷清的街道深处，飘出绍兴酒的香气和胡琴的琴声。胡琴不可思议的奇妙旋律，宛如食物香味一般刺激G伯爵的食欲，感觉"胡琴的琴弓越来越急，发出掐住年轻女孩咽喉般的刺耳声响，就像龙鱼肠的鲜红色泽和强烈口感，令伯爵感到莫名的刺激"，而后"忽然转为噙着泪水的哭声，缓慢而沉重，连绵平稳的曲调，仿佛深深沉淀渗入舌根，怎么舔都舔不够的味道。令人不禁想象红烧海参的浓厚羹汤"，最后"拍手声如冰雹般飨起，满桌的中华料理山珍海味浮现眼前之后，一扫而空的汤碗、鱼骨、莲花匙、杯子，乃至沾满油污的桌布，一一呈现在脑海"。

谷崎对于料理的嗜好与甜美的音乐旋律互相融合。把料理当作感官的刺激与腐蚀，仿佛结合食欲与肉欲的甜蜜旋律，自天上滴落。此外，谷崎的视线也不忘注视沉溺于美食的丑恶身躯，饱食之后桌上的杯盘狼藉，污秽的桌布，因酒而混沌迟缓的眼光，宛如眺望荒废庭院的忧郁。餐后的倦怠与慵懒的满足感，就像性交后满是皱折的床单。连饱食之后的怠惰与腐臭都不忘品尝。

谷崎喜欢黏腻的东西。又软又黏，摸起来有弹性的东西。谷崎写作的小说，就连风景、欢爱、对话都带着黏腻。以大眼睛的视线细细拂过描写的对象。书写原稿的指尖亦湿润如舌尖，指尖沾着黏腻的唾液，拖曳成丝。

小说《美食俱乐部》中，G伯爵受到不可思议的胡琴声引诱，进入一间中国人的秘密俱乐部"浙江会馆"，在此各色魔法料理依序登场。G伯爵偷看"如同黏土溶化般浓厚的汤汁中，炖煮的无疑是一整只猪的胎儿。然而只有外形是猪的样子，皮下面溢出一点都不像是猪肉，如鱼糕一般软绵绵的东西"，接下来"皮和料如樱桃柔软多汁，用汤匙剥开，就像用锐利小刀割开般一划即破"，正是谷崎喜爱的料理。大盘的濑户丼中"装满糖果色泽的汤汁，表面滚起汹涌的波浪冒出蒸气。其中一碗丼里面放着如蜗蝓般柔软、大块的茶褐色炖肉，像是放在澡盆中细炖慢熬"的状态，呈现和小说《卍字》的性爱泥沼共通的温度感，这等中国料理，谷崎想必早有过亲口品尝的经验吧。

笔者相当喜欢谷崎老家日本桥蛎壳町一带的气氛，至今仍常在那儿散步。蛎壳町老家的附近有中国料理的老店，对面有居酒屋，再走向人形町，沿街上有保留大正风味的西餐老店、鸡肉锅、中国料理店、寿司店、天妇罗店，在东京算是美食集中的一带。走在巷子里，直接刺激胃部的料理香气扑鼻而来。身为此地商人之子，谷崎的味觉自幼就被养刁了。

G伯爵为"浙江会馆"的种种秘密料理惊叹不已，被带到吸烟室，从房间的小孔窥视宴会的内容，看到"鸡粥鱼翅"的出现，实际上既非中国料理中的鸡肉粥，也非鲨鱼的鱼鳍。"汤汁浓稠，如羊羹般不透明，如铅块镕化般沉重的鲜美热汤"，飘散浓烈的芳香。

G伯爵无法当场尝到这料理的滋味，回去以后根据"浙江会馆"的见闻，亲自学着调理给俱乐部的五名成员尝鲜。

喝下汤汁的会员，埋怨"你说什么，这种东西哪里好喝了，只不过是甜得过分吧"，话还没说完，又突然惊愕地睁大眼睛。

"甜腻的汤汁，确实已经通过咽喉，然而汤的作用并非就此结束，如同葡萄酒般的甘美弥漫整个口腔，逐渐变得稀薄却依然萦绕舌根，此时之前咽下的汤汁香气打嗝传回口腔，最奇妙的是确实带有鱼翅和鸡粥的滋味"，饱嗝和留在舌头上的甜味相混合，忽然发挥出无与伦比的美味，谷崎流是料理的"莫比乌斯带"，远远超越了现实的味觉。至此，料理已然跳脱料理人之手，于空想力的虚幻中活跃。

G伯爵的味觉袭击还没就此结束，下一道"火腿白菜"，并非纯用舌头品尝，而是借着眼睛、鼻子、耳朵、肌肤来品味的料理。

首先房间的灯光变暗，黑暗中的会员听见女人朝这儿走来的脚步声，衣摆摩擦发出窸窣的声响，女人站在宾客面前，纤细的指尖摸上腮帮子，拂过眼睑，抚上脸颊，伸进口中，将唾液占满整个口腔。唾液跟着女人手指的活动汩汩流出，此时，感受到舌际自己的唾液带有奇妙的滋味。宾客陶醉不已，咬住女人的手指，结果像在咬脆芦笋般，一下就咬断了，这才明白原来手指的部分其实是白菜，然而，到底哪里是白菜，哪里是女人的手指，难以分辨其界线。被咬下来的女人手指，依然"涌现丰厚的汤汁，白菜纤维缠绕于齿际舌际"。

还有一道料理"高丽女肉"，仙女装扮的美女被抬进房间，巧笑倩兮平躺在桌上。"裹在她身上的绫罗衣裳，乍看之下以为是精巧的白色绸缎，实际上全是天妇罗的酥皮"，会员们品尝女肉身上的衣裳。

谷崎介绍了这些奇异的料理之后，提示了八道谜般的料理。

包括鸽蛋温泉、葡萄喷水、咳唾玉液、悉尼花皮、红烧唇肉、蝴蝶羹、天鹅绒汤、玻璃豆腐。

"相信各位聪明的读者，一定可以推测出这些名字所暗示的料理"，小说就此结束。笔者曾经推测这八道谜般的料理各是怎样的内容，写于拙作《素人庖丁记》中，在此便不多赘述。每位读者都可以根据料理的名称，假想构筑料理的内容，在梦中的餐桌漫步用餐。

阅读小说《美食俱乐部》，可以了解谷崎的料理观，是空中楼阁餐桌上无尽的美梦。料理本身虽是具体，但越是深入越带有抽象性，与情色相融合。几近怪诞而悲惨的事物，更令宾客肚子饥饿作响。成立于近似人肉又不是人肉，蕴含毒性却又不是毒药，带有犯罪性却又非真正犯罪的暧昧境界在线。关于性爱的混沌，也带着同样的朦胧滑腻，谷崎用绝妙的舌头，舔舐虚实不分的甜美蜜汁。

谷崎喜好黏腻的特点，也反映在其他小说之中。描写精神病院青年的犯罪小说《柳汤事件》即为这类典型。这名青年偏好蒟蒻柔软富含弹性的触感，糖浆、软糖、挤出来的牙膏、蛇、水银、蜗蝓、芋泥、丰满女性的肉体，喜爱山药的黏性、鼻水的黏性、腐烂香蕉的黏性，幻想闹区的澡堂里出现同居女人的尸体，结果真的杀了客人。

三岛由纪夫评论谷崎的小说，写下以下的观感。

"他的小说作品最注重的就是美味。如同中华料理或法国料理，费尽苦心制作调理，不惜时间工夫提炼调味的酱料，玩味平日不可能端上餐桌的珍奇材料，营养且丰富，诱人投向陶醉与恍惚终结的涅槃，同时提供生之喜悦与生之忧郁，活力与颓废，而在最根本的部分，也不至于威胁到日常生活的常识根基。"

根据谷崎的诸多友人证实，谷崎喜爱的食物，有中国料理、炖牛肉、天妇罗、鳗鱼，多是味道浓厚而油腻的东西。胃口相当大，吃的速度也很快。谷崎四十七岁时，借住家中的演员上山草人说"大师是充满江户风范的老饕，十分会吃"，提起两人一起吃火锅的时候"看到锅中好料，为了不让给对方而在上面沾口水，但是两人全不介意，争先恐后大吃特吃"，还有"文豪的唾液分泌很多，由于上方牙齿不整齐，唾液从齿际流出来，吃东西时听得见搅动声。热心执笔写作时，也可以听见吸取唾液的声音，虽然自己大概听不见，但是十分大声"。此时写作的作品是《阴翳礼赞》。

川口松太郎形容谷崎是"崇尚西洋的人，粗格子的上衣外系上皮带，套上和上衣同样花纹的猎装，神经紧绷宛如锐利的刀刃"，在花街柳巷也"喝点小酒，和女人跳跳舞，差不多了就结束离开，跟每次醉得不成样子的久保田万太郎比起来，手段相当高明"。

我曾在昭和三十九年（1906）中央公论社举办的文化演讲会上

见过谷崎润一郎。当时谷崎润一郎七十八岁，正是去世前一年。被跟班牵着走路看起来就是风烛残年的老作家，但是握住献花的淡路惠子的手势，以及强而有力的浓烈视线，显现出老了依旧执着于爱欲的邪恶志向，令我不禁毛骨悚然，简直像看到妖怪一样。

尝遍世间的女人与料理，享尽世间的快乐，身为酿造自我欲望的魔物，屹立不摇的殉教者，同时也具备害羞而纯粹的老名誉教授的清高风骨。现实中的谷崎，是具有风雅江户风味，通达事理的善良老人。大学同学津岛寿一（后来大藏省大臣）提到，在学生时代曾被谷崎说过"江户小孩就该早上泡澡，被邀去本乡的澡堂"，谷崎又说"江户小孩泡完澡就该吃点豆腐"，把他带去下谷根岸的"竹叶雪"。津岛寿一向父亲报告此事，被警告"那里是从吉原回来的人吃早餐的地方"。

根据松子夫人《湘竹居追想》，以及孙子渡边多织的回忆录，谷崎经常吃日本料理，喜爱冬天的鳖、二月的玉筋鱼、春天的笋和鲷鱼，还有初夏的香鱼、鳢鱼、甜鲷，以及秋天的加茂茄子和松茸。不仅大鱼大肉，对蔬菜也严格讲究，萝卜、菠菜、青葱、茗荷都偏爱京都产，酒、水果、味噌也都精挑细选。总之是喜爱所有高级餐点的奢侈美食通。继承日本桥蛎壳町商人之子身上的血缘，日本桥大商店长大的孩子，每个人都喜好这种纯粹的滋味。谷崎的嗜好更借由文学的空想力，表现出强烈肥大永无止境的倾向，情欲的好奇心也包含其中。

松子夫人指摘"总之，首先一定会凝视女性的手脚，在我眼里看起来，对于有兴趣的女人，他闪亮的眼神简直像在爱抚人家的手脚一样"，对于女性手脚的憧憬，若分析为恋物癖或被虐狂实在很煞风景，不过，晚年的小说《疯癫老人日记》中，用飒子的脚型刻成佛足石，还寄望埋骨其下的情节，令人联想到小说《美食俱乐部》中品尝女人指头的料理。无尽的欲望伴随残酷的欢愉，在这里浮现出来。

谷崎将第一任妻子千代子夫人让给佐藤春夫是四十五岁的事，起因是和千代子之妹圣子的恋爱，和第二任妻子丁未子结婚两年就分手，和第三任妻子开始同居是四十八岁的事。

和千代子结婚的佐藤春夫写下"对谷崎来说，千代其实是重要的妨碍者"，对此谷崎应该无法反驳。谷崎和千代子之妹圣子展开外遇关系，乃至与千代子夫人离婚，总共花了九年时间。《痴人之爱》《卍字》《食蓼之虫》就在这段时间写成。在和千代子夫人之间的纠葛中，可称为代表作的三部作品与现实生活同时进行。在原本很有希望发展成地狱般悲壮的夫妻关系中，仔细斟酌危险的状况，写出"妻子心中不知住着魔鬼还是蛇。"（《食蓼之虫》）

这展现出超乎常人的技巧和精神力，然而，若想到谷崎追求的文学是全面认可感官情欲，从完全相反的角度，挑战以往文坛兴盛的灰色自然主义，谷崎的反社会反道德行为，也是当然的结果。认可人的快感，认可人的恶，在自身的肉欲之中驯养怪物的决心，结果是人类获得自由。谷崎自己构筑出来的文学世界挑拨现实生活中的谷崎，现实生活也反映到作品之中。

话虽如此，不能这么单纯就被他给骗了。

谷崎在小说《美食俱乐部》中提到的料理，也受到谷崎的批判。主要是聚集在"浙江会馆"的人们"充满颓废而懒惰的表情"，吃太饱的客人"如同废人一般睁开无用的双眼，只顾着吞云吐雾"，这份颓废，更加强了料理感官性的构图。

谷崎跟一般的花花公子比较起来，对于女性和料理都投注相当的热情，但是这只是出自好奇心强烈而已，谷崎在文学世界中，把现实中的自我膨胀了十倍二十倍以上。

借用三岛由纪夫的说法，"谷崎文学并非只是表面上全面认可感官与解放的文学，在谷崎的潜意识深处，还残存古老禁欲的心情"，还有"崇拜女体，崇拜女性的任性，崇拜这所有反理性的要素，实际上也包含微妙的侮蔑"这一点也不可忽略。

关于美食也是如此，生活上的谷崎，身在何处都是"高级又有常识的美食家"，并没有太强的异常性。喜欢温软黏腻的食物，是因为蛀牙很多，无法咬太硬的东西。

谷崎曾为辻留、辻嘉一写过《怀石料理》的序言。

"日本人对食物虽不分国界。但是到了老年，终究还是倾向自己祖国，而且是最为清淡朴素的怀石料理。我之所以赞赏辻留大厨就是在于这一点。"

只有这样，这就是全文，极端无谓。大约一半是真心话，一半是受人之托不情不愿写下的吧。

谷崎松子在《倚松庵之梦》中，记下他死前六日的最后一餐。

"小风亲手冰好祝贺的香槟，首先由丈夫开始敬酒。可惜这伙人的好友观世荣夫因工作无法前来，请孙子桂男代理，在众人齐道'恭喜'声中，将酒一饮而尽，对于端上来的料理一一赞叹，吃相也让旁人看得呆了，为他食量毫无减退迹象高兴不已。尤其相当爱吃牡丹鳢（将鳢鱼去骨之后加葛粉煮汤），吃完的速度之快，令人怀疑到底有没有时间品尝味道。"

K. Brashigama

萩原朔太郎

（1886—1942）

出生于群马县，为奠定日本口语体诗之诗人，作品《吠月》为日本文学史上的杰作，此外另著有《蓝猫》《冰岛》等诗集及格言录《新情欲》。

萩原　朔太郎

云雀料理

　　萩原朔太郎的父亲在他二十多岁时，曾对他说："我会养你一辈子！"知道这样的年轻人过的是什么样的生活？

　　萩原朔太郎的作品发表得很晚，算是晚熟的诗人，诗集《吠月》出版时，他已经三十一岁了。在那之前，他虽然博览群籍，但却没有固定的工作，整天无所事事。身为前桥市颇负盛名的医生父亲密藏命令他说："你什么事都不用做，但是不准你变成公子哥！"密藏所说的公子哥，指的就是小说家和诗人，但他也无法接受朔太郎想成为杂役工人的要求。整体来说，萩原朔太郎在发表诗作之前的思考期非常长，因为生活里有太多空闲的时间，让他深感无聊，只好漫无目标地在街上闲逛，说来还真是个毫无生活能力的人。他因为对这样的生活感到羞耻，所以只好逃避现实，进入另一个完全不同的世界。

　　在他的诗集《吠月》中有一份名为"云雀料理"的菜单。

　　五月清晨的新绿和熏风将我的生活变成贵族，娇艳欲滴的天蓝色窗下，我想和我心爱的女人共享纯银的叉子，我希望在我的生活中，也能够偷尝一次那在天空中闪耀的云雀料理的爱之器皿。

　　另外还有《云雀料理》的诗篇。

　　　进献给你昨夜的爱之餐点／我用鱼蜡的忧愁熏香蜡烛／打开亲爱的绿窗／仰望悲怜的荒芜天际／在远方漫流的东西／手中奉献云雀的器皿／亲爱的你走向左边。

　　无论是菜单或诗篇都是他饥渴的妄想。

　　萩原家虽然生活优渥，但也不可能让无所事事的儿子享受这样的大餐，从这些文字中，可以看出朔太郎这个被父亲表示会养他一辈子的长子，试图奋力一搏的痕迹。

　　萩原朔太郎的求学过程颇为坎坷，应考前桥中学落榜，早稻田中学补习科退学，应考五高落榜，六高退学，庆应预科退学，无论到哪一所学校，不是退学就是落榜，后来又和有夫之妇佐藤那加狂爱一场，难怪他的父亲会说要养他一辈子了。

　　朔太郎喜欢吃西餐，他曾经表示："年轻的时候不是西餐我就不吃，我甚至觉得没有奶油味的东西，就不算是食物。"向往西方人生活的朔太郎还说："我最羡慕的是他们的食物，一想到他们每天三餐吃的是西餐，吃的是奶油、牛奶、奶酪、热狗、冰淇淋等，不禁让还在发育的我口水直流。"（见《羡慕西方》）

　　自从他成为知名诗人之后，就经常在新升啤酒屋一边听着德布西的音乐，一边吃着牛排喝着日本酒。有一次芥川龙之介带着他前往位于田端的京都料理店自笑轩，他竟然破口大骂说："这不是营养料理！"让芥川对他倒尽胃口，直说他野蛮，同样的情形也发生在非常喜欢自笑轩料理的室生犀星身上，两人也曾因此大吵了一架。

　　朔太郎在《吠月》之前的习作笔记《爱怜诗篇》中，曾以《绿荫》为题，写了"早晨的冷肉冰冷了餐盘／洋菜在酒杯边缘吱吱地鸣叫"由此可知，他有多喜欢吃西餐，可算是个奢侈的人。但其实朔太郎的母亲做给他吃的西餐，也顶多只是加了火腿的蛋包饭。

朔太郎因为诗集《吠月》的出版被喻为诗坛的代表诗人，就连北原白秋和森鸥外，也都对他赞叹不已，朔太郎一跃成为诗坛的宠儿，六年后又出版了第二本诗集《蓝猫》，这本诗集的忧愁及倦怠的色彩浓厚，是一本充满所谓"蓝猫风格"的作品。

在这段时间当中，朔太郎迎娶了加贺前田家士族的女儿稻子，不久长女叶子出生，同时也广受狂热的书迷支持，过着拥有"悠闲雅致的食欲"的生活，他的书迷甚至还会赠送酒糟腌渍的鱼卵和河豚、海参、乌鱼卵、培根、专菜等山珍海味到他家中。

《蓝猫》中有一首名为《悠闲雅致的食欲》的诗。

在松林中漫步 / 看见了一家明亮的咖啡厅 / 在远离市区的地方 / 没有人会上门 / 是一家藏身在林间追忆中梦想的咖啡厅 / 少女害羞脸红地 / 端来如曙光般清爽的特制餐盘 / 我缓慢地拿起叉子 / 吃着蛋包饭 / 天空中飘着白云 / 非常悠闲雅致的食欲

"悠闲雅致的食欲"的这个说法，在大正时代的时尚圈，成为一种如同流行语般的理想料理，高明地撩拨了时代感。希望享受时髦料理的年轻男女，模仿朔太郎所写的"悠闲雅致的食欲"，开始进出树林中的咖啡厅。但这首诗中隐藏的虚软獠牙和改变，其实是《吠月》中所呈现逃避现实的虚无意识的延长。《吠月》是被父亲宣告"会养你一辈子"的儿子破碎的感性、群聚了孤独的阴影，和伸往内心的触手所创作的产物，朔太郎只将自己作为探求的对象，完全不管现实的问题。"悠闲雅致的食欲"其实只是"云雀料理"这个痛苦幻觉的变形。

《蓝猫》中还有一首名为《那只手就是点心》的诗，描述的是他想吃女人的手的愿望。

……（前略）……拇指的肥美和其粗暴的野蛮／啊！恭敬地接受那磨得光滑的一根手指／想放进嘴中吸吮，一直吸吮／手臂像酥饼般松软／手指是冰糖般冰凉的食欲／啊！这个食欲／如孩童般坏心眼无耻的食欲

"悠闲雅致的食欲"和想吃女人手指的无耻合而为一，朔太郎栖身在平凡世界内侧的皮膜世界，价值观也与众不同。闪耀的词汇在虚构的生理黑暗面绽放，在布满重重恐怖的灰暗森林中，有家撩人"悠闲雅致的食欲"的咖啡厅。

朔太郎非常喜欢喝酒，只要一喝酒就喝个不停，当他和有夫之妇那加谈恋爱时，在酒吧喝醉后，曾因为愤恨难平写了一封明信片，信上说："我明天就结婚！不管对方是谁都行！帮我杀了艾莲娜（那加的受洗名）。"他之所以和稻子结婚，是因为伯父作的媒，当时的他完全是自暴自弃，他曾写过一封信告诉多田不二说："对方不是个美人。"即便如此，他还是在婚礼举行前的两个星期戒了酒。

不情不愿结婚的朔太郎和稻子的生活，当然无法美满，吵吵闹闹十年后，终究还是离了婚。

关于"悠闲雅致的食欲"，朔太郎自己做了这样的说明。

"每到周日我总要到那里去，我的食欲强烈地吸引我去，我的味觉永远也忘不了那融化在美味甘甜的奶油中浓郁的鸡肉和鸡蛋，我不知道这世上竟然有如此美味的西式餐点，但餐盘中却只装了一口大小的肉块，根本无法满足我的食欲，所以我每次都会贪婪地舔光餐盘和餐刀上的酱汁，因为对我学生的荷包来说，这可是非常昂贵的高级料理。"（见《叙情诗物语》）

这就是"悠闲雅致的食欲"的真相，朔太郎那无法被满足的食欲，在和妻子分手搬去和母亲同住之后，依旧没有改变。朔太郎喜欢一家换过一家地喝酒，每到黄昏他就会出门去，一直喝到深夜才烂醉

如泥地回家。朔太郎每回一到喝酒的地方，就什么也不吃地拼命喝酒，算得上是个贪杯之徒，另一方面，他虽然对西式餐点情有独钟，但一喝起酒来也完全不吃，由此可知，朔太郎对西餐的渴望，其实只是他满足自我精神饥渴的方法，借以远离现实。这里也有他自我分裂的痕迹，他不清楚自己到底要什么，在自我分裂的裂痕中，刀光乍现一刀刺入的魔幻情景，其实就是他的诗。

诗是对虚无的死求白赖，是架空的产物，是堆积了无数谎言的虚构王国，然而这么作的并不只有朔太郎一个人。不过食欲一旦成为虚构的幻影就有点问题了，因为食欲是一种生理现象，人不吃东西，就无法生存。

朔太郎一生都是孤独的，这和他结婚与否并没有关系，和妻子离婚之后，他将两个孩子交给他人照顾，和妹妹两个人一起生活，在东京到处搬家，身边的琐事都交给女佣处理，每天晚上便外出喝酒，后来即使母亲和孩子搬来同住，他还是没有改变这样的习惯，他每天晚上回家，都会发现母亲将亲手制作的饭团放在枕旁，朔太郎曾经写道："深夜里只有我一人，吃着冷饭团的心情，是非单身者无法了解的悲哀。"

朔太郎的母亲因为知道朔太郎没有生活能力，因此对他的照顾可说是到了过度保护的地步，正因为如此，导致朔太郎变本加厉地放荡度日。他的母亲即使有所抱怨，却还是一味地溺爱他，只要是他喜欢的西点，朔太郎的母亲就会尽可能地做，他其实也有固定的收入，但却还是拼命地外出买醉，再加上这样的行为，并不是肇因于失婚的寂寞，他的母亲就更不知道该如何是好了，因为"深夜里吃着冷饭团的悲哀"是朔太郎的企求，悲哀是愿望，面对感叹悲哀的儿子，朔太郎的母亲根本无能为力。

昭和二年（1927，四十二岁）朔太郎创作了"不死章鱼"，描写饲养在水族馆水槽里饥饿的章鱼以为自己死了，在被遗忘的灰暗水槽中的章鱼其实并没有死，只能忍受夜以继日的饥饿，没有食物，章鱼只好吃起自己的脚，当它吃完所有的脚之后，只好翻转身体吃起自己的内脏，当它把所有的东西都吃完，水族馆的管理员出现时，水槽里已经空无一物了。

但是章鱼并没有死，即使在它消失之后，它还是活在水槽里，空空荡荡被人遗忘的水槽里，永远地——可能经过好几世纪——都存在一个极度缺乏和满腹怨言，且肉眼看不见的生物。

这只章鱼其实就是朔太郎自己，他吞食自己的肉体之后，在消失的空虚中梦想自我存在的世界。这就是他对自己这个"被他人养一辈子"的人的绝望，但他并不是在批评对他说这句话的父亲，所有的一切都起源于朔太郎，是他恐惧又渴望的状况。

朔太郎非常喜欢一家位于新宿"二幸"下的大众酒馆，经常在此喝着一杯十五钱的小杯清酒或啤酒，新宿有朔太郎所说的"文化女郎屋"，它的二楼是舞厅，虽然已经变成风化场所，但朔太郎并不喜欢这种地方。他之所以到大众酒馆去，是为了和诗人朋友谈天说地，他也经常到诗人聚集的"深渊"去，他也蛮喜欢这类僻静小巷的怪酒馆。据三好达治说，他其实不太会和女侍们闲聊，但只要一喝醉就会开始大唱民谣或渔歌，在田中冬二的印象中，朔太郎也曾在关东煮店里大唱特唱。他每天都得喝过好几家店，恩地孝四郎还曾经在新宿车站见过喝醉了披头散发摇摇欲坠地走在栅栏下的朔太郎，他也曾经在小田急的车站因为喝醉酒在下车时失足受伤。

也有人嘲笑喝醉酒摇摇晃晃、攀着末班电车吊环的朔太郎说："这样的家伙如果不是因为他搞文学的话，根本就是混蛋！"朔太郎在喝腻了新宿的酒馆之后转战涉谷，别看他这样，他其实挺胆小的，过马路时必须抓着同行的人的肩膀或手臂才行。

当然也有羡慕朔太郎单纯中带有危险气息的诗人，朔太郎除了诗之外，对其他的事都不太在乎，即使喝醉酒也还是不改诗人本色，因此后辈诗人对他的一心一意都颇为欣赏。

丸山熏回忆说："女人对这个有点与众不同、脆弱但高贵的中年人都觉得很放心，因为有趣所以都围绕在他身边。"

朔太郎也很喜欢抽烟，经常可以看到他抽着"朝日"牌香烟，因为他总是把滤嘴咬的稀烂，所以烟很快就出不来了，一旦烟出不来，他就会把香烟像刺剑般地按压在烟灰缸里，他的烟经常抽不到三分之一，滤嘴就被他咬得稀烂，他总是嘴上沾着烟草和人讨论事情。他在家中也是烟不离手，手指因此被染得泛黄，衣服也马上就烧焦了，女儿叶子甚至还怀疑朔太郎之所以皮肤黝黑，是因为香烟中的尼古丁所致。

经年累月地到处喝酒，朔太郎终于也累了，有时候甚至因此彻夜不归，每到黄昏他还是会跟母亲说："妈！不好意思！今天又要麻烦你做饭团了！"之后就出门去了，即使他的母亲逼问他："你每天晚上到底上哪去了？"他也还是毫不在意地外出，关于这个部分，萩原叶子的《父亲．萩原朔太郎》中有详细的记载。

"我的父亲吃饭时还是会掉饭粒，喝醉酒之后情况更加严重，不管是餐桌上或榻榻米四周，饭粒和菜渣掉得到处都是。端饭碗时他会将碗靠在左脸，吃饭的样子非常奇怪，所以他的脸颊和饭碗之间，经常都是饭粒四散。""有一天晚上，我在父亲的位子上铺了许多报纸，要他坐在报纸上。"

由此看来，朔太郎的行为和小孩没有两样，在他家中似乎是养了一个名为父亲的孩子，实在看不下去的母亲，替朔太郎缝制了一个围兜，这块围兜用的是窗帘的剩布，纤瘦的身体围着偌大围兜的朔太郎，样子实在是不堪入目。朔太郎的母亲做了好几块围兜，抽屉里放满了写着"朔太郎的围兜"的围兜，习惯了围兜的朔太郎，每到吃饭时间还会主动围围兜。

朔太郎不喜欢洗澡，他可以好几天都不洗澡，即使他母亲恳求他洗澡他也不洗，他只要在家里喝酒，不一会儿就会开始将酒撒在菜上，之后还把菜撒得整个榻榻米到处都是。萩原叶子回忆说："等到父亲起身后，整个餐桌就好像婴儿刚吃过饭似的，祖母因为疲于收拾而生气，但我反而喜欢酒醉之后返老还童的父亲。"

叶子小学二年级时（朔太郎和妻子离婚的前一年），稻子交代了一句"竹荚鱼干在茶柜里"就出门去了，到了中午，朔太郎将找到的鱼干放在脏兮兮的铁网上准备烤给叶子吃，叶子却一口也不吃，只在冷饭上浇了酱油，吃完后就到朋友家去玩了。不一会儿，朔太郎的脸就好像热病患者一般地肿了起来，原来是食物中毒，他说全身好像火烧一般。从那之后，朔太郎就更加的纤瘦衰弱了。

朔太郎在五十二岁时再婚，对方是福岛诗人大谷忠一郎的妹妹美津子，年仅二十七岁，媒人是北原白秋夫妇，婚礼在目黑的雅叙园举行。两人前往热海、伊豆、织部、伊香保、安中及前桥进行长达三个月的蜜月旅行，当时的朔太郎还乐在其中，但这段婚姻却维持不到一年。叶子说："我的祖母非常任性，而且完全无法喜欢别人。"朔太郎的母亲介入朔太郎和美津子之间，对美津子非常不友善。对朔太郎的母亲来说，朔太郎这个如同婴儿般的儿子，也有她看不下去的地方，美津子最后几乎是被朔太郎的母亲赶出家门的，朔太郎离婚后在外偷租了公寓，以便和美津子见面。他分别在中野、四谷、巢鸭、小石川租屋，他虽然随身带着稿纸写作，但通常写了半天之后，又会把写的东西撕得粉碎，接着就开始喝酒。

朔太郎又开始沉迷酒精，昭和十七年（1942）因为感冒转为急性肺炎的朔太郎，结束了五十六岁的生命。

朔太郎是少数的诗论家之一，他虚弱的獠牙和泛着蓝光阴影的诗作，风靡一时，生动的遣词用字虽然足以和芥川龙之介互相抗衡，但他真实的生活就是如此。

朔太郎曾说他每次和首任妻子稻子吵架时，稻子总会嘲笑他说：

"你要是能成为像菊池宽这样的文人就好了。"朔太郎说:"但我一辈子都无法成为像菊池宽这样的名士,痛苦的哀伤深入我心,为什么人生孤独的无情,使我的胸口如此灼热呢?"他在寒夜外出购物回家时,嘴里总会哼着与谢芜村的俳句《买葱回到枯木中》来安慰自己的心灵。

朔太郎的一生都处于行为可疑和被害妄想之中,是被害妄想让他写诗,还是写诗的意志使他行为可疑,他的血液中,或许纠缠着如同敲打之后就会回响的音阶般的精神状态吧!朔太郎就存在无视于一般的思考模式之中,他对食物的喜好也是如此。

朔太郎很喜欢边赏藤蔓边喝酒。

只要家中的藤架有花朵垂吊时,他就邀请佐藤惣之助举行赏藤宴会,宴会当天就连向来难缠的朔太郎之母,也毫无怨言地卷起袖口辛勤工作。佐藤擅长言辞,经常能够借着钓鱼的话题引发热烈的讨论,喝酒的速度也非常快,朔太郎通常就坐在一旁倾听,缓缓地喝着酒。佐藤好吃美食,经常是比手画脚地谈论着他在各地吃过的山珍海味,而朔太郎的食量并不大。在诗的印象的世界中,朔太郎擅长描写豪华的餐饮,但在现实世界的大食客面前,却显得有些手足无措,因为他也只是多少吃一点专菜、酒糟腌河豚和鱼卵罢了。

在朔太郎去世的那一天,家中的藤蔓开满了花朵,但他一口酒也不能喝,虽然急忙赶来的护士送来氧气罩,但朔太郎却摇摇头不愿意戴,他说他的胸口一直有痛苦涌来,突然间他嗫嚅着说:"今天的安眠药怎么这么久还没效……"之后,看了一眼立钟就停止心跳了。

朔太郎死后,家人发现他留有疑似遗言的俳句,其中有一句是:队伍的尽头是饥饿地狱。

菊池宽

(1888 — 1948)

出生于香川县，与芥川龙之介等人同为第三次、第四次《新思潮》同人，曾任通讯社记者后转任作家。于1923年创刊《文艺春秋》，著有戏曲《父归来》、小说《恩仇的彼方》等。

菊池宽

吃了就吐

　　人分两种，一种是喜欢做东请客，一种则好当食客受人招待，菊池宽属于后者，是请客专家。一般人认为请客的一定是有钱人，被请的一定比较穷酸，事实并不然，做东付钱的两袖清风，吃饱喝足抹嘴走人的却家财万贯。

　　请人吃饭比较占优势，被请的人常会认为"请人吃饭感觉很舒服，就让他过过瘾吧！"借由这样的想法来克服自己当人食客处于劣势的自卑感，这些人完全不了解东道主心里的痛，只要看看菊池宽就能明白。他从小在极端贫穷的环境中长大，深刻地体会身为穷人的痛苦，所以才会喜欢做东请客。

　　在菊池宽的随笔《胜负事》中，记载了一段他小学时候的故事。他的父亲在高松市某个小学的庶务课服务，他是家里第四个孩子，虽然祖先是高松诸侯聘请的儒学家，却因为家道中落，家财尽散。菊池宽虽然很想参加班级旅行，却因为付不起五块钱的旅费无法成行，他千方百计地向父母哀求，却因为没钱也无可奈何，菊池宽趴在父亲的枕头上哭泣，父亲虽然整个人都钻进棉被里，却因为菊池宽哭个不停，而生气地坐起身来说："你可别恨我！要恨就恨你爷爷！"菊池宽的爷爷因为沉迷赌博把祖宅都给赌掉了，所以菊池家才会严禁赌博。

　　菊池宽努力向学，克服了诸多困难考入一高的文科就读，因此结识了芥川龙之介、九米正雄、成濑正一、佐野文夫等人。

当他即将前往东京时，曾经在东京待过的表姊告诉他："你到了东京之后，一定要去吃一种叫作亲子丼的东西，它真的很好吃！"菊池宽在贯穿汤岛的岩崎府邸斜对面一家小西餐厅里，吃到加了洋葱的亲子丼，因为实在是出乎意料地好吃，所以日后只要他有钱，就会到那家店去吃亲子丼。

菊池宽虽然是个穷学生，但还挺重视口腹之欲的。

菊池宽到面店去，看见墙上贴着"干汤三钱"的纸条，他不知道所谓的"干汤三钱"指的是干面和汤面都是三钱，每回都跟店家说"给我干汤三钱"。面店通常都会端出汤面。平常他也会在图书馆里那家大白天也暗得像是会有蝙蝠出没的餐厅，享受六钱的炸猪排和三钱的地瓜汤。

当时永井荷风和上田敏等人鼓吹享乐主义，一高流行文艺气质的放纵主义，奔放自由的风潮盛行。菊池宽的享乐主义顶多也只是用极少的钱，四处品尝便宜的甜不辣和西餐。在他的《半自叙传》中提过，一白社十二钱厚厚的一片炸猪排最是好吃。芥川龙之介当时随身都带着原文书，菊池宽从芥川处借得了魏德金《春醒》的英译本，但芥川对沉迷寻找美食的菊池宽并没有好感，而菊池宽对于凡事讲究的芥川龙之介也颇为感冒。

这个时候就已经决定了两人身为作家的生活方式，芥川龙之介是受人招待的那种，而菊池宽则是掏腰包请客的那种。菊池宽后来虽然因为《文艺春秋》的创刊经济状况获得改善，但即使生活没有改善，菊池宽依旧会是属于那种做东请客的人，这完全是在响应他小时候，因为家境清寒无法参加班级旅行的遗憾。

菊池宽喜欢西餐或中餐之类味道重的食物，所以身材当然也圆滚滚的，因为好吃牛肉，所以经常前往位于本乡的江知胜和丰国，也曾经由小岛政二郎的介绍，前往上野的清凉亭，清凉亭有个十八岁的女服务生叫佐多稻子。还有炸虾店天民、浅草的松吉、京桥的鳗鱼店小满津。菊池宽虽然每次都和芥川龙之介、久米正雄、小岛政二郎到这些餐厅用餐，但付账埋单的几乎都是他。

有一回菊池宽和芥川、小岛到位于日本桥白木屋商店街的中华亭用餐，中华亭是家日本料理店，芥川龙之介说这次他请客，当芥川付钱后拿回找的钱时，菊池宽将铜板丢进找钱用的小盆子里，这些是小费，他们习惯某人付账埋单后，由另外的人付小费，菊池宽在里面放了三枚五十钱的铜板，芥川看了一眼对菊池宽说："再放五十钱！"

对芥川而言，给一元五十钱的小费是很奇怪的事，因为在东京没有给五十钱这种半吊子小费的习惯，不是给一元、两元，要不就是给五元。菊池宽听了小岛政二郎的说明之后，强调说："我就是不想给一块钱！"他坚持一个人给五十钱，三个人刚好是一元五十钱，芥川龙之介又说："那给一块钱好了！"菊池宽回答："给一块钱对女服务生不好意思，但我们又没有找她陪酒，她的服务还不值两块钱。"无论如何就是不肯照着芥川龙之介的话做。

菊池宽就是会有这样坚持道理的时候。

在他创办文艺春秋社之后，有许多文人来找他借钱，小林秀雄就曾经要他的女朋友拿着梅原龙三郎的蜡笔画上门兜售。他付钱时，永远是从口袋里掏出一把皱巴巴的钞票可是出了名的，大家都说这个操作表面上看来虽然豪气不拘小节，但事实上，他还是会看人行事仔细盘算的。他在随笔《我的日常道德》中提到："当别人开口向我借钱时，我会根据这个人和我的关系，来决定要不要答应，无论他有多么亟须用钱，如果只有一面之缘，我还是会加以拒绝。还有，除了当作生活费之外，我是不会把钱借给任何人的，如果是来借生活费的，我就借，但我心里对于朋友的需求自有定见，只借给他们符合每个人生活水平的金额，钱一旦外借，就从不想要对方还钱，而且也从没人把钱还给我过。"

因为他自己都这么说了，所以"看人行事仔细盘算"的说法，不如说是出自他的口中，由此可知他还真是宽宏大量。当你借钱给别人时，当下会获得对方的感谢，但借钱的那一方，容易因为心有负担而日渐疏远，菊池宽当然很清楚对方的感觉，他之所以故作大方其实是为了减轻对方的心理负担，身为债主反而得多费心思。

菊池宽在自己家中用餐的次数，一年顶多一次。但根据妻子包子夫人的印象，每个周六他都会带着家人外出晚餐。菊池宽在外面非常讲究气派，但在家中却非常简朴，无论是卤的或烤的，都是放凉了才吃，这是因为在高松时习惯晚上做饭，所以早上都是吃冷饭，因为包子夫人喜欢刚起锅热腾腾的食物，所以觉得丈夫的饮食习惯不免寒酸。

关东大地震之后，菊池宽的艺伎情妇带着孩子和母亲，住进了菊池宽位于神明町的家，大家住在一起之后才发现菊池宽的饮食非常粗糙，因而大失所望，之后这个情妇就离家出走了。

今日出海在菊池宽同意担任日本文艺家协会会长时，也接下书记长一职。菊池宽经常在从文艺春秋社返家的途中，顺路前往文艺家协会，在那里写作报纸的连载小说。写完小说后，就从赤坂的鸟亭订购牛肉饭请日出海吃，日出海回忆道："不喝酒，和菊池宽两人，在种满竹子的阴暗客厅中，对坐吃着牛肉饭，真是让人感觉万分寂寞。"菊池宽平常喜欢将汤汁或茶水淋在饭上当茶泡饭吃，日出海称它为猫饭。

菊池宽对食物的味道并不讲究，但相当能吃，从一高退学转往京都大学就读，寄宿在雨伞店的二楼时，六个榻榻米大的房间一个月的租金是一元五十钱，三餐如果在小饭馆解决的话，早餐要六钱，午晚餐各为八钱，一天约需二十二钱，如果包餐一整天的话，可以便宜两块钱。但即使如此他还是吃不饱，所以每到吃饭时间，他就会跑到朋友绫部健太郎的租屋处吃饭，绫部租屋的地方是一般的人家，用大型的饭桶装饭，因为没有筷子，菊池宽只好用火钳吃饭，但因为绫部租屋的屋主发现，每回只要菊池宽来访白饭就会减少，他吃霸王饭的事情因此曝光，最后搞得绫部也待不下去只好搬出来。菊池宽的食量之所以这么大，是生长在穷困家庭的后遗症，绫部因此成为菊池宽一生的好友，菊池宽也无法忘记他的赏饭之恩。

菊池宽在京都大学就读时，非常喜欢下棋，经常接受一位棋艺高超的"床春"理发店老板的指导，成名之后，他特意前往"床春"拜访这位老板，但因为老板不在家，他留下一升酒之后就回家了。日后菊池宽又再度前往拜访"床春"的老板，当时的老板已经不再从事理发工作，他见到菊池宽非常高兴，引他至三块榻榻米的房间，并热情地招待他。菊池宽原本就是个极富人情味的人，虽然有人说他是乡下人，但也就是因此而深获人心。

里见弴在战时曾经接受菊池宽的委托，为他修改电影的台词，当时的里见弴并没有工作，所以才会答应他的要求，菊池宽坐车将稿子亲自送到里见弴家中，人还在车里就从口袋拿出钱来交给里见弴。其实里见弴是有岛五郎之弟，还曾经把在曲町的豪宅借给文艺春秋社使用，称得上是有钱人。但在手头不甚阔绰时，能够得到菊池宽的慷慨解囊，里见弴对此深感谢意，菊池宽给钱的方式非常大方，不会让对方感觉有负担。

他也曾经带着偌大的蜂蜜蛋糕，前往里见弴因战争而死的朋友遗孀家中时，告诉对方："这个给你的孩子吃！"里见弴一边逐一地叙述往事，一边说："他真的是个很体贴的人""他虽然不善交际，但总是与人真诚相待。"

小岛政二郎第一次见到菊池宽时，一群人去了上野一家叫作山本的咖啡厅，当时他们是接受了菊池宽的邀请，和芥川龙之介、久米正雄、南部修太郎一同前往文展，小岛正二郎和南部修太郎这些《三田文学》的作家向来习惯平均分摊所有的餐费，江户的戏曲作家山东京传也偏好平均分摊费用，甚至有人将平均分摊餐费称之为京传付费法。当时所有的人都点了红茶和泡芙，用完餐后南部修太郎提议采取京传付费法埋单，但小岛政二郎却在次月的《新潮》中，看到菊池宽针对此事表示："我原本以为三田那些人都见过世面，没想到连喝杯咖啡也要分得那么清楚。"小岛因此有些沮丧，他虽然无法对这件事释怀，但还是对菊池宽迷人的魅力佩服不已。菊池宽不像都市人凡事讲究，他经常毫不在意地当着大家的面打嗝，面对不感兴趣的话题就闷不吭声，吃不完的点心也就剩下，如果你还不想回家，他也会面不改色地起身告辞。

菊池宽曾经对小岛政二郎说："东京的甜点比较好吃。"小岛于是不甘示弱地回说："越后屋的好吃，夏目漱石也有同感。"明知道越后屋是间不友善的糕饼店，拒绝将东西卖给平民，但小岛还是逞强地告诉菊池宽说："下回我买给你吃！"结果之后菊池每回遇见小岛就追着问："你什么时候才要请我吃越后屋的甜点？"虽然小岛辩称："他们不卖给我啊！"但菊池还是不死心地说："骗人！哪有糕饼店不卖糕饼给客人的？你什么时候去买的？"由此可知他的缠功可是一流。

久米正雄曾说菊池宽是"熟知人间百事的高人"，还说"教我站着吃关东煮的人，就是菊池宽。"

菊池宽从学生时代开始，就对哪里有关东煮的小吃摊非常清楚，他就读一高二年级的时候，有一回和久米正雄走在神田街上，他突然停下脚步对久米正雄说："那边的巷子里有一家很好吃的关东煮，我们去看看吧！"久米正雄只好跟着过去，走到小吃摊时，老板一看见菊池宽就笑容满面仿佛老友般地打招呼说："是菊池先生啊！好久不见了！"菊池宽从学生时代就光顾这家小吃摊，在进入东大就读之前，他就知道这家店了。菊池宽还带着久米正雄去过真砂町、上野广小路、人形町等地的关东煮店，因为次数太过频繁，到最后连久米正雄都兴趣缺乏了。

成名之后，菊池宽每回见到久米正雄，就会抱怨说："最近的关东煮越来越难吃了。"久米正雄只好回道："不是！关东煮没有变难吃，是你舌头变挑剔了。"之后又接着说："每回只要和你谈到五六年前的事，就不知不觉地想哭。"

菊池宽晚年身边经常带着咖啡厅的女侍，试图以此和永井荷风一较高下，因此被永井荷风在《断肠亭日记》中狠狠地嘲讽了一番。豪爽的菊池宽和在城市长大的永井荷风虽然个性不合，但他其实是讨厌咖啡厅的女侍对他献殷勤的。他喜欢银座的千疋屋，因为那里的服务生服侍客人的态度非常专业。

此外，菊池宽还喜欢吃药。

但是他很讨厌洗澡，连到温泉旅馆也不洗澡，和服的腰带绑也不绑地拖着到处走，丝毫不在乎自己的穿着，却非常害怕因为过于肥胖，导致心脏瓣膜产生问题，这可说是豪放磊落的人物最常出现的胆小症候群。包子夫人曾说菊池宽"看似大气其实胆小，说他胆小却又是号人物"。菊池宽因为担心刮胡子的时候，细菌可能会从眼睛看不见的小伤口进入体内，刮完胡子还要在脸上擦上过氧化氢溶液，同时也因为害怕感染伤寒，所以吃完饭后，一定要饮用石炭酸的均染剂。

早晨起床之后他不洗脸、不刷牙也不洗手，就开始大口大口地吃早餐，完全是一副野人模样，但只要一端出点心，他就会要求给他牙签，因为他知道自己的手很脏，不能够用手拿点心吃。开火车车门时，他一定会用纸张包住手把再开。

每当他大吃特吃最喜欢的生蚝时，每吃两个，就会喝一口均染剂，重复这个动作一段时间之后，最后一定会把所有的东西都吐出来，他吐不是因为吃太多，而是要净空肠胃。

他说吃东西一定要吃到离喉三寸，为了不让食物对肠胃造成负担，所以吐出来反而比较好，如此一来，胃只需要负责消化就行了，同时还可以预防肥胖。

吃生蚝时，菊池宽一定会检视自己吐出的秽物，只要确定均染剂确实对消化的生蚝进行过消毒，他就会神气地向小岛夸耀一番。

　　他和芥川以及小岛前往文艺演讲会时，当芥川拿出自己常用的安眠药"吉儿"时，他立刻大感兴趣。芥川龙之介经常借助安眠药帮忙入睡，他虽然也服用加摩清，但他说："吉儿只要一半的剂量就有用，隔天也不会有副作用。"还拿了一些给菊池宽说："给你一点试试吧！"

　　演讲会结束吃完饭后，芥川就回家睡觉了。到了凌晨他被一通电话吵了起来，说是菊池宽因为吃了过量的吉儿，所以人不太对劲。菊池宽尖声叫着把睡袍踢到一旁后翻身跃起，旁人才刚把他安顿睡好，他马上就又爬起来，即使芥川叫他，他也对他毫无印象。芥川问清楚情形后才知道，原来只要吃半颗就有效的药，菊池宽一口气吃了九颗，根本就是药物中毒了，害得三人下榻的旅店老板娘认定菊池宽是企图自杀。在众人找来医生强行押住发了疯的菊池宽打过针之后，才好不容易让他安静下来，他的所作所为根本就是乱来。

　　但他的胆量却不小。有一回永井龙男正在编辑《ALL 读物》时，擅自刊登了友人深田久弥的小说，书中描写右派团体在大杉荣的葬礼上争夺遗骨的事，这个右派团体的成员甚至还闯入文艺春秋社拿出日本刀威胁要杀他，但菊池宽毫不畏缩地告诉对方："有种你杀啊！"

　　当他在文艺春秋社进行社内改革时，解雇了几名员工，其中有一人带着枪大闹办公室，还把枪口对着菊池宽，其他的员工都怕得躲在书桌底下，只有他抬头挺胸地对他说："你开枪啊！"可是对方还是开不了枪。

　　菊池宽在全盛时还曾经大闹中央公论社，原因是广津和郎在《妇人公论》连载的小说《女侍》，内容是描写银座的咖啡厅"老虎"一名女侍的故事，书中提到女主角小夜子的客人，明显是以菊池宽为模特儿所写，企图借此为卖点吸引世人目光。作者此举激怒菊池宽，他还寄给中央公论社的岛中雄作一封以"我眼中的她"为名的抗议信，结果此信被改名为"我与小夜子的关系"刊登在杂志上，菊池宽大为震怒，单枪匹马闯进中央公论社，叫出主编大打出手，虽然他也不想放过岛中雄作，但却因为被周围的人制伏而作罢，菊池宽最后以对方破坏名誉提出告诉，不过堂堂出版社的社长竟然跑到别家出版社上演全武行，也算是闻所未闻的鲜事一桩。

菊池宽的惊人之举，对现在的出版社来说是很难论定的，他对人非常亲切，吵起架来的威力也很惊人，在他的《我的日常道德》中他如是说。

首先，比我有钱的人，给我什么我都会高兴地接受，要请我吃饭，我也不会不好意思，总而言之，只要有人要给我东西，我绝不会客气的，因为彼此赠送礼物，能够让人生更为光明，收要收得高兴，送也要送得欢喜。

其次，别人请客时，要尽量多吃，不过吃到难吃的东西，不需要勉强说好吃，但是吃到好吃的东西，就不要吝惜赞美。

还有，和别人一起用餐时，如果对方的收入明显比你少的话，即使有些勉强也要坚持埋单，如果对方的收入和自己相当，对方如果要买就让他买吧！

这就是菊池宽对和他人一起用餐时埋单的原则，由他这个聚餐高手来说，格外具有说服力。菊池宽小说的特色，就是结局都很正面，看完之后让人心情愉快，即使内容出现作恶多端的诸侯或官僚，结局还是令人满意，这样的反映了菊池宽天真烂漫的个性。

菊池宽的童年生活虽然穷困，但他非常喜欢钓鱼，据他小时候的朋友说，菊池宽钓鱼时经常把鱼饵放在右边口袋，把钓到的小鲨鱼放在左边的口袋。

菊池宽很喜欢吃寿司。

昭和二十三年（1948）时，菊池宽因为胃肠不适住院疗养，这也难怪，因为他吃了就吐，再加上饮用均染剂，胃肠怎么可能不出问题，这位美食家在经过一连串的聚餐和均染剂催吐后，终于导致肠胃抗议罢工。

治疗见效之后，菊池宽在初春时出院，三月六日马上就举行出院纪念餐会，换成是其他人，即使是已经出院，还是会吃点清淡的东西好好静养，菊池宽却邀请主治医生一起聚餐，这就是他好面子的地方。

菊池宽高兴地请主治医生吃寿司，自己也跟着大快朵颐，在一顿大吃大喝之后，菊池宽在当天晚上九点时，突然觉得身体不适先行离席，不一会儿却因为狭心症发作骤然过世，享年六十岁。

冈本加乃子

（1889 — 1939）

出生于东京，师事与谢野晶子，第一部小说作品为《仙鹤得病》，以歌人及佛教研究家的身份活跃文坛，著有《母子叙情》《金鱼撩乱》《生生流转》等。

冈本加乃子

食魔的复仇

冈本加乃子是个相当讨人厌的家伙。

像她这样被同业及朋友讨厌的女人算是罕见，一般人也多以诡异算命师的眼神看待她。她脸上的粉厚得让人想用饭匙刮她，浑身都是赘肉，因为脖子太短，整个人看起来就好像身体上黏着个青蛙脸，经常把自己打扮得闪闪发光，像极了极东魔术团团长，她喜欢将十只手指头中的八只戴满戒指的品位，也让人觉得不敢苟同。

加乃子不只长相怪异，再加上个性傲慢、任性妄为，从来不知反省自己，更让大家对她反感。

加乃子是神奈川大地主的长女，在家中位于东京赤坂的别墅出生，因为身边众多仆人对她唯唯诺诺，养成她唯我独尊的个性，就读迹见女校时，因为不善言辞，被戏称为"青蛙"。十六岁时以"大贯野蔷薇"的雅号，开始将和歌或诗作投稿到《女子文坛》，长得像青蛙的女人却自称野蔷薇，光就这点来看就已经够吓人的了。十七岁第一次见到哥哥大贯晶川的好友谷崎润一郎之后，便称谷崎为师，但谷崎从第一次看到她时就讨厌她。

日后，谷崎在《文艺》座谈会上，曾经表示"我从很早以前就讨厌加乃子"，还说"她实在是丑得可以，如果安分一点也就算了，偏偏又喜欢浓妆艳抹，对和服的品位也糟糕透了。"

就连表示了解加乃子晚年、也被加乃子暗恋的龟井胜一郎在《追悼记》中，都写道："她看起来好像是经过十年修炼的大金鱼，头发从两侧覆盖着脸颊，她那闪耀痛苦的眼神仿佛是古代的魔术师，根本就是祖先的模样，就好像是坐在菩提树下老奸巨猾又残忍的诸神之一。"龟井胜一郎因为一时大意称赞了加乃子的作品，对加乃子自此纠缠不放的贪瞋情欲是受够了。

加乃子虽然长得不漂亮，但是人们对她的厌恶，却是因为她令人反感的行为与日俱增。

加乃子和漫画家冈本一平结婚后，生下长男太郎，却又和自己的年轻学生堀切茂雄陷入爱河，又和情人重夫同居，这样的三角关系维持了好一段时间。在她和茂雄分手，茂雄也因为肺病去世之后，她又和庆应医院的医生新田龟三恋爱，甚至还远赴北海道将新田带回，同时她也和冒称弟弟住在家中的恒松安夫（战后成为岛根县知事）共同生活，世人对她和一个丈夫两个情人同居的异常现象，纷纷投以异样的眼光，加乃子和三个男人的同居生活，就这样一直维持到她四十八岁，也是她临死的前两年，后来因为恒松安夫另结新欢，加乃子在盛怒之下将他赶离冈本家。

身材臃肿容貌怪异的中年妇女，能够经历如此不寻常的生活，其中的原因更让世人好奇。濑户内吉聪的《加乃子撩乱》对于加乃子的一生有详细的记载，其中有一段森田玉的谈话，内容如下。在外游荡了四年的加乃子，在街上遇见森田玉，就对他抱怨日本人的放肆之处。

她说："我刚才从银座过来，每个人都转头看我，真是没有礼貌，令人讨厌极了，在国外一定不会发生这种事。"

当天加乃子身上穿的是鲜红的晚礼服。

此外在圆地文子的《加乃子变相》中也有这样的小故事。大伙结束聚会回家时，圆地文子正好和加乃子搭同一辆车，加乃子就在阴暗的车内，害怕被人听见般地低声说道："圆地！开始写小说之后，人不会变丑吧！"

加乃子一生都不擅长做家事，做菜更不用说，冈本一平要和加乃子结婚时，加乃子的母亲竟然问他："冈本先生！你娶我女儿做什么呢？她虽然也有她的优点，但以一般人的角度来看，双方的日子都不会好过吧！"（见《新娘加乃子》）

冈本一平是加乃子的制作人，从来不说对加乃子不利的事，他从来没有想过家境富裕、身边始终围绕着众多仆人、每天吃着山珍海味的加乃子，可能出现在一般人家的冈本家的餐桌上。

"加乃子没有办法区分煤炭的种类，有一回加乃子跟一家黑心的煤炭店订购烧洗澡水用的煤炭，对方却送来大厅用最高级的樱花炭，不知情的加乃子就这样烧了一个月。"

冈本一平还努力地为加乃子辩护，即使加乃子试图融入冈本家的生活方式，但对新婚的她来说，并不是件容易的事，只是更加显得格格不入。以下是加乃子在当时所做的诗。

　　加乃子啊！你那如同枇杷般的明眸，为何消瘦呢？
　　加乃子啊！你不再像小鸟般地低鸣，是因为寂寞的秋天吗？

（大正七年《爱的烦恼》）

诗中的她其实是在自问自答，加乃子的自恋在这样的逆境中，更如同电流般地刺激，无论她再怎么自恋，这样的诗歌一般人肯定觉得不好意思而无法歌颂。同样的，只要看过她在《爱的烦恼》中的描述，就可以知道她自恋的情形有多严重。

　　我手指伤口的血渗入我如同马铃薯般雪白的肌肤，
　　只不过要削一颗马铃薯，我竟然如此不中用。

我虽然非常担心，但被削去的肉也不会再长出来，应该也不会因此生病吧！

三十五岁后，加乃子成为知名的佛教研究家，无论她长得有多丑有多胖，在冈本一平的宠爱之下，她甚至还说"我的心脏就是我的宠物"，她自恋的对象不仅是自己的外表，就连埋藏在自己臃肿身材下的内脏，她都迷恋不已。外人或许会纳闷，冈本为何能够对这样的女人表示"你好美，好像是一尊观音！"但或许就是加乃子那有如女暴君般的性虐待行为，反而让性好丑女、有强烈被虐狂的男人难以招架吧！

四十岁的时候，加乃子因为丈夫冈本一平的漫画大受欢迎，家中经济改善不少，于是带着丈夫冈本一平、儿子太郎和情人恒松安夫、新田龟三前往欧洲。加乃子不知施了什么奇怪的咒语，让三个男人甘心留在她身边为奴为仆，我想这只有当事人才知道吧！她就好像谷崎润一郎变成了女人，仿佛是个唯美快乐的阴暗沼泽。

在欧洲长达两年多的生活，大大地改变了加乃子，从巴黎的高级餐厅到乡下的饭馆，加乃子吃遍了大街小巷，就这样成了美食专家。

细看加乃子出游的照片，她仿佛是恐怖片中可能出现的那种被诅咒的洋娃娃，整个人胖得像个相扑选手，太过分开的双眼眼神空洞，藏在肩膀里的脖子披挂着项链，身上穿着不合时宜的皮衣，手中还故意装阔地拿着把晚宴用的扇子。

阅读她返回日本后所写的小说《食魔》就可以得知，她在欧洲是如何品尝各方美馔的，这本小说是从如何处理西洋蔬菜菊苣作为开始的。

《食魔》是有关一个厨艺精湛的大厨的故事，其中又因为大厨和一位精通法式料理的女人错综复杂的关系，对应着法式料理的背景中，映照着大厨家中粗糙的萝卜料理，可说是一部非常杰出的料理小说。此外还有在一位自美返国在京都京极经营时髦西餐厅的厨师的孤独和倦怠，与他的野心互相呼应，文中诡异的气氛让主角一步步走入食魔的陷阱。加乃子在欧洲两年半的生活中，磨炼出的文笔功力不可同日而语，实在让我啧啧称奇。

加乃子开始直接描写料理的真谛，舍弃以往借用料理的说明方式，就如同对自己喜欢的男人一般，她奋力将料理带进自己体内，料理的甘甜香味缠绕在半老徐娘温柔纤细的手指上，小说中厨艺精湛的主角厨师，一边却单手料理着黑暗的情欲，一边却又让另一只隐身在黑暗中撩拨内心的手麻痹，最后烹煮什锦萝卜火锅，锅底有如退潮后余留的泡沫残渣。料理的浓稠甘甜，最后只能落个狼狈地烧焦在锅底的无常下场。新婚时加乃子只不过因为削马铃薯，就对因此受伤流血的手指心疼不已，转眼间却转变成嘴边沾满油腻的可怕食魔，勇敢地走向充满好奇的地狱餐桌。称赞美食的大有人在，但是能够将遍尝美食之后的孤寂小路，如同烧烤剥皮肝脏般诡异料理的人，可是难得一见。

此后加乃子也开始书写有关料理的散文，她就写过一篇有关兔肉的料理如下。

"其中有一道是法国罗亚尔地区的兔肉料理，这个地区的农民一定会在栅栏中的阴暗箱子（有盖的暗箱，不让它们接受日照，只一味地喂食以便养肥）里养上三四只兔子，以便家中有客来访时提供临时加菜之用。"

他们会先在兔肉上撒上盐和胡椒，以油煎过之后再加入白葡萄酒炖煮，为了消除兔肉的腥味，他们还使用姜和大蒜。还有一种是日式的吃法，"就是将兔肉切成小块之后，以麻油煎过，放入盘中时再加上切块的白萝卜和葱段端上餐桌，就可以放入火锅中边煮边吃。"

她这部分描写得非常详细，最后她还加上："这不过是个提示，我希望每个家庭都能够发挥自己的创意，如果没有办法创造出便宜又美味的菜色，家常菜是没有办法持久的。"

　　此外她还提倡"萝卜礼赞"。她说："只要能够善用白萝卜，就能够做出一流的好菜。"她在论说文《男人对食物的要求》中也提到，男人只吃充满脂肪的肉食料理以求果腹，是一种"食魔"的表现，有这样的男人在身边，容易让女人焦躁不安。"过于油腻的料理在人的身体里面，会像木头一样不断燃烧产生热量。""食欲和性欲，和睡眠一样是人的三大本能之一，所以要想有所节制，必须要依赖坚强的意志力。""因暴饮暴食而死，如同对人类最低等的欲望献身，是非常不名誉的事。"

　　好事者看到这些可能会问"那你自己呢？"加乃子在发表这篇文章之后一年两个月，就死于脑充血了。

　　加乃子死时是昭和十四年（1939）二月十八日，遗稿《寿司》和《家灵》分别发表在《文艺春秋》及《新潮》，这两篇作品描写的都是料理。

　　加乃子在《寿司》中，利用一份握寿司描写一个五十多岁老男人寂静的一生，文章中的字字句句都是男人痛苦的回忆，《寿司》描写的不是专业厨师的故事，也不是一本美食小说，有的只是握寿司中酸楚的孤独和哀愁，饮食的痛苦和郁闷在文中，却化成微甜的滋味，记忆一边翻转着滋味的斗篷，一边四处旅行，加乃子这个作风洋化、行为怪异的女人，却能如此透彻剖析男人的心情，我除了惊叹之外，也不禁猜测她在看透男人的同时，也借此操纵着男人吧！

　　《寿司》的内容如下。

　　寿司店"福寿司"位于东京的郊区和闹区之间，老板的女儿知世已经很习惯店中来来往往、各式各样的客人，但在常客中，她非常注意一位五十多岁有着浓眉的男人，这个客人非常朴素长得并不显眼，眼神略带神秘和忧郁。知世无意中知道这个人和寿司之间的故事，但当她知道这件事之后，这个客人也就不再出现了。在看完这篇文章之后，眼前握寿司散发着亮白的光彩倒在盘中。志贺直哉的《小僧之神》虽然描写的也是寿司，但加乃子的《寿司》可和它并称双璧，都是杰出的料理小说。如同石榴花般的赤贝肉，和有两条银竖纹的针鱼在故事中活灵活现地跳跃。林房雄称赞这篇作品"寿司店老板女儿难以言喻的恋情，是对美好生命的憧憬。"

《家灵》描述的则是泥鳅的故事。在东京郊外一家生意兴隆的泥鳅店，老板的女儿久米子代替她母亲负责算账的工作，此时来了一个年老的雕金师父，表示需要外送一份附饭的泥鳅汤，这个老人总是赊账，即使已经累计到一百块也不付清，店里的老员工一看到他来都会毫不留情地赶他出去，此时老雕金师利用他三寸不烂之舌对着久米子开始吹嘘他的工作，久米子因此心软，只好让他继续赊账。从那之后，老人即使身体日渐枯槁，还是拼命地到店里来要泥鳅汤吃。

故事虽然仅止于此，但如果读者和久米子立场互换，可能也会和她一样被老雕金师所惑而接受要挟吧！这个故事的背后，栖身着常驻泥鳅店的家灵，久米子的母亲也呼吸着这个阴郁女人的觉悟，所以才会让一个不肯付账的人白吃白喝。老人的气势中散发着非凡的妖气，这就是这篇小说的重心。

老人到店里来吃白食时，已经是他命运将尽之时，狂风吹起坡道上的砂石，木屐的鞋跟无情地拍打着冻干的地面，寒夜中卡卡的鞋跟声让人毛骨悚然。

小说设定的背景之夜和泥鳅汤非常搭配，被赶走的老人拿出自己的雕金作品，拼命地要求说："你不让我吃泥鳅汤，我就没办法交差。"还说："那尾鳍有如柳叶般的小鱼，让我莫名地迷恋。"老雕金师又说："即使遭人嫉妒轻蔑，我的内心和魔鬼一样地愤怒，只要嘴里含着这个小鱼，用门牙将鱼头咬掉，在一口一口地细嚼慢咽，我就能够转移我的怨恨，而流出温柔的眼泪。"

老雕金师其实并不是吃白食，在赊账累积相当金额的时候，他就会拿着为了付饭钱而雕刻的发簪到泥鳅店去，交给久米子的母亲之后，又哀叹自己年华老去说："我已经没有东西可以拿来付钱了，我的身体越来越差，已经没有力气工作了。"他对久米子说："只是长久以来，我已经吃惯了这里的泥鳅汤和白饭当消夜，不吃我就没办法过冬，一到早上身体都冻僵了，我们雕金师向来就是今天有饭今天吃，没办法想明天的事，你如果是老板娘的女儿，今晚就给我五六只小鱼吧！就算我要死也不想死在这种寒冷的夜晚，今天晚上我就靠着把这些小鱼的命一口一口地吞进骨髓里活命了。"

我从来没看过有人能和加乃子一样，将泥鳅汤描写得如此地鞭辟入里，她甚至连泥鳅汤锅里的热气都不放过，将味道的背景、场景的设定、牙齿咀嚼的声音、咀嚼声中痛哭的无奈都观察得非常仔细。

由此看来，加乃子应该很喜欢喝泥鳅汤吧！其实不然，冈本一平对泥鳅汤的兴趣还比她大些。冈本一平回忆说，为了让加乃子了解乡下人的味道，曾经带她前往位于浅草驹形的泥鳅店吃饭，加乃子表情怪异，却吃得很认真，饭后却把东西都吐光了。冈本说："整条泥鳅果然还是不适合她吃，我之所以觉得心疼，是因为她坚持要吃的表情。""对于她这个热爱荆棘，能够将他人给予的痛苦，转换成为复仇本能的女人，当时当然不能明说，不过她心中应该已经构思了这个故事了吧！"

将他人给予的痛苦转换成为复仇本能，是谷崎润一郎的方法，谷崎曾因"又丑又没品位"而讨厌加乃子，加乃子却非常仰慕谷崎，为了让谷崎看她的作品，还曾经将原稿附上一匹和服衣料寄去给他，却因此惹怒谷崎，谷崎在事后也曾谈及此事。其实送上和服衣料的并不是加乃子本人，而是为妻子设想的冈本一平，但无论如何，谷崎润一郎就是受不了又胖又丑又好胜的加乃子，他对加乃子不只讨厌，已经到了轻蔑憎恨的地步了。

　　只要将"又丑又没有品位"这样的痛苦经过转换，就能成为"又美又有品位"，加乃子在现实生活中一直对此奉行不悖，无论世人如何嘲笑她，对她而言她始终都是"又美又有品位"的女人，除了为加乃子牺牲奉献的冈本一平之外，加乃子的年轻情夫也在价值的转换中，一直做着超越自虐的快乐美梦吧！这个扭曲的桃色谎言也算是文艺的魔道吧！

　　认为加乃子仿佛是"谷崎润一郎作品中的人物开始写小说一般"的人是三岛由纪夫，对谷崎而言，小说的妖怪竟然存在于现实之中，而且还是个丑八怪，只要发现她试图想接近自己，就越发不愿靠近她。谷崎虽然擅长在小说中描写光怪陆离的世界，但在现实生活中还是和普通人一样，这也是他让人无法模仿的地方。原本丑陋沉默的加乃子，在经过冈本一平施以特殊的怪女人变身法，称赞她是"美丽的观音菩萨"之后，更加朝向妄想世界大步迈进的构图，正是虚构的画卷，也因为如此，加乃子才能写出如此突出的料理小说，加乃子的这两本小说，肯定是为了更加接近谷崎的风格而写的。

　　谷崎的料理小说充满魔性，快乐的极限冲击着饭碗的边缘，虽然他隔着一层薄皮观察着呕吐和美食，但加乃子的料理小说，则是以柴刀将隐藏在滋味中不可思议的关系剖开细看，从加乃子腐烂充满恶臭的肉体中滴落的甘甜纯净的水滴，在带着紫色电光的作品中散发光芒。龟井胜一郎说加乃子晚年的作品是"准备毁灭"，加乃子也在《日记》中提到"所谓的整理就是写小说"。

　　村松悄风在《近代作家传》当中，曾经收录冈本加乃子请人吃煎蛋的小故事，有一回有个年轻人去拜访加乃子，加乃子请对方吃煎蛋，年轻人客套地说了声："真好吃。"没想到加乃子却满心欢喜地说："是吗？那我再帮你做一份好了。"之后又去做了其他的鸡蛋料理。年轻人因为没办法又只好再称赞她，结果加乃子又说："那我再去作一份！"就这样做个没完。

　　加乃子做的鸡蛋料理有多难吃倒是不难想象，倒是那个一时大意强加赞美而落得必须不停吃蛋下场的年轻人，一定有如坠入地狱般的痛苦吧！

　　但是在这<u>些</u>不幸的年轻人当中，应该也有人可以将这种必须吃下无法下咽食物的痛苦，转换成快乐的报仇力量，将从没吃过的恶心滋味转换成人间美味吧！这和世人称之为美食的高级料理颇有异曲同工之妙。加乃子将吃下的泥鳅汤吐了出来，吐完之后用舌头把玩卡在喉间的鱼骨，还能够写出《家灵》这样精彩的料理小说，她的丈夫冈本一平和受她笼络的情人们，也利用这样的舌头，啜饮着加乃子流出的甜蜜滋味。

内田百闲

（1889—1971）

出生于冈山县，是夏目漱石的门人，除了小说之外也以幽默散文闻名，《百鬼园随笔》及《阿房列车》为其代表作。

内　田　百　闲

饿鬼道饭菜录

内田百闲非常喜欢吃罐头。

因为罐头是文明开化的食物，在试吃过奶油罐头、火腿罐头、咸牛肉罐头、热狗罐头等诸多罐头之后，就连渗入罐头内容物中的马口铁味道，他都觉得别有风味。

他尤其喜欢什锦八宝酱菜的罐头，甚至还说"不是罐头的什锦八宝酱菜，我不吃！"这是因为他无法忘怀小时候家人带他去海水浴场时，在海边打开的什锦八宝酱菜罐头的滋味。他喜欢把筷子直接伸进罐头里面吃，所以觉得扁平的罐头不够味道，他对这种小地方还挺讲究的。"我特意寻找细长的罐头，如果可以的话有点生锈的最好，如果这样罐头里的食物还没有马口铁的味道的话，就只能怪运气不好了。"看到的这样的叙述，不禁想好好看看他的长相，一想到他可能是一脸老大不高兴地睥睨四周的样子，就不由得佩服。这个个性偏执、喜欢借钱、住在三个榻榻米大的房间、斜眼看人间，且拒绝接受艺术院会员推荐的怪老人，要说不知道他在想什么，原来他脑子里装的都是这些。读者可能会觉得有些受不了，但却又不知不觉地被他所俘虏。

有一回内田百闲前往京极的明治制果总公司访问，当公司的人要他坐在会客室稍候时，他发现会客室墙上的玻璃柜中摆放着各式各样的罐头，当时夕阳正好映照在罐头上。

"罐头要旧的才有意思，因为偶尔经过夕阳的照射，一定会比存放在阴凉处的罐头味道更为成熟。如果是用开罐器打开的罐头，以一般方法存放的话必须从罐底打开，这么吃的时候虽然不知道罐头里装了什么，但却别有一番滋味。"（见《贪吃》）

内田百闲虽然独自在会客室等候，却拼命地用这样的想法耸动自己的食欲，他自认为"想象的舌头可以无限延伸"，于是就这样在心里吃将起来了。每当走在路上他只要看见鱼店里的鲷鱼，就会驱动天生的想象力，将那条鲷鱼做成各式各样的料理。

他也对桃太郎的故事中老婆婆在河里洗衣服时漂来的桃子大小加以猜测，在这个自命清高孤傲老人的内心中，住着一个凡事好奇的少年。他希望能够拥有铺满一整面榻榻米的鱼板，这点倒是和我英雄所见略同，我曾经在料理杂志中做过铺满一整面榻榻米的沙丁鱼，当我知道内田百闲早就做过这样的梦时，实在颇感意外。

在阅读内田百闲的随笔时，发现文中的想法和自己类似的人，应该不只我一个吧！内田百闲总能够发挥他的实力描写生活中的种种琐事，在心有同感的情况下，不禁让读者拍案叫绝，面面相觑地发现自己和内田百闲的精神构造竟然相同，而大呼快哉！

百闲非常讨厌租屋处的年菜，年初一和初二吃也就罢了，即使门上装饰的年松都已经摘下，每天的菜色还是一成不变，全都是事先煮好的剩菜。因为吃腻而剩下的食物，下一餐又出现在餐桌上，而且还掺入了其他人的剩菜，更让人觉得恶心。最后为了从这样的困境中求得解脱，他只好乖乖地将盘中的食物全部吃光。

租屋处的早餐只提供牛奶和饼干，他和老师夏目漱石一样喜欢吃饼干，但内田有闲只吃做成英文字形的饼干，他心有所感地说："I和L笔画很少，所以放进嘴里根本没有感觉，B和G大概因为中间有洞，一入口就融成一块，所以还可以在嘴里咀嚼。"

有一回他去买苹果，店里的苹果从一个十五钱到三钱的都有，因为他不知道彼此之间有什么差别，于是决定每种各买一个来比较看看，当他每种都拿了一个之后，却搞不清楚每个的价钱，他于是向店员借笔打算在苹果上写上价钱，老板却以为他是其他店家派来查价的间谍，勃然大怒地上前质问，搞得内田火冒三丈地离开苹果店。事后因为心有不甘，他还写了一封信给水果店的老板，指责他行为失当，此后他只要一经过那家店，就会觉得心里不舒服。

这是内田百闲为了躲避讨债，而搬到早稻田附近的砂石场租房子时的事了。他说因为越没钱就越想吃各种不同的东西，因此他的文章经常出现这类自我矛盾的情绪。内田百闲一天必须睡上十个小时，可是他却说："我是因为忙得没办法，所以只好睡觉。"其实我可以理解他的心情的，"在我家，因为太忙所以早点睡觉的说法，一点也不奇怪。"

内田百闲在昭和十九年（1944）发表了《饿鬼道饭菜录》，这本书其实只是罗列了一些菜单，书中每写一个菜名就换行书写，记载的料理名称如下。

鳟鱼生鱼片　生姜酱油／鲷鱼生鱼片／旗鱼生鱼片／鲔鱼　霜降鱼肚切块／鲫鱼生鱼片　芥子味噌／星鳗幼鱼芥子味噌／冰凉生鲕鱼切片／冰凉生鲤鱼切片／鲍鱼／烧烤小鲷鱼／盐渍寒鲕／味噌腌鲳鱼／盐渍竹荚鱼／卤小鲨鱼／咸圆鱼干／鲸鱼干／香煎章鱼／海苔／腌白鱼／醋腌蟹卵／乌贼汁／鲻鱼卵／寒雀丸子／鸭丸子／盐渍玉水汤／网烤牛肉／猪肉排／培根／南蛮小鸭等西式料理／苦味香鱼内脏／腌渍海参内脏／鱼子酱／海带芽／刚煎好的油豆腐／添加油渣的味噌汤／青紫苏高丽菜卷／米糠味噌酱菜／奈良西瓜子酱菜／西条柿／水蜜桃／二十世纪梨／大崎葡萄　注产于备前儿岛大崎／山樱桃／枣子／橄榄／胡桃／椎木果／花生／炸年糕／三门的蓬草丸子／鹿子年糕／鹤屋的羊羹／大手馒头／广容堂的吉备串丸子／派皮／泡芙／京都

风味奶昔／薮荞麦面／清汤乌龙面　注没有加料的京都风味乌龙面／
雀寿司／山北车站的押寿司／富山的鳟鱼快渍寿司／冈山的祭典寿司
鱼岛寿司／牛尾鱼饭／火车便当／车站卖的鲷鱼饭／非压制过的小麦
饭而是真正的小麦饭

在这之后还有一连串因为"书写完后又想起而追加的部分"，详细
内容请参考《美食帖》（中公文库）。

第二次世界大战期间，日本满街都是"浪费为敌"的警语，内田
百闲是因为觉得"因为没东西可以吃，所以大家不妨试着从记忆中，
寻找好吃及想吃的食物"，才写了这份目录。此时他已经五十五岁，由
此可知他的意志力有多坚强。这本书不是产生在丰衣足食的时代，而
是在兵荒马乱之际，内田百闲凭着他只能描写菜名的执着，将自己的
欲望建筑在想象及幻想的空间中。

内田百闲出生于明治二十二年（1889），父亲是冈山市的一名
酿酒商，身为长子的他备受祖母及母亲的宠爱。因为生肖属牛，所以
家人买了许多牛的玩具给他，他还要求家人买真的牛给他，家人也真
的答应所求，在客厅外的庭院盖了一间小牛舍后，便从离家十多公里
外的农家牵回一条黑色的公牛，他在家中可说是为所欲为。

他在二十二岁时拜入夏目漱石门下，因此得以结识铃木三重吉、
森田草平、芥川龙之介等人，当时的他食量就已经颇为惊人，根据夏
目漱石夫人的回忆，大家对喜欢大吃大喝的内田百闲并没有好感。

漱石门下有自杀未遂的森田草平，和喜欢借酒装疯的铃木三重
吉，相较之下只是喜欢埋头苦吃的内田有闲还算像样的。他还致力于
编纂校阅岩波出版的《漱石全集》，算是门人当中唯一对夏目漱石有所
回报的学生代表。

二十九岁时，内田百闲经由芥川龙之介的介绍，前往海军机关学
校教授德语，隔两年的三十一岁时又兼任法政大学的教授，经济情况

因此好转，但却仍然无法改变借钱的恶习，每到法政大学的发薪日，债主就会蜂拥而来，搞得他每到发薪日就心惊胆战。发薪日原本是让人满心期待的日子，对百闲来说却成了痛苦的一天。

对一般人来说，身为知名文人又是大学教授，收入应该颇为丰厚，但内田有闲却债台高筑，这全都是因为他生性浪费奢侈所致，四十四岁时辞去法政大学教职之后，欠债的情形就更加严重了。即便如此，他在四十四岁时出版的《百鬼园随笔》再版了十多次，同时也出版小说及童话，也不断有写稿的邀约，收入还是高于一般人的。

他的朋友对于始终抱怨缺钱的内田百闲，开始诸多批评，甚至有人骂他是懒鬼、浪费等。同为漱石门下弟子的森田草平，就是第一个叫他赶紧写稿的人，但百闲却表示："要我卖自己的文章来赚钱，这实在是太卑鄙了。"

他在周刊朝日发表的《无恒债者无恒心》一文中，曾经表示对方支付给他的稿费，让他觉得很为难。因为债主只要知道他有稿费可赚，就会立刻上门讨债。这种似是而非的理论，就是内田百闲随笔的中心思想，读者也无可奈何。内田百闲确实喜欢找人借钱，他借钱的原因和石川啄木不同，他之所以借钱，是因为要过奢侈的生活，他自我辩护地说，这样借钱给他的人也比较没有压力。

他还说向有钱人借钱不是一件好事，如果跟自己经济状况差不多的人借钱，就会更加觉得借得的钱有多可贵。这个奇怪的理论是从"人们经常谈论金钱的可贵，金钱的可贵原本就存在于借得的金钱当中"而来，"自己辛苦半天却赚不到钱，只好借用别人辛苦赚得的钱，如此才能真正体会金钱的可贵。"乍看之下似乎有点莫名其妙，但他的写作功力却能够让你越读越清楚。所谓的金钱，对他而言不过是一种现象，金钱并不等于价值。

他之所以这么说，是因为从小生长在冈山市的富豪之家，年轻时衣食无虞的他，唯一得不到的就是贫穷，借钱是让他得到贫穷的唯一手段，向往贫穷的富有少年的背后，隐约可见对艺术的渴望。

但即使他向往贫穷，也不可能改变他爱好奢华的个性，出现在读者眼前的就是别扭偏执，但却透明单纯的内田百闲。

借钱对他来说只是一种游戏，因为这个有钱人家的少爷，就是想跟人借钱玩玩，借着借着把自己搞得走投无路，从此再也逃离不了借钱的噩梦，或许可以说他是中了借钱的毒吧！尤其是要他这个自尊心特强的男人"向他人低头，跨越艰难的障碍，向脸色的难看的金主苦苦哀求，好不容易才能借到所需的金额"。"如果对方只能借我一半的金额，而我胆敢面有难色的话，对方可能会因此拒绝给我，所以我通常都是心怀感谢地向他人借钱，对方肯借我多少，我就表达多少的谢意，方才离开。"内田百闲将这样的行为称之为"心的锻炼"。

内田百闲虽然奢侈，但却不是个讲究的美食家，他曾说："我虽然很贪吃，但却懒得吃，我虽然讨厌不好吃的东西，但就算有美食，我也不会强迫自己吃的。"他也曾说："我喜欢空腹的感觉。"所以他很讨厌别人强迫他吃东西。

有一回报社计划让他和一位女性教育家进行对谈，因为他习惯晚上七点在自己家中吃晚餐，所以他希望报社将兼具晚餐的对谈邀约，改为中午进行，地点则在市区英湾分公司的一间办公室，但是接送的车来得太早，他还来不及吃完午餐的荞麦面（他固定在中午十二点吃面）就出门了，并提早到达对谈会场。负责招待百闲的记者对他说："我帮您订一份荞麦面好了！"他因为害怕对方为难，只好断然拒绝，没想与他对谈的教育家到达现场之后，竟然开始大啖西餐，他虽然企图忍耐，却因为那份西餐看起来实在太好吃了，让他无法视而不见。对方问他为什么不吃，他竟然回答："这年头日子难过啊！"搞得对方也觉得不好意思，连饭都没吃完，百闲也因此羞红了脸。

内田百闲的随笔风格，极具日常生活的故事性，他虽然采取随笔的形式书写，但内容其实是小说。存在他脑海中的诸多人物当中，有一个就是夏目漱石，夏目漱石对他来说是想超越也无法超越的存在。和他同门的芥川龙之介，年纪轻轻就自杀身亡，百闲虽然也发表过描述特异幻想的短篇集《冥途》，但还是无法超越夏目漱石及芥川龙之介。在担任教职期间，内田百闲也只能以写作私小说随笔的方式，和他们两人相抗衡，因此他的日记和随笔等作品都越来越像小说，但其实不是小说。

百闲也书写自己的任性，而且还畅言无碍，对于任性他一直是采取旁观者的角度观察，自己写作批评自己的嚣张态度，因为自己发表作品批评和嫌恶自己，最终都会变成维护自己的工具，他只要尽情描述就行了。文章中甚至还出现幽默感和清新的苦味，正好是他最喜欢的啤酒滋味。这种看似淡薄的味道，其实是意含深远的，这就是高手的写作技巧，看似能够模仿，但其实是可远观而不可亵玩的。内田百闲是夏目漱石和芥川龙之介的副作用，如果不是的话，他绝无法写出"牛的本质是稻草"这般天大的谎言。

他的心脏和肾脏都不好，主治医生小林博士曾经告诉他，要他不要再吃牛肉了，但他却强辩说："牛肉的本质是稻草，只要将稻草塞进牛的身体内蒸煮后就成了牛肉。"还把牛肉火锅改名为稻草火锅后吃个不停。"小林博士要我别吃的东西，其实指的是大部分的动物，其中猫和老虎的肉对肾脏应该不太好吧！"

有一回隐居乡下的学生送来一串猪肉，他马上呼朋引伴，在他大约有三个榻榻米大的房间里摆上小茶桌之后，每回大概可以招待二至三个客人，他依序叫客人进房，总共招待了十三个人吃了六个晚上，也因此在这段时间中，他完全无法工作，最后还感叹说："我终于知道山猪真是害人的动物。"

他的偏执也是漫无边际的，他非常喜欢请客，还写有一篇名为《御庆》的随笔。文中写道："呼朋引伴邀请一大堆人吃饭，可说是任性妄为的极致，我其实知道这件事是做不得的，但想邀请人的时候就邀请了。"这就是内田百闲一贯的作风，在三个榻榻米大的房间逐一招待客人之际，他却发烧病倒了，有了这样的经验，他企划了一场一网打尽式的新年宴会，会场设于东京的车站饭店，这是昭和二十六年（1951），百闲六十二岁时的事。他不仅广发邀请函，还逐一确认客人的出缺席和菜单，当天总共来了二十五位客人，因为他还是缺钱，所以只好先到出版社预支版税。他说："这不是我现在的钱，所以我一点也不觉得可惜，而且因为是我借的，是别人的钱，正好拿来充当今日所需。"

宴会开始之初，他为了要树立良好典范，行为举止还算得宜，但是酒过三巡之后，他就开始对人大呼小叫，他自己回忆道："我不仅不记得自己当时说了什么，就连我现在在说什么、想不想这么说，都搞不清楚。喝醉之后怎么样都好，就算我真的说了什么，也觉得蛮有趣的。"

百闲对料理的描述相当明快，而且非常美味。他描写烤牛肉时，"从竹片包中取出白色的油块，在烧热的铁锅上来回吱吱地涂抹，接着就可以闻到一股淡蓝的烟味。"光看到油脂吱吱的声音，就觉得这道菜好吃。

他还描写了油豆腐"吱吱地煎着，趁它还在冒着烟就装盘，立刻浇上酱油，酱油还会扑扑地跳动"。他模拟声音的书写方式非常新鲜生动。他说冰淇淋是用喝的，昭和初期会称咖啡为卡非，男侍为男仆，吉士、红西红柿、鱼卵酱、匪皂、威势忌的写法也都是当时的流行。

内田百闲还着有《随笔亿劫帐》，这个所谓"亿劫"的概念，应该是他的独创，夏目漱石及芥川龙之介的著述中，并没有有关"亿劫"的记载，因为必须渡过无数的劫难，所以无法完成的事没做其实也没关系，"亿劫"就是幻化成人体当中大部分的水分，而沉睡在人体内的怪物，这就是百闲的著作。在内田百闲的体内，少年的好奇心和亿劫的概念和平共存着，在东京的车站饭店所举行的大型宴会，也是因为他的兴趣和服务精神，他虽然讲究桌次的排列顺序、名牌的写法、菜单的印刷等细节，却也率先喝醉而神志不清，这和他伟大的谬论也不无关系。

当他在明治制果公司的会客室中，凝视着墙上玻璃柜中的罐头时，因为想知道罐头里装的究竟是什么东西，而站起身来走向玻璃柜，此时却传来人的声音，门接着被打开，他因为无法达成目的而被空虚寂寞的孤独包围。

在百闲的代表作《阿房列车》系列中也是如此，毫无计划就出游的百闲，不知不觉又回到东京，他改搭中央线在市谷下了车，就这样"抱着贫穷的心情"回家去，描述的是他为所欲为和享受自由之后的寂寥。百闲预支的不只是金钱，还有享乐、旅行的快乐、美食和人心，所以最后剩下的只有痛苦。百闲这种他打肿脸充胖子的作风，虽然颇得书迷的共鸣，但他将嚣张的自我戏剧化的做法，终究不是一般人所能及的。如果读者因为内田百闲的眼神和自己在同样的底层漂流，就认为他和自己是同一种人的话，其实是太高估自己了，百闲虽然努力迎合读者，但他其实是另有想法的，千万不能上他的当，尤其是一个像他这样吃豆渣配香槟的人。

当我阅读《百鬼园·战后日记》时，发现文中写到一家位于曲町、内田百闲经常向他订酒（借酒）的酒馆饭田屋，也正好是我还是个上班族时经常订酒的商家时，我的心情豁然开朗，颇有心有戚戚焉之感。

芥川龙之介

(1892—1927)

出生于东京，为夏目漱石门下的优秀才子，年纪轻轻即在文坛初试啼声，留有众多杰出的短篇小说，如《罗生门》《鼻》《河童》等。

芥川

川

龙

之

介

照烧鲕鱼

　　芥川龙之介年纪轻轻就得到夏目漱石的赏识，学生时代就成为文坛新星，从他理性的作风和姿态中，无法看出他对食物有何讲究之处，因为恼于自己艺术至上的生活，三十五岁就以自杀的方式结束生命的他，不禁让人对探究他对食物的喜好一事，犹豫不前。

　　但芥川在文坛初试啼声的作品《芋粥》描写的就是食物，大正五年（1916），芥川在第四次的《新思潮》创刊号中发表《鼻》一文，深获夏目漱石好评，接着又在《新小说》中发表《芋粥》，因此在文坛崭露头角。芥川二十四岁时，在二十名学生中以第二名的优异成绩自东京帝大英文科毕业，该年，夏目漱石也在留下对他无上的赞美后离世。

　　《芋粥》描写的是一名"名为某的五位"的男子的故事，这个男人一生最大的心愿就是能够吃芋粥吃到饱，一个叫作藤原利仁的人帮他完成了这个心愿。但他却因为吃了太多的芋粥，而尝到对梦想厌腻的滋味。我记得曾经在中学的教科书中读过这个故事，这个故事给人的感觉，是作者得意地在叙述人生的真谛，读者也在阅读的过程中接受到成熟的教训，非常适合放在教科书中。我根据这样的记忆，再一次阅读《芋粥》时，却发现我的想法根本就是天大的错误。

　　这其实是一本充满绝望的小说。

芥川在遗书中曾经表明，他之所以自杀是因为"对我的将来有些微的不安"，他那"对于活下去的些许不安"其实早就出现在《芋粥》当中了。

书中的主人翁并不是对自己吃了过多渴望已久的芋粥，而感到梦想破灭，芥川对这个部分的处理，精彩得让人心痛，主人翁"名为某的五位"先生，在决定要吃芋粥吃到饱时，"我觉得吃芋粥这件事不能太早实现"，"这样会让人觉得辛苦地等待这么多年好像白费了。"甚至还觉得，如果发生什么意外而无法吃芋粥的话也好。即使如此，假装亲切的藤原利仁还是一边邪恶地笑着，一边说"不用客气"地强迫他吃。

《芋粥》并不是在阐述"明白饱食的幻灭"，而是在描述"恐惧被强迫饱食"的主人翁"名为某的五位"虽然希望能够吃芋粥吃到饱，但在他的内心深处自始至终对吃饱这件事都是深感不安的。中学时的我无法有如此深入的体会，此外，虽然"想吃"但又对"吃完之后就没了"而不安的想法，其实和芥川的嗜好大有关系。

芥川讨厌饱食，和他对唯美派享乐主义的厌恶，有相当微妙的关系，加以彻底追究的话，他有意见的其实是大他六岁的谷崎润一郎。谷崎是自然主义（森鸥外、夏目漱石）穷途末路时出现的放荡作家，在挣脱自然主义的阴暗悲惨后，生活在感官和颓废的唯美世界中，吃遍想吃的食物。夏目漱石对芥川龙之介赞许有加，也因此造成日后谷崎和芥川的不休争论。

谷崎润一郎在芥川死后曾说："因为找到一个旗鼓相当的吵架对象，所以经常找理由摆龙门阵，根本就是故意找他碴，我实在不知道该怎么样跟他道歉。"他怀念地说芥川是个"可怜的人"。

两人之所以争论不休，是因为谷崎主张小说的内容必须有趣，而芥川宣扬小说必须和诗一样单纯。谷崎和芥川虽然是大学的前后期同学，但基本资质却不相同。对于女人，芥川和谷崎旗鼓相当，除了妻子之外也和不少女歌人、女性作家甚至是和妻子已婚的朋友纠缠不清。芥川作品中猎奇和诡异的题材，也不少于谷崎，唯一不同的是他们对饮食的态度。

谷崎曾经记载两人尚处于针锋相对的争论期时，芥川曾经来访并流着泪告诉他："我希望能够有个年长的人帮我卸下我的缺点。"他还说："他像个美女般的亲切地"帮谷崎扣上白衬衫的纽扣，而且芥川将谷崎正在寻找的书或画册亲自送上门去时，挑剔的谷崎还说："我虽然很感谢他的好意，但没想到他在我们还在论战的时候把东西送来，再加上以前从来没有发生过这种事，实在让我有点受不了。"因此他又闹起别扭，在《饶舌录》中大发牢骚。芥川龙之介虽然聪明、勤奋且才气焕发，但在谷崎笔下却成了"芥川有时候就是太过细心，所以才会引发这种误会"。

芥川对文章的字字句句有非常严重的洁癖，他不容许丝毫的疏忽，精雕细琢的文体风格十分鲜明，但却理智有余味道不足。芥川的手指无法感觉味道，作家也是人，所以还是比较擅长吃东西，他锐利但脆弱的精神，最终还是走向自我毁灭。谷崎和芥川都不喜欢私小说，比起晚年的谷崎以私小说的体裁，将私小说作为作品的诱饵，芥川却将私生活当作私小说的食物，对他来说，生活就是殉教于作品的结果。

芥川患有神经衰弱、胃消化机能衰退（神经性）、狭心症、胃酸过多、痔疮、胃肠不适等疾病，全身上下就好像是疾病的巢穴，其中大多数都属于神经性的毛病。他在自杀之前所写的《齿轮》中出现的幻觉，是一种叫作"闪辉暗点"的眼疾，根据眼科医生椿八郎的诊断，"这是眼科领域的疾病，和精神病完全没有关系。"芥川误以为出现在他眼前的半透明齿轮，是罹患精神病的征兆。

芥川龙之介的生母阿福，在芥川出生八个月之后突然发疯，在他十岁时就去世了。自此之后，芥川就一直非常担心自己会和母亲罹患一样的疾病，因为当时世人认为精神病是一种遗传疾病，这样的不安对芥川而言是相当沉重的负担，就是因为担心生病，所以芥川的胃也出了问题。

芥川十岁时是个喜欢游泳和柔道的健康儿童，经常会花上一个星期去徒步旅行或是攀登枪岳。攀登枪岳时，他只要有卤海味和味噌汤等粗食就心满意足了，即使是火车便当中的煎蛋和煮豆腐他也能下咽，不过他在家中的餐饮倒是颇正式的。芥川曾经提出当作家的三项条件：应学数学、应擅长体操、忽视国语和作文。由此可知他对自己的身体是很有信心的。

在夫人芥川文的《追想》中，记录了几件和芥川饮食生活有关的事，虽然只是芥川家简朴的一汤一菜，但芥川非常喜欢照烧鲕鱼，甚至只要有这道菜其他什么都不需要了。芥川家习惯在日莲宗举办佛事当天，全家一起动手做菜，而且是手续繁复的宗教素食，菜色包括：

豆腐凉拌菜（蒟蒻、红萝卜、芝麻）
蔬菜汤（蔬菜、豆腐皮、面筋）
油炸物（蔬菜类）
酱油炖栗子　茶泡饭

因为上门的客人不少，所以他们决定将星期日作为会面日，他们会用鸡肉为客人制作亲子饭，放进饭盒后再加入汤和泡菜，客人多的时候，甚至要做上三次。

芥川也很喜欢抽烟，据佐藤春夫表示，他一天可以抽上一百八十根敷岛牌香烟。

每到除夕夜，芥川家就会把储存在火炉灶里一年份的柴鱼片放入锅中，熬煮整个晚上，以便制作浓郁的高汤，他们就用这个来料理新年的年糕汤和卤味。芥川家还有一种叫作鳖甲腌的食物，就是将萝卜晒干后切成块状，加入味醂、酱油、醋、砂糖腌渍，吃起来的口感很好，经常被拿来当作下酒的小菜。过年的年菜则有油菜、萝卜、芋头、竹笋、鸡肉和白菜豆，他们不做栗子丸子，餐桌上摆着一板一眼的养父用食指测量后切成的年糕，晚上就向面店叫荞麦面的外卖，到了深夜，他们会喝添加了小梅子和昆布的福茶。

芥川家的餐桌摆放的是非常典型东京人的食物，虽然不是什么山珍海味，但如同他晚年所写的《大导寺信辅的半生》中所说的一样，他们也不是什么清寒之家，之所以会有芥川出身贫寒之说，完全是他的夸大之词，因为他认为"纯文学自贫穷产生"。

芥川在家时大约会在九点或十点左右起床吃早餐，餐后他马上就上二楼写稿，他几乎不喝酒，对食物也不特别挑剔。文夫人回忆道："吃饭的时候他也会看书，看的大部分都是洋书。"

他经常会出席文坛好友的聚会，如《日记》中曾经出现的位于田端的餐厅自笑轩，在上野广小路买的桃子，买了冰淇淋代替午餐等，还有位于万世桥的帝王餐厅，神田神保町的咖啡厅，在进入位于新桥的西餐厅东洋轩时他曾说："从二楼的窗户往外看，车站前的甜栗店就在眼前，店里的红灯笼和搅拌着栗子的男人甚是风雅。"

他曾经和北原白秋一同前往位于本乡三丁目的平民食堂百万石，他写道："白秋喝醉了，唱着小笠原岛的歌。"还有台东区的料亭伊香保、更科荞麦面、料亭钵之木和日本桥的鸡肉料理初音，只要翻阅他的《日记》一书，就可以发现他也去过不少餐厅。

芥川在二十九岁时前往上海，才刚到目的地就因为干性肋膜炎发作，而住了三星期的医院，出院之后他立刻北上，结束了四个月的旅程。根据《上海游记》中的记载，当时的他深为失眠及神经痛所苦，每天都必须服用镇静催眠剂，这点倒是和在伦敦留学时的夏目漱石一样，喜欢吃饼干的嗜好也相同。当他在天亮前起床，回想起王次回在《移雨集》中所写"药饵无征怪梦频"（药物没效，频做奇怪的梦）时不禁觉得"深有同感"。

上海的餐厅虽然肮脏不舒适，但他却写着："那里的菜比日本好吃，如果我假装懂门道稍加批评的话，我去过的上海茶店，比方说瑞记或厚德福好了，可比北京的茶店差劲了。但尽管如此，比起东京的中国菜，小有天就真的好吃多了。但是价钱可便宜许多，大约只有日本的五分之一。"

他和中国美女一起享受鱼翅汤，眼前尽是融合罪恶与奢华的女人，让人不禁想起谷崎润一郎的小说而叹息。他确实吃了不少东西，也曾和两三个艺伎磕着西瓜子，旅途中的他吃了不少中国菜，食量肯定不小。

他很讨厌山药泥，这点正好和"我喜欢黏糊糊的东西"的谷崎相反，在正月初四早上吃山药泥虽然是芥川家的惯例，但芥川却因为山药泥给人的联想而拒吃，还有他也不吃贝类，他完全不吃生的东西，他说："稀饭和半熟的鸡蛋比较安全"，所以他每天吃。当佐佐木茂索送来羊羹时，他还写了谢函"我只要写羊羹两个字，就觉得羊羹上好像会长出毛来。"他虽然会加上一句"如果这是因为我神经衰弱我也无话可说！"但是会觉得羊羹两个字恶心的，也只能说他精神有问题了。（如果让我来解释的话，羊羹原本指的就是羊肉火锅，传到日本之后，却变成现在的羊羹，所以说芥川的直觉是正确的。）

有一回文夫人看见芥川吃着森永的生姜蛋糕时，随口说了一句："这个蛋糕里面加了生姜"，芥川闻言后马上就腹泻。"我先生总是说生姜对肠胃不好，没想到他才听到生姜两个字就拉肚子。"（见《追忆·芥川龙之介》）看来，他因为精神问题导致的肠胃病还颇严重的。

大正十五年（1926），他在给神崎清的信中提到，神崎清返家后的第二天，他就深受腹泻之苦，因此导致痔疮恶化，他说："我已经受不了自己一直排泄出有如蛋花汤般的粪便。"将自己腹泻的排泄物形容成"蛋花汤"的芥川，想必在吃蛋花汤的时候，就会联想到腹泻的排泄物吧！而且眉清目秀的芥川龙之介竟然会为痔疮所苦，实在让人无法想象。菊池宽曾说芥川曾经模仿自己说"没洗脸"，中野重治也曾经写道："这家伙是不是不洗澡的啊！手怎么这么脏？脸可能也没洗吧！因为他的手和脸一样都很美丽，所以脏污显得更加明显，实在让我觉得不可思议。"

芥川的小说虽然将疯狂和死亡意识连成一气，但其实调性是相同的。至于他的饮食也是同一个调性，这点就生理来看，倒是一致的。由于他在田端的家过于阴暗，所以他只好租借别墅过着"只有西餐餐盘和罐头"的简单生活。为了创作艺术作品，即使只能吃罐头也可以的决心，显示了芥川的洁癖，但这种好像在研究室中精练而成人工钻石般的作品，当然无法突破他的单一调性。早期作品中"机灵的疯狂"，最后为私小说所败，暴露在幻灭的光亮中，正因为他意识清楚，所以即使面对不安，仍能够建立稳固的文体。对于芥川的自杀一事，他的朋友和妻子早就已经预料到，文夫人走在树林中还曾经预言说："这树枝长得真不错！"另一方面，芥川也写了"我想跟蛇一样冬眠"的信给朋友。

芥川曾在《大导寺信辅的半生》中提到蜂蜜蛋糕。

"母亲带着'风月'的点心盒装的蜂蜜蛋糕去拜访亲戚，但里面装的根本就不是'风月'的蛋糕，而是我们家附近蛋糕店的蜂蜜蛋糕。"

芥川对此事引以为耻，因而憎恨自己的义母，将便宜货装在名牌蛋糕店的点心盒中送人一事，深深地刺伤了芥川的自尊心。在还是中学生的芥川记忆里，这件事就好像烫伤一般烙印在他心中。这样的洁癖在显示芥川单纯的同时，也将他的懦弱表露无遗。他对伦理过于敏感，这和他过于内向反省的自虐本性，和冷嘲热讽是互有关联的。此外，他在这本小说中还写道："信辅是个完全没有吸过母奶的少年"，

"他瞧不起每天早上送来厨房的牛奶罐，尽管他什么都不知道，他还是很羡慕他那些只知道母奶的朋友"，这也是他过度的情绪反应。

曾经影响就读中学时的芥川的事，"假蜂蜜蛋糕"就是其中之一，另外一件就是"假奶"。芥川原本对食物非常敏感，就是因为遭受背叛他才开始向往只靠罐头维生的生活。只有罐头的简单生活，不是因为合理，而是因为想要报复。

芥川一生作了六百首俳句，但他留下的《澄江堂句集》中只收了七十七首，其中最广为人知的就是：

残留在刺骨寒风和成串沙丁鱼干中的海洋颜色。

这首俳句也被刊登在《季语集》中，这是芥川在写给小岛政二郎信中所写的得意之作。

这首俳句是芥川大正七年（1918）的作品，和他短暂的三十六年生涯互相对照，就会发现这首俳句的可怕之处。对芥川来说，海洋就横躺在枯干的沙丁鱼串之上，仿佛是一具尸体。在写作这首俳句的前一年，他在给朋友恒藤恭的信中如此写道：

用筷子刺入鱼眼之后，它反而更加清澈。

反映出芥川在吃鱼之时，已经预知了自己的死亡。芥川对于料理怀抱着如同进入禁忌世界般的恐惧，他对进食一事有着强烈的罪恶感。

他在遗书《给某位老朋友的手札》中写道："因为我们人类是一种人类动物，所以也和动物一样害怕死亡，所谓的生活本能其实也只是一种动物的本能罢了。我也是一只人类动物，但从我开始对食色感到厌倦一点来看，我已经逐渐失去动物的本能了吧！现在的我居住的是一个如冰般清澈却病态的神经世界。"

此时的芥川已经预知对食色了无兴趣的自己来日不多，在他所居住的如冰般清澈的世界中没有蜂蜜蛋糕，没有牛奶，也没有成串的沙丁鱼干。

他曾经写过一篇名为《蜜柑》的小品，与其说是小说倒不如说是散文，这篇小品发表之后广受好评，全文散发着芥川充满人性的感情。故事内容如下：

主角"我"在横须贺线的二等客车上，遇见一个土里土气的小女孩，这个两颊龟裂红通通得让人觉得恶心的小女孩，就坐在"我"前面，她粗俗的长相让人觉得非常不舒服。无论是她肮脏的衣服或驽钝的行为，都让"我"烦躁不安，"我"翻开报纸试图不接触她的视线，一会小女孩努力想打开车厢的窗户，她吸着鼻涕的声音和喘息不绝于耳，"我"心中不快的情绪逐渐升高，火车接着驶进山洞，因为小女孩将车窗打开了，所以黑乎乎的煤烟全都飘进了车厢里，害得"我"咳嗽不已，"我"没来由地想破口大骂，火车穿越山洞后，接近一处穷乡僻壤的平交道时，路边站了三个男孩，努力地挥着手并高声叫喊。

"就在那一刻，将身子探出车窗外的小女孩，拼命伸长黝黑的手，使劲地左右挥动，突然间有五六颗如同火红太阳般令人心动的橘子，朝着那些来送行的小男孩头上纷纷落下，"我"吓得倒抽了一口气，刹那间我明白了一切。原来这个小女孩即将前往大户人家帮佣，她之所以将藏在怀中的橘子丢出窗口，是为了要慰劳那些赶来平交道为她送行的弟弟。"

芥川看着那些被丢出窗外的橘子写道："我的心情豁然开朗。"文夫人在《追想》中提过，芥川是个很贴心的人，经常会买礼物送他的义母。有一回他从银座回来，从左边袖口拿出两个右边袖口拿出三个高级的苹果后，边呼唤着义母，边将苹果一个个摆在火盆旁和餐桌上，芥川的义母非常喜欢这些高级苹果，高兴地盯着苹果直看。

芥川的精神状况虽然不佳，但却拥有一颗善良的心。当他从袖口拿出苹果时，他的心情应该也和那个丢橘子的小女孩一样开朗吧！在此我再介绍一首我喜欢的芥川俳句作品。

轻轻地将麦秆盖在草莓上。

在这首俳句中有着芥川温柔的感觉，让我的心不禁停下脚步。

江户川乱步

（1894 — 1965）

出生于三重县，笔名的缘由来自美国的推理小说之父艾德加·艾伦波，为日本近代推理小说之祖。所著之《二钱铜板》为现代人必读之书，代表作品有《押画与旅人》《镜地狱》《芋虫》等。

江户川乱步

中国

荞麦面店为业

　　江户川乱步在以自传数据编辑而成的《贴杂年谱》中，曾经表示："这本年谱不是要给别人看的，而是自己和家人的备忘录。"并加以珍藏，年谱中记载了乱步自出生后至昭和十五年（1882）间的事。书中将乱步小学及中学时的笔记、住家迁移图、报纸新闻、明信片、名片、报纸广告等数据依时间顺序逐一排列。

　　江户川乱步自就读小学起，就非常喜欢黑岩泪香的翻译侦探小说，十一岁时还以抄写的方式编辑杂志，十六时因为从学生宿舍偷跑而惨遭退学，年纪轻轻的他，生活中其实早已有颓废的倾向了。他对印刷字体非常着迷，非常喜欢自己的文章变成印刷品，但他一直等到二十八岁时，在《新青年》发表了《二钱铜板》之后，才成为一个知名的作家。在这之前他在贸易公司和造船厂上过班，也曾经开过旧书店，担任过杂志编辑，一而再再而三地更换过不少工作。三十一岁时发表《D坂杀人事件》《心理测验》《屋顶下的散步者》《人间椅子》，三十二岁时在《朝日新闻》连载《一寸法师》之后，才正式确立他的作家地位，即使如此，他还是因为生活的不稳定，而开设了专供寄宿的绿馆。

　　此时的江户川乱步个性阴沉、怕生，只和少数几个知心朋友来往，他早期作品中那个个性阴暗、孤独、喜欢追求怪异事件的梦想家，应该就是他的分身。

他在开设旅馆的同时，也创作出被誉为日本有史以来最伟大的小说，且大为畅销的《阴兽》，在《贴杂年谱》中留有当时报纸的广告，当时的宣传标题写着"世界的鬼才""十分甜美的犯罪战栗""在黑暗中蠢动的阴兽真面目""猎奇之徒！来吧！沉醉在此不可思议的！"看到这类的宣传字眼，每个人都忍不住想去买来先睹为快。

描写幻想的犯罪生活者偏执的复仇之心，赋予乱步无法名状的猎奇作家的印象。在那之后名为《蜘蛛男》《虫》《猎奇之果》《吸血鬼》《黄金假面》《白发鬼》《恐怖王》《鬼》等作品，光是这些书名就足以将人牵引至灰暗的异度空间中。在怪异、不可思议和充满战栗的物语世界中，突然出现在日常生活中的街角暗处。故事主角有手拿剧毒针筒的怪人魔术师，还有杀害四十九名处女的杀人魔，以及在大白天惨遭杀害的大富翁，每个角色都弥漫着诡异的气氛，每本书的内容都是畅快的武打戏，读者只要开始阅读之后就无法停止。因为作品的内容都是如此惊心动魄，我原本预测他的日常生活也一定非常唯美，饮食也一定有别于一般人，但根据现有的资料来看，他的日常生活平凡得让人大失所望，这点和谷崎润一郎倒是颇有异曲同工之妙。

只要是侦探小说，无论多么不寻常的犯罪事件，也一定会有让真相得以大白的解释，读者也都能够心满意足，所以真正怪异的人是无法写作怪异小说的，因为故事的内容无论如何都无法脱离合理的范围。

乱步曾说："我不是音痴而是味痴，即使到了六十岁我还是喜欢煎蛋，所以没有谈论美食的资格。"（见东海老店会发行之《味栗毛》）年轻时的乱步非常喜欢在杂货店买的醋渍昆布，晚年时他则喜欢昆布、裙带菜和浅草海苔。妻子隆子夫人为三重县鸟羽市人，乱步经常将妻子娘家送来的裙带菜，以辣椒和砂糖酱油腌渍后干吃，或是用醋和酱油将裙带菜还带着海盐味的茎腌一腌，就吃了起来，有时他也会将北海道产的厚昆布用火烧烤得略带焦黄，作为茶泡饭的材料。

烹煮味噌汤时，他偏好使用三河的八丁味噌，但只有八丁味噌的话味道嫌淡，他会再添加稍具甜味的信州味噌，高汤则是以竹荚鱼干熬煮而成，汤汁中的材料有裙带菜、葱、豆腐和白萝卜，味道可说是相当清淡。

乱步年轻时并不喝酒，战后由于必须参加聚会才开始懂得酒的滋味。他曾说："如果喝的是日本酒，只喝一合我会有些脸红心跳，喝两合心会扑通扑通地跳，如果喝了三合，心就会狂跳不已，很是痛苦。"

"口渴时如果能来杯啤酒是再好也不过了，享用啤酒时，比起其他的下酒菜来，我比较喜欢切得薄薄的带点肥肉的炸猪排和生的高丽菜。洗完澡之后来上一杯，风味绝佳。"由此可知，江户川乱步的饮食真是再简单不过了。他第一次前往堀口大学家中拜访时，正好送来外县市的名酒，喝了堀口热的酒之后，他却倒头大睡。事后他说："虽然对他很不好意思，那回喝醉的情形还算好的，大部分的时候我都会心跳不已，回家之后还是难过得睡不着觉。"（见《酒》中所载之"酒和心跳"），但他一喝起酒来，食量就变得颇大，无论是牛肉火锅还是其他东西什么都好吃。晚年时，每回在到小餐厅参加餐会遇到店里没有洋酒时，他还特意跑到附近的洋酒店买回山多利的旅行瓶装酒，自己一个人喝着调酒。拿日本料理配威士忌，江户川乱步可算是第一人。

乱步晚年时，侦探小说作家俱乐部每周都会定期聚会，会后经常会带着日影丈吉、中岛河太郎、大河内常平等人前往"银座的阿染、源、小白兔、阿岛的同性恋酒吧、神田的龙，之后转到新宿的普鲁森或和小作休息，最后再到花园街。"（见千代有三的《豪华孤影》），即使如此并不代表他喜欢喝酒，毋宁说他是喜欢请女人享受美食，同时和她们聊天。

山冈庄八曾说"乱步先生是我最敬爱的人"，同时记录了这么一段小故事。有一回山冈庄八在艺伎店里拉着乱步不肯放他走，要他"今晚就睡在这吧！"结果乱步脸色大变，当时正好是凌晨十二点刚过。

"乱步先生很认真地说：'这可不行，我得回家坐好才行。'也就是说他答应妻子，如果没有在一定的时间之前回家，晚归多久就必须在妻子面前跪坐多久。"（见山冈庄八《正步的大人》）。

看完这段小故事后，我突然想起大下宇陀儿曾经说过："出乎人意料之外，乱步还挺被虐狂的。"

根据山田风太郎的回忆，乱步喝醉后和三个朋友一同前往花园街时，"当我们在附近的某家店二楼畅饮时，女人们脱光了衣服大口喝酒，乱步先生却高兴得不得了，他的稚气还真令人佩服。"（见《十五年前》）

角田喜久雄曾在追悼会上回忆说：有一回他和乱步到处喝酒一直到清晨四点左右回家时，"到他家门口他要下车时，我跟他说晚安，他也臭着张脸不理我，刚才明明还高兴地搂着女人肩膀，一要他回家马上就脸色大变。"乱步有双重性格，他一方面宣示追求违反道德的颓废世界，任性妄为，一方面却劝导年轻作家"千万不可破坏家庭"，同时毫不掩饰自己的好色行为。开高健曾经针对他的好色行为问他："你是属于追求者？还是被追求者？"他却回答："因为我是美男子啊！"性喜渔色的人大多将之视为秘密，个性也多阴沉，但他却堂而皇之毫不隐讳。

这其实是乱步晚年时的小插曲，年轻时的乱步曾经坦白表示："我是个无法谈恋爱的人。"（见《旬刊新闻》）他还说："世人所谓的恋爱，其实不过是漫无计划的应景的一种放弃。"

自私、执着且忠于自己欲望的乱步，为什么对料理丝毫没有兴趣呢？这点真是让人不明就里。

我又重新阅读了《贴杂年谱》，发现一张似乎和料理有关的插图。

这张插图画的是，大正八年（1919）乱步和隆子夫人的婚礼，作者就是乱步自己，不可思议的是这是张从屋顶往下看的鸟瞰图。细长的餐桌左侧坐着乱步夫妇，另外还有十个客人，餐桌上摆着有餐盘和叉子，画的旁边有乱步亲笔写的"此时太郎的工作是中国荞麦面店老板"，当时乱步开了一家中国荞麦面摊，内容记载的就是这件事。

"住家附近的餐厅已经不让我赊账了，在吃了三天的炒豆子之后，吹起唢呐，拉着车子卖起中国荞麦面摊，面摊的收入虽然不错，但因为必须在寒冷的冬天外出做买卖，所以没办法持久，才不过短短的半个月我就放弃了，在那样穷酸的情形下，我结婚了。"（见《到写小说为止》）

乱步曾经卖过中国荞麦面，虽然只是中国荞麦面，但要拿它来做买卖就必须要有相当的经验和技术，这可不是料理白痴做得到的事，更何况是凡事讲究的乱步，虽然是为了谋生，但也必须有一定的技巧和工夫。

乱步虽然自称是料理白痴，但他其实对做菜是相当有自信的，美食家或食量大的人无法超越的障碍之一，就是自己做菜，也就是说无论再怎么讲究美食，但亲自下过厨的人就是不一样。

这里我要稍微提一下乱步在三十二岁（1926，大正十五年）时发表的首部长篇小说《黑暗蠢动》。

《黑暗蠢动》叙述的是一个吃人肉的追求奇人怪事小说，在小说的最后，舞娘小蝶的坟墓被挖开，女人的同伴是一个胖得跟个啤酒桶似的男人，浑身是血地倒在墓旁，另一边则有个干瘦的男人（小说的主角画家）在大树上上吊。胖男人的脖子被咬得稀烂，舞娘小蝶尸体的胸口被撕开，心脏已经不见了。

"上吊的瘦男人，从嘴巴到胸口全都是血，垂悬在嘴外的大舌头上，有一块偌大的血块，在朝阳的照射下闪耀着金色的光芒。"

小说到此告一段落。

最后的一段应该是这部小说在杂志《苦乐》开始一年的连载时就有的，为了将全文引导至这样奇怪的结局，乱步在其中埋了许多伏笔，一边让读者心慌意乱，一边又将他们带进诡谲的世界。

而且这本小说并不是乱步自己的创作，原稿是他在一艘船上的二等舱捡到的包装纸中发现的，他之所以将小说发表是希望"要是原来的作者可以看到，这样我就可以报答他了""我没有打算要私吞小说的稿费""我希望能够找出原作者，除此之外别无他意。"而且作品发表时，乱步是以解说员来定位自己的角色。

小说中的主角画家和浅草的舞娘小蝶是男女朋友，他和小蝶一同前往位于信浓山中Ｓ温泉的籵山饭店，小蝶却在Ｓ温泉失踪，虽然警方判断她可能溺死在沼泽中，但却怎么样都找不到尸体，正当大伙忙乱之际，有个前科累累的可疑人物出现（他其实是小蝶的前夫），就在这样诡谲不安的气氛中，全文开始进入充满乱步风格的迷宫当中。故事的结局呢？原来外表看来善良的籵山饭店老板（让人以为是谷崎润一郎），其实已被嗜吃人肉的妖魔附身，他才是真正的杀人犯，在饭店主人的陷害下，主角画家也变成了嗜吃人肉的怪物。

整篇小说描述的其实只有"想吃人肉"的狂热欲望，要如何才能够让这样违反道德的冲动获得合理的接受，是乱步给自己定下的目标，要如何才能诡异地描绘出吃人肉的感官冲击和麻痹的唯美世界，也是他决一胜负的课题。

乱步的文体十分容易阅读，也很容易理解，虽然不如谷崎的文体华丽，但滑腻的文字触感，要比谷崎的更加平易近人，而且作品的怪异程度更在谷崎之上。乱步的文体模仿宇野浩二，故事内容采用跳跃式，曲折离奇，读者在不知不觉中便被牵引入惊悚谜样的迷宫世界。负责叙述故事内容的主角和读者合而为一，彻底看透读者的心思，看似完全坦白的嫌疑犯，其实隐瞒了最重要的关键，读者也看见说故事的主角汗湿的内心犹豫。

小说《黑暗蠢动》之所以以吃人肉为主题，其实是要读者必须读到三分之二才能恍然大悟的一个设计。

前半段有一幕是描写饭店老板趁着空闲，逐一品尝罗列在房间中恶心的食品罐头边吃边走的情形，一直到接近结局时读者们才发现，饭店老板吃的原来是盐渍人肉片。

籵山饭店的老板和小蝶那个有案底的前夫曾经一同在海上漂流，为了活命只好吞食伙伴的肉维生，小蝶的前夫试图以此来恐吓饭店老板，却因为中了饭店老板的陷阱，和画家一起掉入地洞。这部小说的精密结构，成为乱步之后作品的先驱。

生食人肉的创意任谁都想到，也就表示很容易发展为固定的模式，描写的方式不够高明的话，创造出的也不过就是恶心的陈腔滥调。但这样的创意之所以能发展成侦探小说，和乱步对自己身为大众作家的信心有很大的关系，这本长篇小说之所以能够获得广大读者的青睐，全都是因为乱步处理材料的技巧高明。在这本以妖艳舞娘小蝶的神秘失踪为主题的侦探小说中，"人肉"这个调味料在故事的情节中充分发挥了加分的效果，仿佛是乱步外出走卖的中国荞麦面一般。

《黑暗蠢动》让乱步跻身为长篇大众作家之列，同时却也让身为纯文学作家的乱步深感挫折。在这篇作品发表前乱步是短篇作家，他的才华充分展现在《D坂杀人事件》《屋顶下的散步者》等小说中，乱步自己虽然相信"侦探小说是纯文学的一种"（当时并没有纯文学的用语，只有以纯文学为志者），但早期的乱步却非常崇拜杜斯托也夫斯基。

乱步的创作活动在大正时期达到巅峰，当时西欧的颓废主义和恶魔主义，正如惊涛骇浪般影响日本之际，乱步作品中最具文学性的《押画及旅人》，在《黑暗蠢动》之后两年完成，由于文学意味浓厚，因此读者并不多。乱步的书迷有不少人认为，在早期的作品之后，乱步的小说就告一段落了，但是让乱步真正成功的，却是继《黑暗蠢动》之后众多异常怪异的恶魔作品。此外，以年轻人为对象所写的《少年侦探团》，更是确立了乱步在日本推理小说界开山始祖的地位。

大致加以区分的话，乱步的身份改变了两次，以通俗作家闻名后的乱步，开始追求变身、偷窥、喜欢玩偶、性欲错乱、迷恋美少年等的"疯狂幻想"，因为这样违背道德的欲望多少都存在每个人心中，每个人都想偷窥不该看的东西，所以才会对乱步的作品感到着迷。在写遍了各式各样的不道德小说后，乱步却无意再写"吃人肉"的故事，不仅如此，他也从不想写与料理有关的小说。

乱步对男女之事非常开放，这样的想法也表现在《少年侦探团》中那个十三四岁有着苹果般脸颊的少年小林。《少年侦探团》中的明智小五郎是个聪明开朗的年轻人，他最早在"D坂杀人事件"中出现时，只是一个系着宽松腰带邋遢狼狈的游民。

但随着乱步的改变，明智小五郎也开始有了不同的风貌。已经习惯了战后收音机播放节奏明快的"少年侦探团"主题曲的我，并不知道同一个作者曾经写过震惊全日本的"吃人肉小说"。

根据乱步身边的朋友回忆，乱步在第二次世界大战结束后，完全变了一个人。原本最讨厌人、避免和他人见面的乱步，竟然会主动参加聚会和宴会，个性不仅变得开朗，还喜欢身先士卒，率先创立侦探作家协会并担任首届会长，甚至在自己还活着的时候，就打算设立"江户川乱步奖"，惹得不少人对此颇有微词。

乱步的长子平井隆太郎回忆道："我父亲每回一感冒，就会从神乐坂街一家叫筑土轩的西餐厅叫猪肉丸子来吃。"他说："父亲曾经带我到神乐坂的田原屋去吃牛排。""我们在特急燕子的餐车吃西式早餐时，父亲将牛奶倒进燕麦片里时，还告诉我那就是外国人早餐吃的粥。"他是个非常奢侈的美食家，由此可知，乱步之所以不对食物多做说明，是因为他原本就不是个挑食的人，他是个健全且喜爱家庭的人，和小说中描述的完全不一样。

但是如果没有小说的话，乱步可能会变成一个杀人犯，因为他将盘踞在自己心中的"疯狂幻想"都消化在小说中了，他让小说中的主角代替自己去进行所有的犯罪行为和杀人，而他就在疯狂和犯罪相隔的一线之间，窥视黑暗的母体，他的心里永远都有一股试图亲近犯罪的欲望，如此看来他在《黑暗蠢动》中充分描写的吃人肉行为，其实也是他无法满足的嗜好之一。

情色即使跨足现实也不至于构成犯罪，但吃人肉可就是不折不扣的犯罪行为了。有人假设乱步之所以在《黑暗蠢动》之后，有意地不书写食物，甚至宣称自己是"味痴"，可能是试图压抑潜藏在自己内心冲动的说法，似乎也可以成立。

乱步丝毫不隐藏自己的兴趣，虽然有人批评他沽名钓誉，但他也只是堂而皇之回答对方："我就是喜欢宣传。"我妄加推测，如果从艾德加·艾伦波的小说《被窃的信》的观点来看，乱步之所以故意装作毫无隐瞒，是想借此隐瞒真正的秘密，而这个秘密或许就是料理。足以让我产生这类妄想的吸引力，也是乱步文学试图达成的目标，能够写出如此易读文体的乱步，亲手烹煮的中国荞麦面应该也很好吃吧！

乱步于昭和四十年（1965）去世，享年七十一岁。

在乱步临终前赶至床前的角田喜久雄说："当医生宣告他即将寿终正寝，聚集在他床边的隆子夫人和儿媳叫他时，他突然睁开眼睛，以确定的眼神逐一地看看身边的人，眼角渗出的泪水掉落在脸颊之后，就闭上眼断了气。"角田喜久雄追悼着说："当时掠过乱步心中的会是什么事呢？他以自己身为颓废主义者信徒为傲，且自称是自私主义者，但乱步心中真正拥有的，或许也和每个人一样，不过是爱妻爱子的悲哀人性吧！"

宫泽贤治

（1896—1933）

岩手县生，作家、诗人兼农业指导者、地质学者、音乐家、画家等多彩多姿的才能，著有《银河铁道之夜》《风之又三郎》《春与修罗》等。

宫泽贤治

西欧式

素食主义者

贤治的诗中最广为人知的就是《不畏雨 不畏风》，我是当年在小学课堂上，像九九表一样地背诵下来。诗中有"一天吃玄米四合 味噌加少许青菜"，从诗句可以明白贤治是喜欢粗食，生活俭朴，不爱奢侈的人。

这首诗是昭和六年（1931）十一月，贤治三十五岁时的作品，以笔记形式写在黑色的小记事本上。记事本（被称为"不畏风记事本"）在贤治死后（1934，昭和九年）被其弟清六在茶色麻布的大行李箱中发现。行李箱中还放了写给双亲和弟妹的遗书。虽然事实上贤治之死是在写诗后两年，但是"不畏雨记事本"的第二页上记有"病体仰赖药物，发烧喘息不止"，贤治认为生命已到尽头，才在记事本写下这份笔记，是病床上自我警惕的诗句，或许也可以称为遗书。位于花卷市的"宫泽贤治纪念馆"公开展示了这份"不畏雨记事本"，并且贩卖其复制品。

记事本中，这首诗写了五张（十页）之长，翻开最后的一页，我不禁为之愕然。最后一面的右边，记载诗句最后部分"不受赞誉 不染尘埃 我愿成为 此等人物"的字句，左边一页用大字写下"南无妙法莲华经"，旁边密密麻麻写着"南无无边行菩萨 南无上行菩萨 南无多宝如来 南无释迦牟尼佛 南无净行菩萨 南无安利行菩萨"的经文。"不畏雨……"的诗句，是出自贤治不断复诵"南无妙法莲华经"的病体独白。若要忠实追溯贤治写作的精神轨迹，就必须连"南无妙法莲华经"一起阅读，理解贤治的本意。

当年我是"又畏雨又畏风"的小学生，日本的状态是"怕战争怕生活"。但记忆中对这首诗宛如行军进行曲的开头，只觉得像是朝向虚空的饥渴怒吼。

贤治的餐桌实在非常俭朴。根据贤治的亲朋好友留下的记录，端上桌的都是些简单的料理。

根据妹妹岩田繁的回忆，从山上回来的贤治，全不在意脚上的伤口或鞋子擦伤，"立刻开饭，吃高丽菜和豆皮吃得津津有味，以哥哥特有的吃相，一碗接一碗吃下去"。大正十年（1921），二十五岁到东京，加入国柱会活动，用炭炉煮粥来吃。如果粥煮焦了，就不吃午餐，晚上吃烤薯和水煮马铃薯。国柱会是结合日莲宗和神武天皇"世界一家六合一都"主张的组织。

回到花卷担任农校教师时，很喜欢西红柿，总是拿西红柿给客人。离开农校，创办名为罗须地人协会的教育私塾，把煮好的饭放进竹篮，垂进井底放冷。同僚白藤慈秀听贤治解释说："料理这种东西不过是水加上调味罢了。"当时贤治的早餐只有莴苣加调味酱，连味噌汤都不加料。

拜访贤治的叔母，发现贤治只是把豆皮沾上酱油，拌在冷饭里吃，担心地建议"不多吃点营养的东西对身体不好"，贤治回答"我只要有茄子酱菜就好，其他什么都不用"。

母亲注意到贤治过分的粗食习性，送来亲手作的料理，反而被退送回来。根据弟弟清六的回想（《哥哥的皮箱》），逃到东京的贤治，"吃了两次豆腐，花三天找工作，昏倒一次"。此外，清六进入津轻半岛的三十一联队时，贤治探望清六，"吃着酒保卖的花生和面包，喝着假葡萄酒"，作为旷野的飨宴。

贤治对素食主义抱持着求道精神。

其根据来自于天生的伦理观，以及扎根自国柱会传教活动的宗教自律心。写给友人保阪嘉内的信中提到"我从春天起就不吃动物的身体了"，还联想到"假设我是鱼，我被人吃，我的父亲被人吃，母亲被人吃，妹妹也被人吃。我总是在人后看着，'啊，那个人用筷子将我的兄弟切开……'"

贤治有部《一九三一年极东素食主义者大会》的作品。据贤治的意见，素食信奉者分为同情派和预防派两种。

以此为命题，有三种分类方法，如下。

很难把贤治归类于其中哪一派。表面装作同情派，却也是预防派，不是骨瘦如柴的绝对派。从小讨厌牛奶，被强迫喝牛奶就一脸不

高兴，但是爱吃饼干、软糖和冰淇淋。

贤治受到西洋影响颇深，在罗须地人协会内传播烤西红柿。西红柿在当时还是新种类的蔬菜，知道烤来吃的吃法，必定是相当的西洋通。在农田中栽培莴苣、芹菜、芦笋、西洋芹等少见的西方蔬菜，庭院中有种植郁金香、唐菖蒲、风信子的花圃。花的球根是透过横滨的贸易公司从外国进口购得。家中墙上的野蔷薇也是外国产。

爱好古典音乐，频频购买新唱片，华格纳、德布西、施特劳斯、德弗札克，特别中意贝多芬。还召集罗须地人协会的学生，播放唱盘教大家跳土风舞。

贤治喜欢荞麦面，称街上的荞麦面店"薮"为布什（bush）。当农校学生上演创作戏剧，把参加演出的三十名学生叫到家中聚餐，请大家喝当时罕见的苏打。

将北上川河畔命名为英吉利海岸。穿着白麻的外衣，戴着软帽，结上自己做的领带，通晓国际语。

此类西洋兴趣，也出现在以《银河铁道之夜》的诸多贤治童话中。以国际语的发音方式，将岩手（IWATE）称为"伊哈特"，经由贤治之手，盛冈（MORIOKA）化为"莫利欧"，仙台（SENDAI）是"仙塔德"，东京（TOKYO）则是"托奇欧"。

贤治对西欧文化的执着，出人意表地没有和基督教信仰结合。贤治一心向往西欧文化，几乎将岩手当作是苏格兰田园，然而另一方面却又是狂热的日莲宗信徒。

自我分裂。

对东京怀抱憧憬，曾经九度前往，却执着于花卷的本土性。嘴上说着衣服穿什么都好，却穿着高级洋式外套。追求艺术又向往纯农民生活，对学生说"纯粹的百姓无法成为艺术家"。兼具傲慢与自律，将自我牺牲奉献当作至高的理想，却欠缺接受他人好意的度量。对他人同时表现出自卑和自大，舍己为人却又自恋。消极的自我中心主义者。

这些分裂的自我，在贤治内心统合为一，构成贤治文学的魅力，而自虐性的粗食，也和自恋的另一面一样，隐藏在美食的另一面之下。原本就不是贫穷人家的粗食。

生下贤治的宫泽一族，是从和服店起家，经营当铺等诸多事业的有钱人家。贤治在西洋兴趣上的奢侈，也是有宫泽家富裕的背景才得以发展。一族中秀才辈出，无论头脑经济都是花卷代表性的望族，贤治是出身"典型的有钱人家少爷"。

贤治反抗家里的当铺及和服生意，但事实上也充分享受其恩惠。若无其事招待许多学生前往教师薪水绝对负担不起的高级料亭。在温泉街的酒店喝苏打的时候，付了五十钱的账外又多加十元的小费。在盛冈的餐厅，从塞满钱的牛皮纸袋掏出银币堆起来，趁女侍没注意时就离开店里。发现料亭的艺伎没有戒指就买戒指赠送。亲切的背后是有钱人的自负。他热爱送东西给不幸的人。

反过来看，他却无法接受别人的馈赠。被人家强迫请了一客咖喱饭之后，就每次先把面包放进口袋带去。家族原信仰别的教派，他却改信日莲宗，甚至逼迫父亲改宗。原本应该创作"又畏雨 又畏风 无计可施 苟且偷生"的诗句，然而，从父亲眼光看来，某天儿子突然改信其他宗派，还对父亲进行激进传教，恐怕不禁要觉得真是个不讨人欢心的孩子吧。

贤治对于生在有钱人家这件事十分反感，他向往贫困，甚至想要用钱买贫穷。欲求文艺又恐惧堕落。一面梦想死后的世界，一面实践现实的美好生活（贤治式乌托邦）。对于父亲又爱又恨。始终意识着同时代的啄木，但无论是文名或破灭性的放荡，都不及啄木。是向往不良的别扭乡下人。在艺术的领域中，把身为农民这一点当作武器，在农民之中主张艺术。居无定所。

呈现出透明精神上的瘀青。

贤治的诗既是诗也是笔记，写作童话但不写小说，童话本身对少年少女太过难懂，富有哲学性。贤治的作品处于难以归类的领域，谜题重重而又固执。

经常思考饮食之事，厌恶饮食的自我。福岛章诊断贤治的精神病理为"分裂气质，分裂症状，躁郁症与躁郁气质，与偏执性的亲近性"（《宫泽贤治·艺术与病理》）。福岛并分析贤治终生独身的原因为"内心深深依恋妹妹敏子，执着于对她的爱情"，表现出幼儿式的万能感。

贤治曾经吃肉，出入高级料亭，也喝酒。用自己酿造的酒款待客人。根据友人的回忆录，他喜欢炸虾荞麦面和鳗鱼。在花卷的料亭醉日饮酒，与艺伎谈笑，出入高级餐厅精养轩。酒量不小。虽然没有烟瘾，但是在学校偶尔会抽高级香烟"敷岛"或者是烟斗。

贤治讲究粗食，是从妹妹死去那年（贤治二十六岁）开始。

敏死去当时的诗作《永别早晨》的最后一行"我打从心底 向两碗雪花祈祷 愿它化为天上的冰淇淋 供作你神圣的滋养"，为了给最爱的妹妹敏，贤治买了冰淇淋，趁还没融化奔跑回家。还买过鲔鱼生鱼片给敏吃。献给死去妹妹的追悼也是冰淇淋。

贤治与妹妹敏之间的近亲恋爱关系，似乎是贤治信奉者之间的禁忌事项，宫泽淳郎的《伯父贤治》中，记载了昭和六十二年（1987）发现的敏的笔记。

"（自己的）病情不是一朝一夕所致，从五年前（大正四年，敏进入日本女子大学预备科）就开始深深侵蚀我的身心……我必定是在无意识之中畏惧自己黑暗的一面。这个部分，现在姑且称之为我对性的意识。（中略）我内心常对'那件事'不断忏悔，希望早日卸下重担，得到透明而清朗的意识。"

"那件事"暗示了与男性之间的性行为，并未提到对象是谁，也没说清楚"发生了什么"，然而，敏写下"希望理解五年前遭遇的某件事的真意，偿还应偿还的，恢复应恢复的"的句子。

敏写了"那件事"的对象是O先生，虽然可以推理"O先生＝哥哥"，但没有证据，脱离不了空想的范围。福岛章将贤治与敏的近亲恋爱式的关系，归为"精神上＝情绪上的问题，并非肉体问题"，分析在贤治童话中反复出现的兄妹爱情关系。

失去敏以后，贤治的饮食生活开始出现"死之餐桌"的幻象。不只是餐桌，风中看见又三郎的幻影，在松树根旁做了死去的梦，看到被砍倒的松树与松树之死产生共鸣，遥望夜空时，听见奔向死亡的银河铁道的声响。

贤治三十二岁得了急性肺炎，发病时写下"孤独而死，孤独而生"，此时死化为现实拜访贤治，然而，自从失去妹妹敏以来，贤治在精神上早已死亡。精神死去，肉体却依然存活，贤治以死者的眼睛持续写作童话，餐桌会被当作维持生命最低限度的东西，也是自然的结果。《点菜很多的料理店》中，料理店主人向客人点菜，采取立场相反的观点。贤治本人饿了就啃一整根萝卜干配冷饭，或者是吃冷饭加酱油。

对于把自己看作"人类和畜生间的修罗"的贤治，素食主义者式的陶醉有着麻药般的快感。贤治的农业诗中，到处潜藏了性的官能，就是由此而来。洋葱田就是麻药田，绿色的西红柿的反光中，贤治预感到生之光辉与死亡。

贤治对性亦为极端的禁欲主义者。然而，在洋葱田中工作时，因为风吹拂过肌肤而得到性的快感。对于饮食和性的极端禁欲，累积之后在田野自然与山林中获得补偿。

接近死亡的地平线在颤抖的快乐，活着迎向无限的死亡。贤治面对着这条地平线，后人将之称为"纯粹无瑕的精神"。

贤治的兴趣由农作物转向矿石。贤治纪念馆中，展示了贤治为之陶醉的各色宝石。蛋白石、孔雀石、蓝宝石、黄玉、红宝石的荧光，与贤治的世界观"四次元"相互作用，一步步走向死亡，有着不属现世的妖异世界诱惑。不仅如此，贤治的画中，无论是龙卷风或太阳，都可以看见死亡的微光，令人怀疑是否为死者的画作。水彩画《太阳与山》中，青山间紫红色的太阳，飘散着毛骨悚然的静谧，让人直觉认为是死后的风景。

农校和罗须地人协会的农业改革运动终归失败。就算有学生仰慕贤治个人的人格，农业政策也并非贤治一人之手可以扭转。罗须地人协会种植的西红柿、莴苣、芹菜等新蔬菜，对于附近的农民而言，只是稀奇的东西，被蔑视为"有钱少爷的玩意儿"。贤治意识到周遭的目光，试图更接近农民，但是理想终究无法与现实的农业改革结合。

由此可见，"不畏风雨"的诗句，隐藏着行军号般的意志，是挫折的诗，也可视为农业改革者贤治败北后的自省独白。看顾生病的小孩，帮疲倦的母亲背负稻穗，安慰将死之人不要害怕，阻止无谓的争吵。贤治做得到的也只有这些罢了。

"穷日子流下眼泪"这一句，记事本中清楚写着"看日子"，说不定其实指的是"择日开工"，也可能意指"挑日子"或"葬礼日"。贤治在这份笔记中，自己订正了七个笔误，虽然错字颇多，仍是博学之人。贤治自己写下了"看日子"，后世的人至少礼貌上应该要去调查一下"看日子"到底是什么意思，却擅自把诗句决定为"穷日子"。这岂不也包含了世人对诗人贤治所抱持的崇拜与藐视？人们尊敬诗人，同时也轻视诗人。（译注："穷日子"的原文为"日照"，有"缺钱、匮乏"之意，"看日子"则为"日取"）

言归正传。"一日玄米四合"也未免吃得太多了吧。即使如笔者般的大胃王，一天也只吃得下两合米饭。由此可知，贤治虽是粗食派，却也是超乎常人的大胃王。

川端康成

(1899—1972)

出生于大阪市，和横光利一等人同为新感觉派之代表作家。1968年获颁诺贝尔文学奖。著书众多包括有《伊豆的舞娘》《雪国》《千羽鹤》《山之音》等。

川端康成

伊豆海苔卷壽司

　　川端康成身材瘦小食量也不大，但是他的感觉十分敏锐，仿佛末梢神经遍布全身一般，因此让人觉得他和食物似乎没有太大的缘分。

　　但其实越是这样的人，对食物的偏执就越有阴气逼人的压迫感。

　　正因为食量不大，所以川端康成对饮食也就更为讲究，他对食物的兴趣和观察，在他的作品中表露无遗，一直到他七十二岁咬住瓦斯管自杀为止。

　　关于康成的食量，三岛由纪夫曾说："因为他一次吃不完，还把一个小便当分成四次吃。"北条诚也说："他吃便当的时候不一次吃完，还用筷子把便当分成四份，分成好几次吃，还吃得津津有味。"

　　像川端康成这样一辈子都没有什么改变的文人非常罕见，高耸的颧骨，如同蟋蟀般的大眼睛从高一时就没变过，年轻时的他好像额头有灵魂附身般地全身充满妖气，眼睛凝视着虚无的空间。到了晚年，川端康成的妖气内敛，白发和皱纹更加凸显了他身为诺贝尔文学奖得主的风采，但仔细一看，仍可发现他与常人不同的地方。他的耳朵出奇的大，眼光明明投射在别人身上，但却又不是看着对方，整个人的感觉就好像科幻电影中的神秘外星人，简直就是个吞食虚空制造文字的小说创造机器人。

　　这样的人吃什么东西呢？晚年的康成吃的是安眠药，年轻时吃的则是别人家的饭，战时他曾在田边摘嫩芹菜和笔头菜维生。中里恒子回忆道："川端先生和夫人一起专心地挖着笔头菜，他甚至觉得笔头菜美味无比。"那其实是潜入中国兰亭的神仙吃的东西。

川端康成刚满周岁时，父亲就过世了，来年母亲也离他而去，七岁时是祖母过世，十岁时是姊姊过世，十五岁时就连祖父这个唯一的亲人也撒手归天，至此，他彻底成为一个孤儿，之后他被母亲的娘家收养，吃饭时当然难免会有所节制，他的朋友今东光曾说："康成没有亲人，只能辗转在亲戚家寄宿，这么说虽然对他的亲戚有点不好意思，但如果他能成为知名作家的话，也许就会受到重视了吧！但年幼的他根本就不了解这些事，也难怪他会觉得自己像是川端家被遗留在这世间的包袱，无论他住到谁家，从没有得到过像样的待遇吧！"今东光说的确实是实情，这样的结果导致川端的个性晦暗阴沉，今东光还说川端康成是个"吃白食的高手"。

川端康成就读一高时，每到假日学生们就会急忙赶回家乡，但他因为无家可归只好前往今东光家拜访，这样的情形维持了几十年。有一回元旦康成前往今东光家，但却不是为了要向他拜年，而是对着他说："我肚子饿了！""弄个饭团给我吃！"。今东光这么说的意思是在赞美康成的奇人异行，但当时的康成其实已经是文坛名人，却还要司机开着私家车到今东光家要饭团吃。

为了报答这样的恩惠，当今东光在昭和四十三年（1968）参加参议院选举时，川端康成不仅担任他辅选团的负责人，甚至还亲自走上街头演说。

让川端康成一举成名的《伊豆的舞娘》，是代表日本的青春小说，曾经好几次被改编成电影演出。这部小说被改编成电影时，大多着重在书中主角无奈的恋情，此书和《雪国》同被认为是康成的代表作，但如果以此来了解川端康成，可说是川端康成的不幸。

如同武田泰淳所说，川端康成是个"善于忍耐的虚无主义者"，这样的倾向其实在《伊豆的舞娘》中早已出现。这次我重新阅读之后才发现，小说的主角"我"最后的结局是吃着别人给的海苔卷。

这本小说乍看之下，虽然采取的是青春小说的体裁，但其实是描写孤独绝望的自己。首先，二十岁的"我"独自前往温泉旅行这件事，本身就已经是孤独绝望了，之后对在目的地遇见的舞娘产生情愫，是为了让自己脱离孤独绝望，这其实在他出发之前就已经有预感的了。他一方面期待爱情，却又明白知道这段爱情不会有结果，而舞娘不过是这个早就知道爱情不会成功的"我"心中一个虚构的人物。

这样的架构和康成晚年所写的小说《睡美人》（这本比较有名）所描述的，一个丧失性能力的老人和吃了安眠药而沉睡的少女共度一夜，内容充满危险的欲望和一而再、再而三重复的同床共枕，有异曲同工之妙。小说中的少女不过是被物化之后欲求不满的对象，川端康成将主角的孤绝投射在被物化的女子身上，更加凸显他的孤绝，这也就是为什么他的小说总是让人觉得有侮蔑女性之嫌的缘故。如果仔细阅读《伊豆的舞娘》，就会发现确实如此，在书中旅店的老板娘曾经劝主角说："拿饭给那种人（舞娘）吃实在太浪费了"，有清水涌出时，舞娘的母亲说："您先喝吧！手一伸进去水就会变浊，女人喝过才喝你大概也觉得脏吧！"在村子的入口也有牌子写着："乞丐和卖艺者请勿入村"，小说的主角虽然是学生，但花起钱来却毫不吝啬，总会适时地施舍金钱给四处卖艺的人。

卖艺团的老板荣吉还邀请小说的主角"我"吃鸡肉火锅，他说："要不要尝一口看看？虽然已经有女人吃过，不过你可以拿来当作笑话。"两人分手时，荣吉还送了"我"四盒敷岛牌香烟、柿子和一种叫作"香气"的口齿清凉剂。

小说的最后，主角"我"接过在船舱中遇见的赴考学生递来的海苔卷，边哭边吃。他说："我仿佛忘了这是别人的东西般地吃着海苔卷寿司。"此外他还说"我钻进了年轻学生的斗篷里。""无论他对我多亲切，我的心情就好像能够很自然地接受般地美丽空虚。"所以才会流下泪来。《伊豆的舞娘》如果改成《伊豆的海苔卷》内容可能会更清楚。但如果改名为《伊豆的海苔卷》，这篇小说可能也就不会如此受欢迎了吧！这靠的全都是川端康成的铺陈功力。

同样的思考模式也出现在《雪国》中。

主角岛村是个舞蹈评论家，生活非常奢侈，女主角驹子是个艺伎，他从一开始就知道两人不可能有结局，但随着见面的次数频繁，驹子开始对岛村付出真爱，岛村为了和她分手，打算离开该地。

无论是在雪国的温泉乡和艺伎相恋，或是在旅行途中的短暂恋情，都和卡拉OK中播放的廉价歌曲的内容大同小异，相恋对象的身份地位都是低于主角的女人，也都是无法结果的安全恋情。这两篇小说之所以会大受欢迎，是因为确实搔到读者心中平凡愿望的痒处，但之所以能提高它们在纯文学中的地位，是因为孤绝的自我一边掀起诡异的波澜，一边试图跨越恋爱及苦恼的刀刃。这就是川端康成的真面目，透明的虚无主义在他心中不断地铿锵作响，这些和川端的孤儿背景、寄宿于友人家长大成人的精神状态，绝对有关。

川端康成不善饮酒。

《雪国》的主角岛村喝酒，如果不喝酒就没办法找艺伎陪酒，有一回驹子送岛村回旅馆，趁岛村睡着后，不知从哪里倒来两杯冷酒回到房间，硬要岛村将酒喝下，岛村将驹子硬塞过来的酒一饮而尽，这个饮酒的场面描述得十分生动，让人觉得男人喝酒就应该像这样，这也是众多喝酒的场合中，最让人印象深刻的一种喝法，《雪国》和《伊豆的舞娘》共有的悲伤的喜悦，就在请人吃饭的场景设定中。

川端康成是个吃白食的高手，虽然这么说对诺贝尔奖得主好像有点不好意思，但他真的很会找人请客，而且他还具备了一项稀有的才华，那就是他那精打细算的个性，还能够表示极度感官、味觉和快乐。他找人请客的方法，就是积极但被动地让对方觉得非得这么做不可。他之所以能够对一心渴望得到芥川奖的太宰治如此冷漠，完全是因为他的被动要比太宰治技高一筹。身为孤儿的川端康成，尝尽了仰人鼻息的酸楚，对太宰治这个有钱人家的少爷陷入什么样的困境，他根本就无所谓。

康成虽然备尝辛苦，但却也因此获得了孤绝食客的悲伤味觉，他虽然身为食客却不卑贱，即便尝尽悲哀，也能够让傲慢的胃袋将之消化，进而成为独立的虚无主义者。

康成夫人川端秀子曾在回忆录《和川端康成一起》中针对"川端康成到处借钱的传说"加以否认，她说那是"毫无根据的谣言"。川端康成认为大宅壮一在《放浪交友记》中说他"经常说家里酱油用完了来借酱油"或是"拖欠酒店的酒账"太过夸张，他还生气地说他从来没有欠债不还。对于别人说他生活穷苦一事，他也说"因为我们家经常买鲷鱼或龙虾，鱼店老板大概也看傻了。不过他经常给我们很好的生鱼片，肉我们只吃里脊肉，如果要说我们穷，这就是我们的生活。"秀子夫人也说："川端曾经在书中说过，我们从来没有跟商家赖过账，这是实话，因为我就是那个去结账的人，绝对不会有错的，可是我不知道为什么还是会有人说我们赖账？""要说我们赖账，还不如说我们不在乎金钱，甚至是轻视金钱还更恰当些，这或许是跟我们对存钱这件事毫无兴趣有关吧！"因为秀子夫人都这么说了，我们也只好相信了。但康成对金钱毫不在乎，甚至是轻视的个性，确实也是他寄宿亲戚家时所想出的一种自我防卫的方法吧！

关于他对金钱毫不在乎的这件事，今东光曾说："当他听到他确定获得诺贝尔文学奖时，他马上就订购了富冈铁斋价值七千万的屏风，不只如此，他还买了价值一千万的古代陪葬土偶和其他的东西，总共价值超过一亿，诺贝尔奖的奖金不过两千万，怎么够用？真是拿他没办法！"（见《谣言》）川端康成还跑去跟今东光的弟弟，也是当时的文化厅长官今日出海说："法国有人要卖画，是很好的作品，应该由日本把它买下，他说他愿意提供他诺贝尔奖的奖金支票作为担保，看看可不可麻烦人家把画送来日本。"三岛由纪夫也说："他有一段时间还租房子住，可是他在轻井泽却拥有三栋别墅，这年头像他这种人大概不多吧！我想古董店老板一遇上他，大概就有罪可受了。"（见《永远的旅人》）

我曾经在镰仓的旧货店里听说，康成从古董店中搬回美术品代为保管，但却迟迟没有支付相关费用，但传言的真假难辨。总而言之，川端康成一直都对金钱没有概念，但是对自己喜欢的东西却极为贪心，这点从秀子夫人所说的"即使家境清寒，还是要买鲷鱼和龙虾"，就可以明白了。

《雪国》开头的地方有一段很有名的句子，是这么说的："穿过国境长长的隧道，就是雪国了。"搭着火车的主角岛村以左手的食指边指边眺望着说："结果只有这只手指头清楚地记得那个我即将要见到的女人，我越急着想要记起她的长相，在毫无着力点不可依靠的记忆中，就只有这根手指还记得触摸这个女人的感觉，仿佛要带领我去寻找这个在远方的女人，我一边觉得不可思议，一边将手指凑过来闻闻。"康成一五一十清楚地描绘了岛村好色的眼神，岛村渴望的就是"雪国"这个诡异的世界。

康成在第二次世界大战期间，过着非常奢侈的饮食生活，详细的情形都记录在昭和十年（1935）发表的《日记》中，这一年他四十五岁，作家的地位已然确立，同时也发行了改造社版的选集，总共九卷。

康成曾经收过不少礼物，随便一数，就有平井送的五升米和烤鲽鱼、儿玉送的大虾和鱼卵干、石井送的高级鲍鱼、白坂送的花梨糖、还买了十两的牛肉送给邻居、森永食品公司送的四条羊羹和八箱牛奶糖、平井送的牡丹饼、末松送的鲤鱼和地瓜、小岛送的三两多牛肉、红茶、葛粉汤、地瓜签、沙丁鱼干、三贯目砂糖、一袋糯米、京都的土产，还有在米袋店买的东西和米一升、再加上岛木送的糖果和海苔等。该年的日记当中，只记载了来访的客人和所送的东西，让人不想看也不行。

在七月二十七日的记录中，他参加了芥川奖选拔委员会的聚餐，当天的餐桌上有"鲸鱼肉排和不可思议的生菜色拉，但是我却（无论如何）无法下咽，其他的委员都吃得津津有味，我觉得我好像吃得太奢侈了（省略）。"和其他的选考委员相比，"大概没有其他人家里收到的食物，要比我家多了吧！尤其是点心。"

二乐庄送来八两多牛肉，又把前天收到的螃蟹转手送给别人。午餐吃的是"牛肉铁板烧，晚上有汤（白坂送的）、炖煮沙丁鱼（昨晚的配给）、中华风生菜色拉、煮豆子，（这些）应该算挺奢侈的吧！"

来年昭和二十年（1945）一月的某日晚餐，吃的是"炖煮芜菁煮的还不错，葱鸡串烧，葱很好吃，鸡肉则不行（可能是火候不够），不知道是酱汁还是火候的关系，点心是煮地瓜。"

由于他是知名作家，只要他开口就会有人前来送礼，但在食粮极度缺乏的战时，他仍能够吃得如此丰盛。他虽然食量不大，但却有强烈的欲望和力量品尝美食。除此之外，他还在家中开辟菜园，种有小黄瓜、茄子、西红柿和马铃薯。

在秀子夫人的回忆录中曾经写道："我们家菜园种的西红柿比农人种的还好。"此外，川端康成还有一项特殊技能，那就是"逛百货公司"，无论东西的价钱如何，只要他看上的就通通买下，然后送人。他觉得有车比较方便，就买了奔驰车，他冲动购买的最佳实例，就是位于逗子的海洋别墅，原本他是要买来当作自己的工作室，而且还是以分期付款的方式买的，秀子夫人说："我先生过世后留下了一大笔债务。"川端康成这个对金钱毫无计划的人，之所以选择在海洋别墅自杀，恐怕也是临时起意吧！

康成的小说乍看之下相当抒情，似乎在歌颂承接王朝文学的日本传统美学，但其实在他早期的作品中，早已包含了死亡及虚无主义，他最后口含瓦斯管的悲惨死状，也是众人预料中的事。三岛由纪夫曾说成长背景如同孤儿般的川端康成，"如此敏感却能够毫发无伤地长大成人，可说是让人无法置信的奇迹。"但三岛在康成死前的一年半也自杀身亡，所以无法得知康成凄惨的下场。

在康成花了挺长的一段时间书写的短篇小说集《掌中小说》中，有几篇和食物有关的小说，每一篇都充满了死亡的预感。

《穷人的情人》描写的是一个只能用柠檬化妆的女人的故事，女人的情郎对她说"我没看过柠檬林，可是却看过橘子山色的地方。""明月高挂，橘子就像鬼火似的漂浮在半空中，仿佛是梦中的火海一般。"在男人的眼中，橘子看起来就好像是鬼火。

在《石榴子》中，有一个即将出征的男子去找他喜欢的女孩，女孩给了他石榴子，男子因为过于伤心，不小心将石榴子摔落地下，接着就转身离去。女孩捡起石榴子，在男子咬过的地方咬了一口，在酸味渗入牙齿的同时，她感觉到"仿佛是渗入腹中一般悲伤的喜悦"，这种"渗入腹中一般悲伤的喜悦"和《伊豆的舞娘》中出现的海苔卷一样，都是喜悦的味觉。这个感觉，其实就是用针去刺川端康成这个从小是孤儿，当食客也能泰然自若的人的末梢神经之后，产生的悲伤的喜悦。

《裙带菜》里则有从岸边的竹笼里拿出两条"又滑又黏的厚裙带菜"之后，"用拇指的指甲将根掐断铺平"晒干，"送去给野战医院的伤兵吃好了，今天天气也不错"之类怪异的小说。《鸡蛋》则是描述一个梦见自己从鸡蛋中升天的少女的故事，女孩的母亲听到她做的梦之后，看着打开的生蛋跟丈夫说："我觉得好恶心，喝不下去了，你吃吧！"

在康成的小说中，很少给食物正面的描述，经常在重要的部分，让带着含蓄悲伤的食物如疙瘩般地化脓。

康成五十岁时发表的《山之音》，最后一幕出现的是香鱼，在这篇预知了自己衰老和死亡的小说中，主角房子在产卵之后迅速衰老的香鱼身上，看见自己的影子。

康成晚年，六十二岁时发表的《古都》后记中，他坦白自己是边吃安眠药边完成这篇小说的。"我是在安眠药的药效发作后边打瞌睡边写的，感觉上这篇小说好像是安眠药写的。"他将小说《古都》视为"我异于寻常的创作"，这本小说完成的第二年，康成就因为出现安眠药的禁断症状而住院。

从"伊豆的海苔卷"开始的悲伤喜悦，一直到他晚年依赖安眠药痛苦的悲伤喜悦，在终点等候他的也只有自杀了，而且还是因为吸入瓦斯恶臭而痉挛的悲伤喜悦。

住在康成镰仓住家附近的山口瞳，将康成的死称之为"偶发之死"，他说："这虽然是偶发行为，但也是经过计划的，比方说他为了要彻底执行利用瓦斯自杀，还事先练习喝过威士忌。"（见《文学界》）。

川端康成是在第二次世界大战期间开始服用安眠药的，这点在《日记》中有相关记载。《伊豆的舞娘》中那个梦想无法实现的年轻人，在自己年老之后，让一个少女吃下安眠药，然后他就伴着这个《睡美人》入睡。《睡美人》其实是《伊豆的舞娘》的完结篇，但却没有因此了解任何事，小说中空虚寂寞的孤独绝望比以前有过之而无不及，就好像自杀身亡的康成横躺在地上一般。康成在六十五岁时发表的小说《一只手臂》中，主角"我"向一个女孩借了一只手臂，两人约好只借一晚，"我"就这样仔细地把玩这只手臂一夜，是一篇怪异的小说，而这个"我"一直都是一个敲诈他人的存在。川端康成在诺贝尔奖的颁奖典礼上发表的演说"美丽日本的我"，大家只要仔细阅读讲稿就会发现，内容中丝毫找不到美丽日本的踪影，但却出现了和芥川龙之介"末期的眼睛"相通的自杀愿望，川端康成根本就是借着演说告诉大家，他决定闯入为一休和尚的偈语所触动的魔界。

　　食量虽小但却是个美食家的康成，最后却在公寓的一个房间里吸入大量的瓦斯，充分享受了最大极限的悲伤喜悦滋味后死去。

梶井基次郎

（1901—1932）

出生于大阪市，于三高在学期间便立志从事文学创作，以细腻的文笔受到瞩目，却因罹患肺结核而英年早逝，他大部分的作品都被结集成一册。

梶井基次郎

柠檬的正身

　　梶井基次郎只留下《柠檬》一本短篇小说集，年仅三十一岁就英年早逝。虽然他只留下一本小说，但他有关评价传记、解说、论述等作品却多达三百多篇，所以将《柠檬》称之为是"昭和的古典"也不为过。那么对梶井基次郎而言，柠檬是什么样的存在呢？

　　梶井非常喜欢水果，在朋友浅见渊的印象中，他确实特别偏爱柠檬。你能想象他头戴东大的帽子，穿着破旧的和服裤裙在银座喝着柠檬茶的样子，要多不协调就有多不协调。梶井长得很像黑猩猩，出生在大阪市西区的工业区，他虽然因为小说《柠檬》而成为清新感性的知名小说家，但却在为世人肯定之前，就英年早逝。

　　如果这世界上没有照片这个东西，梶井基次郎应该也能和同辈的芥川龙之介一样大受欢迎，小说的价值虽然和长相美丑无关，但因为梶井基次郎的长相实在太丑，和《柠檬》给人的感觉相距甚远，不过或许也因此凸显了《柠檬》的特色。

　　梶井非常喜欢上面浮着新鲜水果和一片柠檬的汽水，当他还是个穷学生，寄宿在四个榻榻米大的房间时，他就经常到水果店去买柠檬。

　　《柠檬》在昭和六年（1931）被武藏野书院以创作集的方式出版，当时梶井正好三十岁。《柠檬》全长不满十张稿纸，故事描述的是将安装在丸善书上的一颗柠檬与"所有好的事物，所有美的事物"互相匹敌的价值错乱意识，其实是颗炸弹的柠檬，十分钟后就会引爆丸善美术书书架的幻想。柠檬的色彩"将混杂的颜色加以调和之后，偷偷地吸入纺锤形的身体里后突然清澈起来"。

在梶井的小说中，没有肉食者的油腻，只有素食者的味道淡淡地飘在澄清的寂静中，但这些其实都只是好吃牛排的梶井特意设计的自我虚构。

《柠檬》最初的构思出现在大正十一年（1922），也就是梶井二十一岁时，草稿《小良心》和文言诗《神秘的快乐》其实就是《柠檬》的前身，他在大正十三年（1924）将发表在《文艺》中的《濑山的话》（濑山其实是塞尚）加以推敲改写，整整花了九年的时间才改写成现在的《柠檬》。原本的文稿有七十张稿纸，现存未满十张稿纸的《柠檬》，是当初草稿中的一段小故事。

舍弃最初的构想，将故事压缩成短篇小说的过程，可说是梶井的文学生活，仅仅如此，蕴藏着具有强烈爆发力恶意的柠檬，其实就是梶井的精神史。

梶井非常喜欢法国乌维冈的发蜡，所以经常使用，他将发蜡擦在头发上之后，因为不想浪费手上残留的香味，所以还把剩余的发蜡擦在手帕上。关于这件事，令梶井倾心的宇野千代回忆说，在汤岛温泉的旅馆"我只奇怪怎么会有乌维冈的香水空瓶"。

梶井非常喜欢小岩井农场的高级奶油，红茶也只喝当时的高级货立顿。他经常到银座的狮子吃牛排，喝啤酒，买上等干酪，所需费用只能依靠生活穷苦的母亲寄来的生活费，他喜欢喝酒，只要在银座的狮子一喝醉，就会坐上新桥的桥墩，抢下电车的车牌，让驾驶员追着满街跑。

他在京都的时候，醉酒的情况更为夸张，不是朝着餐厅的装饰品到处吐口水，就是在清洗酒杯的水盆里清洗自己的生殖器，他还曾经将牛肉丢进甘栗店的大锅，掀翻中华面的面摊，他发起酒疯来声势惊人，也曾经因为喝醉酒和流氓打架，被人用啤酒瓶砸伤了脸，在脸上留下了一生无法抹灭的伤疤。

梶井的身体在十七岁时出现了结核病的征兆，十九岁时，他曾经在京都的三条大桥上对着同年级的饭岛正搥着胸仰天长啸地说："啊！我想得肺病！"结果同年五月，他就因为肋膜炎发烧，当时他可能就有些许的感觉了吧！梶井的兄弟姊妹当中，几乎每一个人都曾经罹患过结核性的疾病。

十九岁的梶井连着好几天都窝在新京极和寺町的咖啡厅里抽烟、喝酒、熬夜玩乐。梶井经常流连位于新京极的江户咖啡厅，饭岛正曾经被梶井带到江户咖啡厅，他还用小杯倒了一杯透明的酒递给他说："这个酒很淡，你也可以喝！"饭岛在他的劝诱之下一口气就干了那杯酒，结果喉咙热得好像要燃烧似的，那杯其实是苦艾酒。饭岛正回忆说："无论是在那之前或在那之后，除了梶井给我的那杯之外，我就再也没喝过苦艾酒了。"那是给人"爆发的柠檬"预感的苦艾酒。

二十二岁时，梶井开始不断地咯血，他清楚地知道自己已经罹患结核病，因此更加疯狂地借酒狂欢。他虽然因为考入东大前往东京，但还是依赖经营杂货店的母亲提供生活费，照样过着他奢侈的生活。

在大正十四年（1925，二十四岁）的日记中记载着他连日所吃的美食。

五月五日。在银座的狮子喝啤酒，吃了牛排、炸虾和炸牛排。

五月八日。在银座的桥善吃饭，在狮子喝啤酒吃干酪。

五月十日。吃了牛排。

五月十一日。在神乐坂吃了牛排和烤螃蟹。（在回家的途中突然肚子痛想上厕所，于是就赶紧跑进牛込车站）。

这些都是在他母亲刚把生活费寄来时才有的事，钱花光之后，他也只好在租屋处自己做饭。他向来喜欢上等货，如明治屋的咖啡、新桥爱斯基摩的冰咖啡和冰淇淋、法国的香皂、骏河屋的羊羹、乌维冈的发油和发蜡，他也到千疋屋和精养轩吃饭，到六本木打撞球，全都是一般学生没办法去的地方。当时的银座流行把来银座逛街的时髦男女称之为"逛银"，大阪出身的梶井一眨眼的工夫就成了东京的时髦男女。

此外，他也经常前往音乐会和展览会，他比任何人都还想要成为艺术家及学院派，甚至还前去拜访从未谋面的作家武者小路实笃，向他推销自己，创办文艺同人志《青空》，借以召集文学青年同好。他和三好达治在同一个地方寄宿，非常希望出人头地，他在二十六岁时，甚至为了认识新进作家川端康成，还前往汤岛温泉在康成过夜的汤本馆附近的汤川屋留宿。

梶井这种毫不畏惧地试图接近陌生作家的勇气，是大阪人特有的坚持到底精神。如果是地道的东京人，动不动就畏畏缩缩地，绝对没有办法如此厚脸皮，而《柠檬》就是在这样的生活中一步步地被改写，全文展现了梶井隐藏颤抖的不安后，天不怕地不怕的自我肯定。

在此同时，也可看出他焦虑自己因为结核病而所剩无多的人生。他之所以喜欢大啖牛排和美食，可能也是为了想要抵抗肺结核吧！

大正十五年（1926）梶井二十五岁，即将成为东大三年级的学生，他带着同人志《青空》前往寄宿处附近的岛崎藤村家拜访，藤村当时已经五十五岁，已是文坛大老，不太接见文学青年，明知如此，梶井还是戴着东大的帽子硬闯上门。

梶井吐出的痰中带有血丝，他的朋友知道他有结核病，因为他经常咳嗽咳得很严重，梶井还随身携带温度计以便测量体温。在当时肺结核被视为是不治之症，梶井的朋友都非常担心会被传染，但却都没办法对他说。当他到《青空》同人淀野隆三的住处时，淀野还特别为他订了外卖，为的就是不让他使用自己的餐具。他也经常不请自来地去拜访大阪北野中学时代的同学矢野洁，矢野家中有个身体虚弱的妻子阿熏，担心妻子感染肺结核的矢野，经常在梶井回家后以开水消毒叉子和汤匙，这件事深深地伤了梶井的心。

梶井在没有喝酒时，言语和行为都非常稳重，对人也十分体贴，也很关心朋友。还没有在京都三高遇见中谷孝雄之前，他很孤僻，对隐藏了忧愁的哲学非常感兴趣，是个很认真的年轻人。中谷孝雄对梶井来说是个危险人物，因为他明明还是学生，却和女友平林英子同居。没想到他在短短的时间内就深受影响，变成一个疯狂粗鲁又狼狈的人，就连他自己都讨厌他自己。

来到东京之后的梶井，虽然压抑自己在京都时的狼狈作风，但他对"伟大"的憧憬还是不曾改变。无论是饮食、生活、朋友他都讲究，他对朋友有多费心，他的自尊心就有多强。

在这样的情形下，肺结核的魔掌却毫不留情伸向梶井的意识。有一回《青空》的同人在梶井的租屋处聚会，梶井帮大家泡咖啡，可是咖啡杯却不够用，他也只是把自己喝过的杯子稍微冲洗一下就给别人用。

与会的友人虽然心有不安，但为了怕他伤心也只好硬着头皮把咖啡喝了，这之中其实包括了他们同为文学伙伴的同志情感，他们知道梶井正在努力地和病魔对抗，所以他们非喝不可，为的是想借此告诉梶井"喝杯咖啡是不会传染肺结核的"。

梶井要和同人好友一起上街时，朋友也会担心催着他先量体温，梶井说温度计是"恶魔小工具"，量完体温之后，他会马上甩一甩温度计，之后就率先走出房间。

梶井此时的心境就投射在小说《优哉的病人》中，书中的主人翁吉田也得了肺病，每到冬天他就会发烧和严重咳嗽，而且好像要把内脏都咳出来似的。

"就这样病了四五天之后，整个人就瘦得不成人形，可是咳嗽的情形却减缓了，但这并不表示咳嗽已经痊愈，而是因为咳嗽时可能牵动的腹部肌肉太过疲累，它们已经不肯再咳嗽了。"

吉田回家之后，母亲对他说："你要不要喝喝看人的脑浆啊？"据他母亲说，上门来卖菜的男人有个得了肺病的弟弟，脑浆是他的尸体在村子里的火葬场烧了之后和尚拿出来的。

这虽然只是小说中的情节，但或许梶井的母亲也曾经跟他说过同样的话。到了黄昏，梶井开始发烧，冷汗一直流到腋下，甚至还咳出血痰来。当时的情形也出现在小说《冬日》中。

"在积满落叶的井边洗脸时，吐出的黄绿色痰中带着血丝，有时甚至是泛着鲜艳的红色。尧在离开二楼租屋处四个半榻榻米大的房间时，家庭主妇们早就已经洗完衣服，井边的石灰地也早就干了，即使把水泼向吐在地上的痰，也没办法把它冲走，尧只好像抓小金鱼似的把痰捏到水管边冲走。他看见自己的血痰再也没有任何激动，但是总无法不对那块在冷洌空气底层的闪烁色彩多看一眼。"

当时和梶井一同住在饭仓片町寄宿处二楼的三好达治，曾经这样写道。（见《梶井基次郎之事》）

"有一晚，他隔着纸门叫我，他说：'让你看看葡萄酒，好美吧！'他接着单手举起玻璃杯透过电灯让我看，杯中的葡萄酒只有七分满，果然是鲜明美丽。可是没想到杯子里装的竟然是他吐的血，这件事我后来才知道，真是出乎我的意料。"

梶井的自尊心是旁若无人的。

当他搬到饭仓片町的崛口庄之助家寄宿时，他的行为仿佛是在自己家中。只要餐桌上出现他讨厌的鲑鱼，他就用筷子压住不吃。因为他经常邀请朋友来喝咖啡，所以连厕所都充满了咖啡味。除此之外，他也很喜欢外出，有一回他前往新婚的矢野洁租屋处拜访，正好遇上主人不在，他竟然把人家柜子里的东西翻出来大吃大喝。回到家之后的矢野洁妻子阿熏，以为有小偷闯入，还把房东给找了来。当他寄宿在二楼时，还因为放烟火把榻榻米烧得漆黑，他根本就是个厚脸皮又邋遢的人。

梶井虽然咳血痰却还是不停喝酒，当他前往仲町贞子位于麻布的租屋处时，将显示着三十九度高温的温度计甩了甩进屋后马上就躺下。贞子家没有钱的时候，他就和贞子一起到当铺借了三十元，买了两种水果之后，搭乘一元出租车回家。贞子的家人非常生气地说"一次买两种水果，谁知道哪个是哪个味道啊！"梶井却大口大口地两种水果交换着吃了起来。

当肺结核的病情越发严重，为了换个地方养病，梶井在二十五岁时前往汤岛温泉，在确定川端康成住在汤本馆之后，他随即前往拜访，川端康成是大他两岁的知名作家，梶井带着同人志《青空》前去，川端介绍他去住宿费较便宜的汤川屋，梶井还企图帮康成作品集《伊豆的舞娘》做校正来讨好他。当时的康成在文坛的地位已经相当稳固，不仅是个活跃的评论家，据说也是个发掘新人的高手，当时梳着辫子的秀子夫人也在他身边。

康成知道梶井送来《青空》但却没有阅读它，后来康成当着梶井的面随便翻了翻，还告诉梶井说外村繁觉得杂志编得还不错，但他对梶井的作品一点兴趣也没有。对康成而言，梶井只是个亲切的好男人罢了！即使如此，梶井还是连着好几天都去拜访康成。

梶井一边校正《伊豆的舞娘》，一边却因为身为编辑的执着，直接批评康成欺骗读者，害康成显得有些狼狈。梶井的《柠檬》就在这样的过程中，结晶成冷峻的杀气。

梶井找人送了宇治的玉露和骏河屋的羊羹和豆平糖，去给外村繁和淀野隆三，这也算是蛮大的手笔。三好达治和其他几名友人，还专程到汤岛温泉来探病。有一天，川端夫人秀子带了别人从青森送来的苹果上门拜访，梶井花了一整夜的时间，将苹果皮削下装饰在客厅。前来探病的三好达治看见苹果之后，拿起其中一个咬了一口，梶井却一声不吭地就往三好达治的脸上打过去。

尾崎士郎和宇野千代夫妇，也在此时前来拜访川端康成而留宿在汤本馆，梶井因为单恋千代而和士郎发生冲突。千代虽然觉得梶井有"某种魅力"，但她却对尾崎士郎说："挑剔长相的我，是不可能对梶井产生男女之情的。"说到底，梶井终究是剃头担子一头热。

说他纯情他还真是纯情，但他冲动的个性，让他永远都搞不清楚自己的身份。宇野千代是相当受欢迎的美女作家，尾崎士郎也是个翩翩美男子，他们两人都是川端康成的朋友，而梶井不过是默默无闻的文学青年，是个长相粗鲁还会吐血的病人。虽然说他爱用上等货，而且一心想要出人头地，明知道不可能高攀得上，但他却不愿接受这个事实。

梶井的肺结核越来越严重，已经到了第三期了，宇野千代曾在《我的文学回想记》中提过她觉得"这个人很危险"。

梶井和一大群朋友外出散步，在经过一处湍急的溪水时，突然有人说："有没有人可以在水流这么急的地方游泳啊？"梶井回答："可以！我游给你看！"话才说完，他就把衣服脱掉从桥上跳进了河里，宇野千代还警告他说："你是病人，还是别乱来！"

还有一回他和朋友在一起吃西瓜，梶井就把汤匙放进切成两半的西瓜里，一股脑地吃了起来，其他人因为害怕被传染肺结核都不敢拿汤匙，但梶井虽然明知大家的感觉，却还是毫不客气地享用他的西瓜，当时在场的广津和郎就已经感受到梶井与众不同的强势作风。

观察梶井奋斗的过程，可以想见那颗放在丸善书上的柠檬，在它鲜黄的外皮之下，是如何封锁了梶井三十一年来隐藏恶意的血痰。

梶井怒吼着"樱花树下埋着尸体"，他说："尸体已经完全腐烂而且爬满了蛆，臭得让人受不了，但却流出水晶般的液体，樱花树根仿佛贪婪的章鱼怀抱着尸体，聚集了海葵触须般的毛根吸引着那个液体。"

他之所以说"樱花树下埋着尸体"，是因为在波德莱尔的《巴黎的忧愁》中有"因为腐肉的滋养而丰润的华丽花毯",此外在孟克的画中还有一棵埋着尸体名为"新陈代谢"的树,他在汤川屋告诉三好达治之后,花了一个晚上的时间就写好了。

如同这个故事一般,柠檬黄的颜料就好像软管中挤出的单纯颜色,梶井那颗纺锤状的《柠檬》就好像身份不明不吉祥的灵魂,以血痰为螺丝将它精密地组装起来。

梶井在死前一年,也就是昭和六年(1931)的日记中,曾经明确地记载了三餐的内容。他早上吃的是味噌汤、酱菜和饭,晚上是牛肉和鸡肉寿喜烧,为了疗养身体,他不能不吃肉,其他还有肝油、腌鲑鱼卵巢、梭子鱼干、鸡蛋、海参和若狭比目鱼等,食欲还很不错。

虽然家人觉得很恶心,他还是吃他的蝮蛇心和蝮蛇肝,因为他生吃这些东西,所以引发了肾脏炎,他把蝮蛇的心肝吃掉之后,还把剩下的蛇肉晒成肉干,一点一点地烤着吃。因为味道实在太臭了,哥哥谦一还要他不要再用火炉烤了,即使如此,梶井还是把它放进烧酒里喝个不停。

在他临死前,他主要的食物是牛奶、面包和奶油。根据母亲梶井阿久的《看护日记》中记载,因为朋友送来一只鲤鱼,还让他喝了鲤鱼血。除此之外,还有生鱼片和味噌汤,最后是稀饭、土当归和加了酵素的奈良酱菜,以及牛奶、果汁和山慈姑汤。

梶井的作品集《柠檬》在他死前的昭和六年(1931)五月出版,并大获好评,小林秀雄在《文艺时评》中说这本小说是"天资质朴的隐喻",并赞美梶井是"武装精致的野人,也是受到肯定的审美家"。在众多的赞美声中,梶井于京都求学时的友人中谷孝雄却说:"他学会反抗。"(见《梶井基次郎之事》)

他说:"我之所以会这么说,是因为他在这本书中所写的事,我不仅大多已经看过、听过,也都早就知道了,而且我还曾经从他那得到过沾满手汗的柠檬。当时他的态度让我有些不高兴,因为没有人会把脏兮兮的水果送给别人，当我看到这篇作品时，不禁让我想起当时的事，这本作品的主人翁或许并不是想将金黄色的炸弹（柠檬）安装在丸善的书架上，而是想安装在我身上吧！这样的想法不禁让我毛骨悚然。"

小林秀雄

（1902—1983）

出生于东京，为近代文学中书写评论的第一人，除了文学之外，他对音乐、绘画和历史等各个领域也多有论述，著有《所谓无常》及《本居宣长》等作品。

小林秀雄

韩波与星鳗寿司

　　味觉十分敏锐的小林秀雄，竟然几乎没有有关料理的文章，我重复地翻看了他的全集，只有在一篇名为《初夏》的琐事杂记中，找到他描写在镰仓家中的庭院种植"食用草"的事，还有在新桥喝了啤酒后要搭横须贺线回家时，因为想上厕所没办法忍到回家，于是就在车厢的连接处解决了的小事。还有在一篇名为《茑温泉》的文章中，有一段描写他和深田久弥前往十和田湖旅行，发现了食用青蛙，"深田说要钓，我因为不喜欢钓鱼所以就负责吃。"其他还有随笔，描写他在汤岛的旅馆所吃的豆皮寿司，但豆皮寿司并不是内容的主题。

　　秀雄在随笔中曾经谈及食物的记载只有"蟹肉包子"，文章的开头是这么写的。"我即使听说什么地方有好吃的东西，因为生性懒散，从来不会主动去找来吃。"（先把这段话当作第一部分，这其实根本就是谎话。）接着"因为我从不讲究美味求真，所以无法成为美食家，不过我应该算是挺贪吃的。"（这段当作第二部分，说话模拟两可，这就是小林秀雄的作风。）

　　"这份稿子之所以能够写得出来，与其说是因为编辑打来三封电报催稿，倒不如说是因为只要我写得出来，他就要送我好酒一瓶的缘故。"（这段当作第三部分，这应该是事实，不过他还挺神气的。）

开头的这三个部分，除了料理之外，也将小林秀雄身为异论家的批评风格表露无遗。秀雄因为身为武装知性的评论家，并曾决心要以各类精心的设计，书写所有天才的喜剧，战后并以"一切不可解释的我的存在"作为写作的主题。

画家那须良辅曾在书中提及，秀雄曾说过"食欲啊！是最低级的欲望。"（见《好食相伴记》）以"高级精神"为己志的秀雄，拒绝书写与"低级的食欲"有关的文章。他虽然比任何人都讲究饮食，却坚持不写饮食之事，这就是战后评论家的写作风格。他们并不是讨厌吃，而是讨厌书写饮食，他们对饮食感到强烈的羞耻，即使佩服大厨的精湛手艺，那也仅限于在餐桌上，不仅没有"书写的价值"，甚或无法成为评论的对象，因为他们强烈地认为书写饮食是最不入流的事。

小林秀雄是文艺评论家，如果要说他不是美食评论家我也无话可说，但他评论的对象并不只限于文艺作品，他从音乐、绘画、古董到人物、甚至于人生观都多有涉猎，对近代思想的怀疑和反感是他的基本理念。他虽然身为知识分子却嘲笑知识，相较之下他反倒崇尚专业。他在将评论视为艺术表现的同时，其实也在致力于破坏评论的意义。

但他为什么不肯书写饮食呢？答案很简单，因为评论中的相反意见并不适用饮食之事。

有这么一段小故事。

学生时代的秀雄，曾拉着河上彻太郎和青山二郎两个朋友到浅草公园里喝酒，但却对他们说："我已经受够了聪明人，和他们交往一点好处也没有。"还说："前几天，浅草的舞伎还对我说冰淇淋是用盐做的，还跟我保证是真的。"河上彻太郎曾经表示这件事"对当时的他而言，再也没有如此真实的话了。"（见《我们的小林秀雄》）对小林秀雄来说，"知识的武装"轻易地被浅草无知舞伎的一句话给推翻了。不！河上彻太郎想说的是，小林秀雄的知识之渊博，竟然能够轻易看透在这世间的无知中，推翻知识的力量确实存在。

浅草舞伎的意思应该不是说盐是制作冰淇淋的材料，而是利用盐加以冷却吧！小林秀雄是因误解而感动的天才，而且还是故意为之。他用感觉来判断事情，以江户注重形式的方式书写，战战兢兢支撑着他的，是他理性哲学的本能。

话题再回到"蟹肉包子"吧！

秀雄还写道："'美味求真'的事我只做过一次。"那就是他曾经和河上彻太郎从上海到扬州沿路寻找真正的蟹肉包子，所谓扬州的蟹肉包子，指的应该是里面包有"烫伤舌头的汤汁"的小笼包吧！他还清楚地描写了如何享用包子不让汤汁溢出。

此外他还描写了自己的喜好。

"我不喜欢经过复杂加工的食物，因为我喜欢喝酒，所以对食物的标准，似乎也依酒的味道衡量，我喝到美酒时就是我的舌头最敏锐的时候，当我被迫必须进食复杂的餐点时，我总觉得很无趣，感觉上好像我的舌头被愚弄了，有一种被羞辱的感觉。"

世人称这种人为美食家，小林秀雄喜欢光顾的店，都记载在朋友的回忆录中，每家店都是最高级的名店。

根据那须良辅的《好食相伴记》，首先出现的是位于京都嵯峨的平野屋，这家店的汤豆腐和松茸虽然有名，但小林秀雄更喜欢他们在店旁溪流中放养的香鱼。他说："十公分左右大的香鱼最好吃。"所以他每年都会去光顾。当他着手写作《本居宣长》时正好是十一月中旬，他特别到当地赏枫兼吃香鱼。十一月的水很冷并不适合放养香鱼，平野屋却为了他还特别费了番工夫养香鱼。

还有松阪知名的牛肉老店和田金，秀雄和这里的老板娘是旧识。京都则是名店三嶋亭的寿喜烧，他还自己负责调味，可说是火锅专家，他在自家吃火锅时，也是由他掌厨。其他还有大市的鳖（价格贵得吓人）、祗园橙的鸭、壶坂的茶渍牛排、大阪道顿崛的章鱼梅、丹波乌幸的山猪肉、东京日本桥的砂场荞麦面，以上每一家都是奢侈的一流餐厅。

旅馆他则喜欢位于大分县汤布院的玉之汤，因为他对玉汤旅馆的料理大为赞赏，所以几乎每年都会去，其中他最喜欢吃楚蟹、河豚、鸭肉、星鳗（尤其是油炸）、鲔鱼、小鱼干（小鳓鱼）、牛肉（尤其是寿喜烧）、鳗鱼和柿子。

他和今日出海一同前往巴黎时，经常到专卖波尔多葡萄酒的酒馆去，而秀雄总是喝同一种酒。有一天，他突然生气地说："这个味道不一样，难喝！"结果酒馆老服务生不甘示弱地说："这里的酒是巴黎第一，你说难喝是什么意思？"结果果然是服务生搞错了，几年之后当今日出海独自前往那家酒馆时，老服务生还向他打听："你那个擅长品酒的朋友现在如何啊？"

在野野上庆一的回忆录《和小林吃喝五十年》中，曾经记载了九州岛别府的城下鲽鱼，在日下旧城的海岸下方波涛汹涌处栖息着一种鲽鱼，虽然现在大家都知道它是人间美味，但当时秀雄就已经很喜欢这种鲽鱼，所以每到盛产期他就会前往大分。

还有下关冈崎的河豚、琵琶湖畔长滨鸟新的鸭肉和银座桥善、浅草大黑屋、中清、本乡天满佐的炸虾及银座久兵卫、日本桥寿司春、镰仓大繁的寿司。

他经常出入的店家，虽然多到可以出一本名为《小林秀雄常去的名店》的导览书，但其实这些店现在也经常出现在各类旅游书中。

有一回他和野野上庆一在一家相当有名的怀石料理餐厅吃饭时，店家虽然端出许多精致的菜色，但他却一口也不吃只顾着喝酒，饭后他对野野上说："喂！小庆！我们去吃鲔鱼好不好？"接着就到银座巷子里的清田去了。清田的东西虽然好吃，但却也是价钱昂贵的高级餐厅。

秀雄居住的镰仓除了有他经常光顾的寿司店大繁之外，还有鹤屋的鳗鱼、广美的炸虾、马德拉斯的咖喱和小料理店中川。和小林秀雄一样同住在镰仓的永井龙男曾说："他对镰仓的餐厅可真是一清二楚，除了他常去的寿司店和荞麦面店之外，就连大楼里新开的餐厅他都知道，他还经常因为听说哪家的面包好吃，而找我去一起品尝。""很少有人像他这样鲜少谈论生活琐事，不过他热衷美食的程度却也让人意外。他以前就经常焦急地数着日子，为的就是能够早一天去吃鸭肉或香鱼。"

看了这么多，就知道前面第一部分所说"我不会主动去找来吃"根本就是说谎，不过与其说他说谎，也可以将他视为是因为谦虚或装傻，无论怎么看，这句话都与事实不符。

小林秀雄学生时代很穷，吃饭时的配菜经常只有纳豆，在吃遍各式纳豆之后，他说汤岛天神后方的纳豆最好吃，在当时平均价钱两钱的纳豆中，他吃的一直都是三钱的高级品，他的批评精神连纳豆都不放过。但在评论的同时，与其说他是客观地分析，毋宁说他只是本能地将评论和自己的喜好加以结合。除此之外，他还特别跑到浅草藏前去买卤海味，就连对海苔或柴鱼片他都非常讲究。

藤枝静男在高中时，曾到奈良的租屋处拜访当时二十六岁的小林秀雄，正好遇上租屋处的女孩送来早餐，他在《小林秀雄氏的回忆》中曾经提及这件事。

小林先生从放在房间角落的马口铁罐中，拿出已经撕成片状的海苔放在我的饭上，而且他还说了个什么东京有名海苔店的名字，他告诉我说："这是海苔的碎屑，虽然难看不过很好吃，所以我母亲才会买了帮我寄来。""这里的海苔实在让我食不下咽。"

后来，当他在猿泽池的一边发现一家挂着"奈良茶饭"招牌的店家时，他走进店里，当女服务生安静地送来抹茶饭碗时，他突然脸色大变地说："这是什么东西！"当店家送来土瓶蒸时，他说："真寒酸！"还粗鲁地将筷子插入饭菜中用餐。

他一生都很讨厌这样的店，之所以会在筑地的知名怀石料理店吃也不吃就回家，也是因为如此。

我曾经到过那家怀石料理的分店去，听说大约在一个星期前秀雄也到此地用餐，当时他叫人找来小老板（本店老板的儿子），狠狠地挖苦他一番之后就回家去了。虽然他说他是代替小老板的父亲来教训他，但他其实在老板经营的筑地本店时，也是连吃都不屑吃的。

位于镰仓的中川是颇得秀雄喜欢的一家店，他经常在店里喝着小酒，品尝新摘的蚕豆和醋腌白鱼。有一回中川的老板端出秀雄要求的柳川锅时，却被批评得狗血淋头，他告诉老板说："我来教你，你照我教你的去做就对了。"后来中川的柳川锅就改成秀雄口味了。秀雄年轻时经常到浅草的泥鳅店用餐，他对泥鳅非常挑剔。在中川尽得秀雄真传之后，在神田出生长大的永井龙男到中川来吃饭时，也大骂"柳川锅没有这么甜"，此后，中川的柳川锅就有了秀雄和龙男的两种口味。

小林秀雄只要东西不合胃口，马上发挥他东京人特有的气魄大加挞伐。有一回他在日本桥的砂场吃荞麦面时，因为东西的味道和以前不一样，他马上就跟老板抱怨，老板却对他说："这就奇怪了，会不会是您的身体有问题啊？"

事后秀雄还对野野上庆一说："我真是被打败了，还真是不能太相信舌头啊！"

晚年的秀雄除了汤布院的玉之汤旅馆外，也经常前往奥汤河原的加满田旅馆。加满田旅馆除了秀雄之外，不少作家也经常投宿此地，秀雄也非常喜欢旅馆提供的美味料理。

小林秀雄不仅是个讲究的美食家，同时也偏好一流老店，没有比对付自认为不是美食家的美食家还要困难的事了。一想到来的人是难缠的美食家小林秀雄，店家也都不禁严阵以待，因为如果被美食评论家批评也就算了，但被小林秀雄批评，仿佛被烙上人格遭否定般的烙印。晚年的秀雄就是具有这般神圣的权威，这全是世人对秀雄的评价使然。

秀雄书写阿瑟·韩波，翻译瓦莱里，谈论杜斯托也夫斯基，作品还包括吉田兼好、莫扎特、梵谷、高更、塞尚以及本居宣长。他虽然在各方面都确立了自己评论的地位，但仔细想想，这样的人物实在也算一流，倒是和他对料理的喜好相互呼应。

秀雄对和自己气味相投的人都赞不绝口，但在他赞美某人的同时，也一定会批评某人，就像他赞美杜斯托也夫斯基就批评托尔斯泰，赞美塞尚却从不谈毕加索，因为我并不是要讨论他的作品集，所以这一部分我就不多赘言，但如果应用秀雄的"凭借直觉下结论，之后再行构筑理论"的手法的话，你对食物的态度将会和评论性的文章一样，正因为小林秀雄是个敏锐的评论家，所以也不免以批评的精神来对待料理，这就是从年轻时就费心锻炼自己味觉的人的宿命。他并不是堕落，即使他评论诗也无法成为诗人，即使谈音乐也无法成为音乐家，即使赞美大厨师的手艺也无法成为大厨师。秀雄之所以新鲜感十足，是因为即使他谈论杜斯托也夫斯基，也只是为了借杜斯托也夫斯基之身来确认自己的意识，批评时代的状况。

我年轻时也和大家一样阅读小林秀雄的作品，我承认我也是那些有着新鲜发现的人之一，但日后再重新阅读时，却发现其中有不少缺点，尤其是西行和吉田兼好的部分。秀雄书写的西行并未忠于史实，他对西行的描述完全出自他既有的想法，单纯只是借西行之口来描写如何在动乱中求生存，更重要的是，这篇文章正好是秀雄在昭和十七年（1942）战争期间所写。关于吉田兼好的部分，他即使谈论了"无常"，也只是秀雄自己试图从"无常"中看"常"的自画像。

在战争期间那样的时代状况下，花田清辉所著的《复兴期的精神》的质量，可能还更好些，我说话的方式好像也变得和小林秀雄一样了。

秀雄一喝酒就会找人麻烦，他每回只要三杯黄汤下肚，也不管对方是谁，就会开始和他辩论。关于这件事，他曾经在随笔《失败》中自我反省过。他说："喝酒之后的失败在各式各样的场合中都曾经出现过，我都不知道该写哪一个了。"在他辞去明治大学的教职之后，曾经因为喝醉酒，从水道桥车站的月台掉到轨道上，一条命好不容易才捡回来。曾经在宴席上被他缠住的井伏鳟二曾说："他平常好像都会提醒自己要小声说话，但只要一兴奋，音量就会放大十倍，喝了酒之后，大概就会放大四十倍。"还说："前几天他批评我放在关东煮店的散文时，声音大的连对面的住家都听得见。""他大概是因为心中的疑虑未解，所以无法用'美丽'这样的字眼来说明吧！"这应该也是井伏鳟二对小林秀雄毫不客气的批评吧！

秀雄每回到餐厅吃饭时，在菜刚出来的时候，他会率先动手然后大喊"好吃"，由此可知他是个激情独断的人，但他从来没有在开动之前，对餐桌上的料理有"美丽"的感觉。

他曾经担任《文学界》杂志的派遣校正前往印刷厂，当吃了印刷厂提供的炸猪排时，他对河上彻太郎说："要炸出这么难吃的猪排，也必须有相当的技术。"印刷厂提供的晚餐中略带油墨味道的炸猪排，那痛苦悲哀的美丽味道秀雄是无缘领会的，因为他热爱高档货，所以对于味道的了解有其限制，其中当然也有他令人畏惧却也无法亲近的缺陷。

他的妹妹高见泽润子曾说年轻时的秀雄是"如同暴君般可恨的哥哥""令人憎恨的哥哥"，但晚年的他却变得很温柔。秀雄会在中午之前结束工作，提早洗澡之后小酌，而且花很长的时间吃晚餐，润子说：

"因为我哥哥对食物和味道很挑剔，所以餐桌上经常都是山珍海味，哥哥会高兴地解说每一道菜，还用锡壶为我斟酒。"

人并不是为了成为评论家而活，秀雄身为反论家的论法，并不适用于他规定的"低级欲望"的料理，有的也只是他的经验和身为东京人的感觉。关于帕斯卡，秀雄曾在书中写道："帕斯卡所说看似理所当然，但他一定下过一番工夫。"这其实也可以用来形容秀雄的书写方式，但他如果也用这种方式来处理料理的话，是会惹人讨厌的，因为他讲究的只是自己喜欢的一流名店。

为了庆祝他受封文化勋章，川口松太郎提议："我们找个地方喝酒庆祝吧！"秀雄却说："去面店好了！"松太郎又说："找一家高级一点的比较好吧！"他回答："那去室町的砂场好了！"结果他喝了一瓶日本酒，完全不破坏自己的风格。席间，松太郎问他："我读了你写的《所谓无常》，可是不明白是什么意思，你可不可以简单地说明一下？"秀雄苦笑地说："就好像是砂场不卖面给人的感觉一样寂寞。"

秀雄不喜欢别人帮他倒酒，他喜欢依照自己的速度独酌。当他的主治医生冈山诚一告诉他"最好尽量避免食用刺激性的东西"时，他好像早就准备好似的回答他说："芥末没关系吧！因为它入口之后马上就化了啊！"这也是秀雄的作风。

野野上庆一曾经问过秀雄有关寿司的事。在秀雄翻译韩波的《地狱的季节》中，有篇有名的序文，内容描写二十三岁的秀雄，手里拿着如同手册般便宜的墨丘利版《地狱的季节》，每隔一天就到吾妻桥搭乘小船去向岛铭酒屋找情人，他一路上还要担心买给情人的星鳗寿司有没有被压坏。韩波的四处流浪，假借秀雄郁郁寡欢放浪形骸的生活，重叠出现在文章当中。

和秀雄在寿司店喝酒的野野上曾经问他："你买的那个星鳗寿司是哪一家的？"秀雄低声地说："好像是美……家……古……吧！"位于

浅草的美家古寿司，是创业于庆应年间的老店。

　　秀雄这个穷学生送给酒馆女人的寿司，竟然是在一流的美家古寿司买的。看样子他对一流的坚持，从这个时候就已经开始了吧！他想必是个惹人厌的学生吧！

山本周五郎
（1903—1967）

出生于山梨县，以描写身处社会底层的百姓生活为题材的时代小说闻名，有不少作品被改编成电影，著有《留下枞树》《蓝色舢板船物语》等许多作品。

山本周五郎

暗处的便当

当我知道山本周五郎也服用高级安眠药时，非常意外，因为坂口安吾也经常服用这种高级安眠药，它可说是集体罹患安眠药上瘾症的无赖派爱用的不良药品。

周五郎一直到昭和二十七八年（1952~1953），都还经常服用安眠药，当时正是他的作品大量被刊登在报章杂志的时候。因为他开始写作代表作品《留下枞木》是昭和二十九年（1954，五十一岁），所以表示在那之前他都还在服用安眠药。夫人阿金担心他可能因此上瘾，但周五郎却回答她说："我没问题！能够自己控制自己精神的人，是不可能药物上瘾或酒精中毒的，只有那些心灵脆弱、被药物或酒精吞噬的人才可能会中毒。"（见清水金所著《夫 山本周五郎》）

这句话我很想说给坂口安吾听听，因为只要二十颗就可能致命的安眠药，他吞了五十颗。这种安眠药，只要一服用就会变成习惯，而必须逐渐增加药量，和安吾一样身强体壮的周五郎，应该也吃了不少。周五郎是个酒中豪杰，他的酒量比安吾好，只要家中有客人来访，他都是以啤酒或调水威士忌代茶招待客人。

虽然安吾的作品风格和安眠药十分相配，但周五郎的作品就丝毫沾不上边了。

周五郎的时代小说是"武家产物"，几乎没有英雄或豪杰，无名的下级武士对功名利禄没有兴趣，只有抱持逼死不退的决心，在战场上如朝露般消失，或许可说是庶民派的武士，他书中的主角都是诚实、顽固且纯情的武士。周五郎的身影投射在书中，即使不是时代小说，也是将周五郎文学一以贯之的主体，书中主角朴实安分地生活，但意志却相当坚强。周五郎的书迷在他的书中看见与自己相同的执着，不自觉地甘拜下风。

周五郎在昭和三十七年（1962）写了一篇名为《豆腐店的喇叭》的短篇小说，内容描述只要经济不景气，出租车司机就会说："吹着喇叭的豆腐店又出现了。"

"卖豆腐的一直以来，都是把豆腐放在脚踏车或人力车上叫卖，想要拦下他们，手脚还得够快，通常你听到他们的叫卖声之后冲出门时，他们都已经走了好几公尺远了，真让人怀疑这样要怎么做生意，就算要买也赶不上他们啊！不过最近他们用心多了，还知道用喇叭来招揽客人，这样就可以满意所有需要买豆腐的人了。"

这应该是周五郎的亲身经历吧！不过将生活中的小故事作为写作题材，是周五郎的作风。他在充满庶民味道的文章中，含蓄地谈论着人类失意时的思绪和生活方式。当我知道连这样的周五郎都服用安眠药时，真是让我丈二金刚摸不着头脑。

周五郎虽然擅长描写人性，但他却非常讨厌人类，鲜少与人交往，也不太愿意和工作室的访客见面，生活完全是我行我素。这样的情形经常发生在人生派作家的身上，因为读者在看过他们的作品之后深有同感，有不少人因此擅自上门求见。就连出版社的编辑，也有因为小说的内容而轻易地要求拜访周五郎，企图委托他写作文章，因为他们觉得，如果要想见坂口安吾或太宰治可能就必须郑重其事，不过要见周五郎大概带一盒糕点就绰绰有余了。

周五郎年轻时曾经下过一番工夫苦练，当时他曾经到当铺当过学徒住在店中，却因为关东大地震店家被震垮，而转至关西的报社工作，也当过杂志的编辑记者，同时他也趁机向《文艺春秋》投稿，借此在文坛崭露头角。二十多岁时，他为了生活写了不少娱乐小说，到了三十多岁，为了维持作家的风格减少写作，但生活还是很拮据，四十岁时被推举参加直木赏，但他加以推辞，四十多岁时成为流行作家开始大量著作，但一直到五十多岁才写出代表作品。

《留下枞树》是他在五十一岁到五十五岁之间写成的，《蓝舢板物语》则是他五十七岁时的作品，他曾说"不超过五十岁写不出好的小说"。

在成为人气作家之后，有不少访客找上门来，但周五郎却坚持避不见面。支付稿费的方式不是预借就是换成现金，参加座谈会虽然很有赚头，但他拒绝演说，如果有人送来他不喜欢的杂志，他也会写上"婉拒惠赐"而将它寄回。

他这个人可说是别扭又难缠。

他从年轻时就是个别扭的人，对任何事都抱持相反的意见，尾崎士郎甚至还给他取了个"曲轩"的绰号。因为他不喜欢官僚，所以从不参加社交餐会，只要名称是文学奖的东西，他一概婉拒，比起有名的大出版社，他更为偏好无名的小出版社。

这样坚持己见、择善固执的作家，竟然会服用安眠药。

周五郎的生活非常规律，他在距离住处三个停车场的工作室中，自己下厨维生。清晨三点起床，晚上八点就寝，从不在晚上写稿，早上三点起床之后就开始准备早餐。

"一般人可能会觉得自己煮饭是件很麻烦的事，但是清洗莴苣、切开西红柿再和红萝卜装盘之后淋上酱汁，光是看着盘中美丽的颜色就让我觉得很舒服，还有烧烤培根的香味，煎蛋的诀窍，融化在土司上的奶油，把这些东西和牛奶一起摆上餐桌，一个人坐着眺望海边，不必担心有人打扰，悠闲地吃着早餐的感觉，实在是难以形容。"（见《独居的喜悦》）

他在昭和三十四年（1959）刊登在《周刊现代》的早餐菜单，固定是培根、鸡蛋、生菜色拉和土司一片。有时候会加上干酪、燕麦、全麦面包等。晚餐的话，星期一是腌渍蟹卵、盐烧鲷鱼、菠菜、玉米浓汤、全麦面包一片、两种干酪，星期二是寿喜烧、煮青菜、生菜色拉、半碗饭、两种干酪，星期三是生菜色拉、酱油煮蜂斗菜和香菇、盐烤鲱鱼、就着寿喜烧锅底搭配一碗饭、京都酱菜，星期四是生菜色拉、松叶蟹、奶油西红柿汤、两种干酪、全麦面包一片，星期五是生菜色拉、酱油煮内脏、鲑鱼卵、豆腐拌海苔、两种干酪、土司一片，星期六是生菜色拉、味噌煮青花鱼、鲑鱼卵、炸猪排、两种干酪、一碗饭，星期日是生菜色拉、焗烤马铃薯、盐烤红鞠鱼、鲤鱼酱汤、两种干酪和一碗饭。

他晚餐吃得不少，食量算大。此外，他连着好几晚，葡萄酒、日本酒和威士忌不停地喝，一天可以抽六十根香烟。

晚年时（五十七岁左右），他在吃早餐之前会泡个澡，吃完饭后还会擦地板，这些是大概需要费时八十分钟，对他来说是很好的运动。之后开始写作写到将近十点然后出门散步，十一点左右吃半份的荞麦面，他会特别在面汤里加入生鸡蛋。

整个写作的工作大约在四点告一段落。

"四点的时候我家人会来帮我准备晚餐，这个时候我会喝两杯啤酒，吃点鱼或肉，晚餐我一定要有生菜，鱼、肉、蛋我只吃一些，米饭大概是五天吃一次，每次不超过半碗，饮食的量大概在睡觉之前肚子有点饿最好，因为这样就可以很舒服地享受早餐。饭后我会喝一两杯雪莉酒或波尔多葡萄酒，然后再喝威士忌，最后是两三杯冰威士忌苏打，十点之前就上床睡觉。"（见《洗澡和自己做饭》）

他的生活规律的像是固定的模式。

周五郎的晚餐由第二位妻子阿金负责，阿金是周五郎住处对面人家的女儿，长时间都在银行工作。他的前妻因为胰脏癌离开人世，留下一个还在襁褓中的孩子，阿金因为于心又不忍就到他家帮忙料理家事，就这样结下夫妻之缘。因为阿金的个性含蓄敦厚，与其说她像妻子，倒不如说她更适合成为孩子们的母亲。

周五郎心中满怀着爱情为阿金写了篇《金兵卫》，他说："阿金很会做菜，尤其是焗烤类的料理，她做的可是要比法国餐厅做的还好吃。"周五郎对料理非常讲究，因为嗜吃阿金所做的肉类料理，因此整个人胖得圆滚滚的。四十八岁的时候，他说："要是放上我的照片，一定会害我失去女性读者的。"所以他很少拍照，在神奈川报纸记者偷拍的照片中，他整个人就像个肉球，当时也正是他服用安眠药的时候。

周五郎非常讨厌米。

这也是相当令人意外的一件事。

"要是刚洗完澡神清气爽的身体里，因为装满米饭还一边打嗝的话，根本没办法发挥我的创作精神。"这就是他向来的论调。他在书中还曾经写道："应该尽可能将稻田赶出这个国家的广大平原。"因为他认为人之所以上了年纪之后，就会变得枯萎平淡不爱外出，是因为他重新了解米饭的美味。人过了五十岁之后，好不容易终于能够理解世事的里表和人际关系的虚实，也正是小说作家开始累积实力的时候，所以不可以进入风雅和寂寥的境界。对他而言，枯萎平淡就是敌人，而令人枯萎平淡的元凶就是米饭。

当时有股错误的风潮，认为米饭"会使人变笨"，"是人变衰弱的元凶"，其实米饭是罕见的营养食品，因为生活方式以米为主食，所以日本人才能成为世界上最长寿的民族，但在当时却没有人这么认为。因为摄取过多的高卡路里食物，周五郎在六十三岁时就去世了。

周五郎对于自己身为武家后裔引以为傲，至于这件事是不是事实，虽然有些启人疑窦，不过他童年时虽然生活穷困，却养成了武家的饮食习惯。他甚至也学习过切腹的理解，有时还会因此噩梦连连。这样的经验在他的作品中成为一种反骨精神，即使他要到墓园去，他也要到有御影石墓碑和竹竿，四周围绕着木栅栏、备有名片袋的墓园去，点着便宜的香烟，一边问着："你是放高利贷的吧！""那块墓碑当然很重、很庄严，但对我的质问完全没有反应。我改到贫民墓园，一走进那个谦恭毫无自我主张，死后也必须委曲求全的墓园，经常会让我不自觉地红了眼眶。我又回头看看那块豪华傲视群伦的御影石墓碑，我大喊：'你已经死了，被埋在地下了！''但即使如此，他即使死了，还是在对这些穷人放高利贷了，我告诉你，我不会让你安息的！'"

这就是周五郎的世界，也难怪他会不愿意让自己如御影石般油亮的脸公之于世。

六十岁之后，他终于发现自己身体异常，暴饮暴食让他产生消化不良和腹泻的现象。

"半夜我才钻上床没多久，两只腿就开始抽筋，像鸟的翅膀一般不停地颤抖，从小腿到脚尖不停地拍打，这种感觉从膝盖关节到小腿，再从脚踝到脚尖慢慢地移动，有时候是两只脚同时拍打。"（见《第三十多年的休养》）

在他死前一年（1966，昭和四十一年）的日记中，他写道："我终于发现长期以来的隐居生活，是如何耗弱了我的身心。"无论他玩得多兴奋，喝得多高兴，在周五郎的脑中从来没有停止思考工作，他身为专业小说家的意识，一直不断地在和他的肉体格斗，他之所服用安眠药，或许也只是想尝试看看吧！

他到当铺当学徒时刚好十三岁，在那之前一直住在山梨县初狩村（现大月市）经营蚕茧中介的老家。家境虽然清寒，但家人却告诉他，身为"武士的子孙"不可以参加扛神轿拖山车的活动，每餐只能吃一汤一菜，但周五郎的母亲却说："你真不像个小孩子。"因为他实在太贪吃了，吃饭的配菜如果没有三样就无法满足他，比起鲷鱼生鱼片，他更喜欢吃略肥的小沙丁鱼干，比目鱼也只吃鱼背肉，牛肉如果没有恰如其分的肥肉，他也不屑一顾。其他的事姑且不论，一提到吃他就绝不妥协，一定要吃到自己想吃的东西。

这个习惯到他晚年还是没有改变，即使阿金夫人帮他送饭到工作室，只要不合胃口他也是毫不留情把它倒掉。他对饮食的执着，也变成他写作时的力量。

周五郎大口吃肉大口喝酒，描写的却是悲伤静谧的人性，这是无赖派无法模仿的特殊技巧。他的眼睛永远都看着弱者，看着输家。《留下枞树》的主角原田甲斐在伊达之乱中，被视为十恶不赦之人，周五郎却试图将他描写成一个诚实的人臣，这么困难的工作，不大吃大喝怎么办得到呢？

周五郎喜欢洋酒更甚日本酒，尤其是葡萄酒简直是爱不释手，他说年轻时"因为很穷大多喝梅多克，我会买一只烤鸡腿、面包和洋葱，在分租的房间里慢慢享受，一边喝着梅多克，一边和我滞销的原稿奋斗。"

之后他就迷上了一种名叫马迪拉的葡萄酒。

他说："它的味道柔和地渗入我的口腔和喉头之间，香味也很温醇。"之后就是比较便宜的波尔多葡萄酒和寿屋的爱马仕得力卡，他也喜欢在煮牛肉火锅的时候，加入红葡萄酒和啤酒。当他往锅里添加啤酒之后，他就会邀请大家开动，大家对这道菜也都赞赏有加。

没多久来了一位老实的摄影师，才吃了一口锅中的食物就对他说："这是什么东西？""这么苦，怎么吃啊！"

周五郎在十年后才知道，当时和他一起吃火锅的人都抱怨当时的火锅苦的难以下咽，他以穿着"国王的新衣"的心情写下了《会被嘲笑的小故事》，因为大家都很怕他，所以不敢对他说实话，同样的事也出现在阿金夫人的回忆录中，周五郎曾经命令前来家中拜访的编辑们"米饭虽然是最好吃的东西，但它也是最有害人体的东西，你们最好少吃点。"当时有一个编辑老实地跟他说："您如果去世了，米饭就会变得好吃了，因为一想到没有人会再阻止我们吃米饭，我们就可以大口大口地吃了。"

周五郎有强烈的自我意识，而且还很啰唆固执。阿金夫人回忆道"我先生先离我而去，老实说我真的松了一口气，因为我已经受够男人，不想再过那样的生活了。经常会有当过兵的人很怀念在军队时的生活，但是你如果问他们'愿意再当一次兵吗？'几乎所有的人都会告诉你他们受够了吧！我也和他们一样，再也受不了男人了，这个世界上虽然有很多啰唆的男人，不过比起我先生来，他们还都算客气的了！"

关于葡萄酒，周五郎虽然"不喜欢它听起来很时髦的感觉，但因为实在太喜欢喝了，所以也没办法"。他还建议别人可以尝试以牛奶来调制威士忌。这个时候的他就和写作"武家故事"的山本周五郎判若两人，他的本名叫作清水三十六。

山本周五郎这个名字，是他十三岁道当铺当学徒时取的。那是因为他在大正十五年（1926）时，将处女作《须磨寺附近》投稿至《文艺春秋》时，在姓名住址栏中写了"木挽町山本周五郎清水三十六"，而负责的编辑误植将作者的名字写成山本周五郎，日后他就将养父的名字当成了笔名使用，这就是周五郎之所以叫作周五郎的原因。笔名的由来原来还有这么一个小故事，还真是蛮刺激的。

周五郎的小说具有时代小说的才华和技巧，字字句句中夹带了他对一般百姓的温情目光，固执的想法冲击着读者的内心，一连串清新的小说都是依靠碎牛肉和葡萄酒的能量才得以完成，其实这也是理所当然的，因为写作小说就是如此需要体力的一种格斗行为。

周五郎喜欢白天的电影院，而且不是上演首映电影的电影院，而是播放二轮或名片的电影院。与其说他是为了去看电影，倒不如说是为了在阴暗的电影院里享受发呆的时光。白天的电影院里，有许多除了看电影之外无所事事的人，而周五郎专门观察这些人。

　　他说："在白天的电影院里，有人在电影开演之后，就会偷偷地从皮包里拿出便当，遮遮掩掩地开始吃起来。这些人大多穿着笔挺的西装，头戴礼帽，年纪大约在四十四五至五十岁之间。这种现象或许只出现在横滨这种地方都市，每次出现的人当然都不一样，但我看到就不只三五次而已。看到这些在电影院熄灯之后偷偷地打开便当的中年绅士，不禁让我心痛。"

　　这就是周五郎眼中看到的世界。他说："可能是因为我自己一直是那个在黑暗中吃便当的人吧！"在黑暗中吃到的便当滋味，没有任何厨师能够做得出来，因为那就是人生的滋味。

林芙美子

（1904—1951）

出生于山口县，以自传式的长篇小说《流浪记》在文坛初试啼声，内容主要描写一般百姓的生活，深得读者同感，著有《晚菊》《浮云》《饭》等。

林芙美子

死于鳗鱼饭

身为私生女的林芙美子，从小家境清寒，在昭和五年（1930）时以《流浪记》一文在文坛崭露头角，当时她正好二十六岁。当时改造社将《流浪记》作为"新锐文学丛书"中的一集出版，刚上市立刻成为畅销书，赚入不少版税的芙美子在同年便前往中国大陆旅行，来年的昭和六年至七年（1931~1932），前往向往已久的法国下榻在巴黎。

芙美子在巴黎摇身而变，成为一名贵妇。

当时她刚和第三任丈夫画家手冢绿敏结婚，却抛下丈夫独自前往欧洲。观察芙美子在巴黎所拍摄的照片发现，当时的她顶着一头俏丽的短发，身披上等围巾，改变之大完全无法和以前的她联想在一起。她坐在新艺术造型的椅子上，戴着流行的项链，有时头戴时髦女帽身穿毛领外套走在巴黎街头。出国前的芙美子，头发干枯得像一头稻草，满脸长癣，身上穿的是便宜货，怎么看都像是个乡下人。

她到巴黎之后唯一没有改变的，就是还是戴着深度圆眼镜，此外，她还有一项改变那就是整个人异常发福。有一张照片是她站在租屋处的楼梯上照的，当时她的肚子看起来和孕妇没两样。

她在巴黎究竟吃了什么东西呢？

翻阅她在巴黎时的日记不难发现，她虽然抱怨巴黎的物价过于昂贵，但三餐吃的还是挺像样的。

她在十二月二十三日早晨到达巴黎，一边想着韩波的诗一边吃着红煮蛋、咖啡和可颂面包，还在面包店里买了"像一根棒子的面包和奶油"回家。

第二天她在同一家咖啡厅吃早餐，买好购物袋之后，采买了"名叫毕也门的意大利米、鲑鱼卵和鸡蛋"在租屋处吃。因为她是从俄国转往巴黎，在俄国时吃的尽是又贵又难吃的东西，所以到了巴黎之后她就买米自己煮饭，还把鲑鱼卵当作配菜，她说"我终于知道米饭有多好吃了"。到了年底十二月二十九日，她到市场买了黑色的萝卜做成醋腌酱菜，还把买回的鲷鱼做成烧烤。

昭和七年（1932）的元旦她煮了锅热饭，将生鸡蛋淋在饭上吃完之后，又到索邦大学附近的咖啡厅喝茶，还看了哈若德洛伊德的喜剧电影。

一月四日她发现有人卖高丽菜和咸猪肉，"我突然觉得肚子饿得口水都快流出来了，就买了一盘吃。"

她的日记中还记载她吃了香草冰淇淋（1/4）、在居酒屋喝了汤和葡萄酒，还吃了烤鸡（1/5）、还吃了糖煮无花果（1/12），虽然已经吃腻了法国菜，她心里一边想着"想吃刚烤好的鳗鱼"，一边却"跑到食品材料行买来鲔鱼做成生鱼片，可是吃起来黏糊糊的，好像在吃旧棉花。"（1/19）

在圣米谢尔吃波兰菜（1/20）、三明治（1/24）、出门旅行时在旅馆中吃了燕麦粥（1/25）、培根、牛排、鸡蛋、燕麦粥（1/31）、苹果（2/2）、在常盘吃了日本料理（2/12）、中国料理（2/13）、在意大利餐厅吃了通心面（2/28）、方头鱼和绿茴香酒（2/29）、因为她感冒了，所以"用酒精灯煮稀饭吃"（3/5）、在M先生的房间吃寿喜烧锅（3/8）、在日本人俱乐部吃了鳗鱼，"他们端出有如坐垫般大的鳗鱼，藤原义江先生坐在对面吃寿喜烧。"（3/14）、十五法郎的鲷鱼（3/16）、康德露酒（3/17）、在剧院大道的丽兹饭店吃豪华大餐（3/22）、在大学餐厅吃了两法郎七十文的午餐（3/25）、茶泡饭和中国料理（3/27）。

其他还有炸马铃薯、蟹肉罐头、玉米浓汤、香蕉和巧克力、饼干、菠菜、炸猪排、奶油煎鱼、虾仁饭等。在当时的巴黎已经可以买到酱油，芙美子惊讶万分也买瓶回家试试。

芙美子喜欢油腻的食物，她会经常到日本料理店享受鳗鱼和寿喜烧，甚至因为太想念日本料理了，还用盐和酒腌渍高丽菜。她还说"不论是醒着还是睡着，都好想回日本"（5/17）。

她曾说"认识S先生坠入爱河，从今而后我该怎么办呢？在我的心情里或许藏有穷人特有的卑下、冷酷和狡诈。"（5/17）。

关于芙美子前往巴黎一事，还有一个不为人知的小秘密，那就是她曾经追求当时住在巴黎的画家外山五郎，她日记中所写的S先生，其实就是外山五郎。除了外山五郎之外，她也曾经和考古学家森本六尔发生恋情。

金钱和名誉兼得的芙美子，怀着仿佛是为了报复自己贫穷的前半生般的心情前往巴黎，不断地欣赏电影、戏剧、歌剧和音乐会，也逛遍美术馆，整日享受美酒、恋爱和美食。她在巴黎时也不断地将完成的纪行文或评论寄回日本，她在巴黎的生活，包括失恋在内，应该是她"理想中的生活"吧！芙美子的《巴黎日记》中虚构的部分不少，她将自己描写的比实际的状况还要贫穷，但这也是因为身为《流浪记》作者的职业道德使然，对她而言，日记也是一种创作。

昭和七年（1932）五月，芙美子经由拿波里返回日本途中，在上海和鲁迅碰面。六月二十五日当船进入神户港时，她曾写道，她马上"在防波堤旁边的小面店，吃了撒上葱花的乌龙面，我高兴得好像要飞上天了，竟然只要六钱，害我吓一跳。"小时候随着叫卖的养父和母亲四处流浪的饮食习惯，深植在芙美子体内，她虽然在巴黎喝咖啡吃可颂面包，但能够让她感动得想飞上天的，却是防波堤旁的葱花乌龙面，她真的是那种在日本随处可见的贫穷百姓。

返国后的芙美子马上去吃寿喜烧和炸虾，接着还在新宿的中村屋召开归国欢迎会。因为她是流行作家，所以经常受邀到西餐厅或高级日本料理店，但她其实也自己下厨的。她最擅长作炸蔬菜和炸乌贼，经常以此招待客人。

昭和九年（1934）她开始在《朝日新闻》连载《爱哭小和尚》，来年的昭和十年（1935）《流浪记》被改编成电影，芙美子受欢迎的程度扶摇直上。昭和十一年（1936）她还在歌舞伎座的舞台代表"文艺家协会"献花给来访的法国诗人尚考克多。

第二次世界大战开始后，芙美子成为陆军的"钢笔部队"，担任报道班员，但战后她却摇身一变成为反战作家，四年内写了六篇反战作品。对她而言，政治和思想都算不了什么，她只是敏感地反映了时代瞬间的潮流，点燃她异常的好奇心罢了，只要她写的东西就会受欢迎。如果从四处叫卖到当女侍的日子是她第一期的流浪，那么第二期就是写作的流浪。她始终贯彻她描写人类悲哀的风格，只要是觉得有驱使自己的冲动，无论是战争或外遇，她都不顾一切地尝试，具有这样人格的人，对饮食也是相当贪心的，只要想吃她就无法控制自己，一定要吃到饱为止。在战争期间芙美子虽然消瘦了，但在过了四十岁之后，却又开始发福，整个人胖得好像威严的高级餐厅老板娘。

因为写作是坐在椅子上的工作，一整天都面对着书桌工作，难免会因为压力过大而嘴馋，吃了之后也不运动，心情烦躁就借酒浇愁，更因此胖上加胖。芙美子为了防止自己变得过度肥胖，故意减少睡眠，她拼命地接工作、增加连载，为的就是减少睡眠的时间。

当时的芙美子每天只睡两三个小时，同时她为了阻碍威胁自己地位的女性新人作家，所写作的言论实在太过明显，甚至因此招致批评，她这个从赤贫阶级好不容易扬眉吐气的名作家，个性在此完全显露无遗。

林芙美子在昭和二十六年（1951）突然过世，檀一雄在该年十一月号的《新潮》中还发表了一篇名为《小说林芙美子》的文章。檀一雄曾在酒吧遇见林芙美子，当时的她穿着俄国人穿的厚皮大衣匆忙地喝了酒之后就离开了。

"那个穿得像雪人似的矮小女人，跟跄地走进市郊寒冷的夜色中。她原来就是林芙美子啊！我完全无法想象，以前我对她文章的印象……不！她被众多耳语糟蹋的名声……迅速地重叠在我刚才看见的本人身上。她那如黑色雀斑一般四散的粗短手指，她用那样的手指弹落要掉不掉的烟灰，最后双手端着添加了威士忌的红茶一边啜饮着，一边透过弥漫的香烟往对桌的我这边看过来。她一定有很深的近视眼，她的近视眼让人感觉十分梦幻，仿佛是沼泽里张着嘴喘气的丑陋红黑斑点小红鲫鱼，还把鼻头往上扬，仿佛梦见蓝天一般。"

檀一雄写道："这就是我对林芙美子的第一印象。"

担任治丧委员会会长的川端康成，在丧礼上致辞时说："故人为了保持自己的文学生命，虽然偶尔会做出一些过分的事，但只要再两三个小时，她就会化成灰烬，死亡可以消除一切的罪孽，所以请大家原谅她吧！"

在《文艺》临时增刊的《林芙美子读本》中，设计了一份"你对林芙美子的文学作品有何评价？"的问卷，结果得到不少负面的结论，如"没兴趣"（正宗白鸟）、"没有喜欢的作品"（白井浩司）、"没买几本"（今子光晴）、"不认为她是作家"（秋田雨雀）、"令人讨厌的文学"（杉浦明平）、"缺乏知性"（冈本润）、"好像把贫穷和流浪当作卖点似的令人讨厌"(小野十三郎)等。林芙美子逐渐失去她以《流浪记》在文坛初试啼声时，那清明贫穷令人颤抖的透明眼光，行为举止仿佛是文坛女王。

林芙美子身材娇小身高不满一百五十公分，她虽然娇小但身体却很健康，一直到三十五岁都没生过什么大病，但三十六岁时发表于《文艺春秋》的《历世》中却提到"早晨睡醒时经常感到令人不悦的悸动，因此影响我一整天的心情"。当时她就开始注意到心脏的异常现象。昭和二十二年（1947），住在大阪的作家织田作之助猝死，她将织田作的未亡人接回家中照顾了一年多。芙美子虽然对同为小说家的女性心怀敌意，但对一般女人却很温柔。林芙美子少数友人之一的平林泰子，在追悼文中曾说："芙美子对女性友人不甚友好"，"应该来参加葬礼的前辈某某女士和某某女士没有出现一事，多少也反映了我的心声"，"这就是身为女人无法避免发生的事，也许也是一种宿命吧！"

林芙美子的小说对女人的生活方式多有着墨，她从昭和二十四年（1949）开始着手写作的《浮云》可说是集大成之作，她的文体简单易懂，充满现实生活的感触，是发自亲身经验的女人心声，因此掳获许多读者的心。这也是她之所以被称为庶民派的原因，但因为太受欢迎，各方邀稿踊跃，因此只得增加创作的篇数。新潮社出版的全集虽然有二十三卷，但如果加上她所有的作品，应该超过六十卷，她的人生仿佛是为创作而生。昭和二十三年（1948）她开始写《流浪记》第三部的连载，同时还在报纸小说连载《旋流》，同年出版的作品多达十八本。她之所以能够如此多产，靠的是她旺盛的好奇心和体力，这些其实都要归功于油腻的牛肉和鳗鱼。她喜欢喝浓咖啡，一天要抽上五十多根香烟，根据板垣直子所做的结论，她其实不如传说中的喜欢杯中物。她化身成拼命创作的小说妖怪，一个又胖眼圈又发黑下垂的妖怪。

身体健康时的芙美子，在恭贺她新书出版的宴会上表演她的才艺"捞泥鳅"，因而被众文人嘲笑说她像文坛的麻雀，又因为参加忘年会时喝光桌上的威士忌之后，还醉醺醺地说："再多拿点酒来，全部我请客。"惹得大家怒目而视，她酒中豪杰的称号也是由此而来。在她去世前两年，主治医生熊仓博士诊断出她患有心脏瓣膜病，要求她务必要静养，但她却置若罔闻，有时候赶起稿来，连走回卧房的时间都嫌浪费，经常在书房里就睡着了。她每天早晨四点起床，脸也不洗就开始写作一直写到六点，六点半开始为家人准备早餐，因为她擅长做菜，所以亲自下厨也是她改变心情的方法。

现在在新宿区设有林芙美子的纪念馆，这个占地三百坪的纪念馆是她的旧家，就盖在她觉得可以"令我想起遥远故乡的山川"的落合。她一直希望"能够盖一间可爱美丽的家"，为了盖这栋房子她买了将近三百本的参考书。芙美子的旧家中有一栋在芙美子名下的主屋（住家），还有一栋在丈夫绿敏名下的支屋（工作室），整体构造仿造京都的民房。这栋从玄关到庭院都种满了孟宗竹的豪宅，除了客厅和餐厅之外，还有一间装潢得非常漂亮的厨房。以人工石研磨而成格外引人注意的料理台和地板，所有的东西都配合芙美子的身高盖得恰到好处。只要有客人上门拜访，芙美子就会手脚利落地弄出一桌下酒的小菜来招待客人。

芙美子于昭和二十六年（1951）去世前，参加了《妇人公论》主办的女性作家座谈会。这是芙美子最后参加的一场座谈会，与会者还有平林泰子、吉屋信子和佐多稻子等人。

大家以芙美子为中心进行讨论，完全是文坛女王的作风。在这场座谈会的记录中，芙美子逼问吉屋信子说："你如果谈过恋爱就说出来听听啊！"她吹嘘以往贫穷的生活，回顾在巴黎的点点滴滴，还说："心脏这么糟糕，不知道会死在哪里……"她说吃完晚饭后她的生活就是"八点左右会陪我儿子（养子小泰）睡觉，凌晨一点起床喝杯浓茶抽根烟之后，就一直写到早上。"甚至还说："你如果问我讨厌什么东西的话，我会说家庭，因为它实在给我很大的压迫感。""可是如果解散家庭之后，又和别人在一起的话还不是一样……"芙美子虽然是个惹人厌的人，但在她心中却强烈地希望别人喜欢她，如果你觉得她天真无邪，她马上又狡猾奸诈大剌剌地干涉别人的私事。

芙美子最后一部作品应该算是在《朝日新闻》连载的《饭》，这部以大阪为舞台的小说，描写一对上班族夫妻心中的裂痕。连载中断的《饭》后来由新潮文库出版，我稍微翻了一下，发现书中的主角里子有一段吃鳗鱼饭的故事。她一边吃着一百元的鳗鱼饭，一边喝着啤酒的情形，芙美子描写得相当生动，最后还出现了盐渍昆布的茶泡饭。另外还有餐厅端出的菜色包括竹笋、酱油煮海带芽、核桃拌春菊、鲷鱼生鱼片、鸡肉丸子汤、汽水、牛奶拌草莓、小豆粥，还有她买蜂斗叶炖煮炸鱼板的情形，她也提及车站前三十八度线小巷中的炸猪排、葡萄酒、资生堂茶馆的冰淇淋等。芙美子真的非常擅长描写食物，她虽然写得简单明了，但却让人印象深刻，故事就在初江计算竹筛里的鸡蛋的地方被迫中断。

六月二十八日芙美子死时，正好是《主妇之友》企划的"与我吃喝"进行首次的采访。因为在该杂志连载的《真珠母》大受欢迎，芙美子主动提出制作"边走边吃名菜"的企划案。

当时的情形在昭和二十六年（1951）九月号的《主妇之友》中，由女记者（高下益子）发表的手记《共享最后一夜的晚餐》中有详细的记载。

"我告诉你，料理必须要会呼吸才行，感觉要是死了就完了。一定要将呼吸的料理展现在读者面前，我总觉得每个家庭厨房中的菜刀都太少了，顶多只有厚刃菜刀和切菜用的菜刀，很少家庭会准备切生鱼片用的菜刀吧！我觉得每个家庭的先生都应该要多花点钱买菜刀，至少每个厨房都要有一把专切生鱼片的菜刀吧！只要家里做的菜好吃，丈夫就会赶着回家。我很喜欢在厨房做菜，我的手艺不错哦！就用我的舌头来找找会呼吸的料理吧！就连盛菜的器皿也可能影响你做的菜，所以一定不能舍不得花钱，这全都在于你的心意。"

后来芙美子就极力建议大家前往银座的沙丁鱼店，在吃了少许的鱼肉丸子、腌炸小鱼、泡菜和蒲烧鳗鱼，喝了两杯啤酒之后，她说："这样就行了，我已经知道了，写得出来了。我好想吃鳗鱼，上个星期日我好想吃鳗鱼，可是找遍了整个东京，所有的鳗鱼店都休息，没吃到实在太可惜了，所以我现在要去吃，我最喜欢去的店在深川，我请客！我要去大快朵颐一番，大家也陪我去吧！好不好？"话才说完她就拿着手提包站起身来，一行人就乘车前往深川的"宫川"，当店家端出三串蒲烧鳗时，她还分给同行的高下记者，另外还给了她一份鲜红的龙虾，在喝了三四杯清酒之后，她因为觉得《主妇之友》曾经报道的特异功能非常有趣，还要记者带她去找灵媒。

《主妇之友》事后还刊登了她站在"宫川"店前所拍的照片，臃肿的芙美子身穿不搭调的黑色和服，看见这张照片的医生说："芙美子水肿的情形显示病情很严重。"

当天晚上在回家的途中，芙美子对高下记者说："我因为心脏不好，已经戒烟了。"当她走下家门前的石阶时紧抓着高下记者的手，一副痛苦万分的样子。芙美子一阶一阶缓慢地走下石阶，高下记者事后回想当时芙美子曾说："反正人都免不了一死，只要死了就不知道以后会发生什么事了。"

当天因为有修剪树木的工人到家中帮忙，桌上还留着他们吃剩的年糕红豆汤，芙美子要人把红豆汤加热之后，全家人一起吃夜宵。到了晚上十一点，芙美子的侄子拿着电动按摩器帮她按摩肩膀时，她突然觉得身体不适，开始上吐下泻，就这样结束了她的生命，享年四十七岁。

崛辰雄
（1904—1953）

出生于东京，师事芥川龙之介，作品多是以「死亡」为主题的抒情文，拥有众多女性读者。代表作品有《风吹了》《圣家族》《美丽村庄》等。

崛　辰

灯下蛙牙

雄

堀辰雄在十九岁时因罹患肋膜炎而休学，他的身材和一般少年一样纤细瘦弱，喜欢亲近高原的大自然，是个纯洁无瑕的年轻人。他唯一的兴趣就是看书，个性安静充满知性。

我曾经看过不少瘦弱且神经质的作家，不仅是个美食家，而且还比任何人都讲究饮食，但堀辰雄却因为罹患肺结核，即使有想吃的东西也不能吃。肺结核在当时被视为不治之症，一旦染病五六年内就会死亡，最长也不超过十年。小说《风吹了》中男主角的情人节子，也是在高原上的疗养院结束了年轻的生命。节子虽然会让人联想到堀辰雄的未婚妻矢野绫子，内容却都以幻觉的方式来表现。他和未婚妻绫子一同住进富士见高原的疗养所，以及绫子在疗养所中死去之事都是《风吹了》的创作来源，但实际的情形却完全不是这么回事。以日记的方式书写伪装成私小说风格的《风吹了》，描写的是堀辰雄一心求死抒情世界中的心情图像，小说只是借用了未婚妻绫子充当一角。

堀辰雄一直活到四十八岁，对一个本该早夭的作家而言，他还算是挺长寿的。由于肺结核是一辈子的病，他把住家迁往轻井泽，拥抱大自然和妻子，过着奢侈豪华的日子，他偏好法国风味，享受牛奶浴，因为他在抒情世界中过着高等游民生活，因此被当时的人生体验派作家批评他的作品是疗养文学。

堀辰雄在《雉鸡日记》中，曾经描写他在轻井泽的追分（地名），拿着空气枪打雉鸡的情形，他和朋友两个人一整天都拿着空气枪在森林里到处走，最后只打到一只，这只雉鸡还受了伤，他们用手轻易地就抓到这只被其他猎人打伤的雉鸡。

"雉鸡还很痛苦地活着，因为我不想拿刀杀它，所以只好带着租屋处的老狗杰克到森林深处，当我把雉鸡放开时，曾经是猎犬的杰克巧妙地追着它，顺势就把它给咬死了，杰克把雉鸡衔在满嘴是毛的嘴里，带回到我们的住处。"

这就是堀辰雄的作风。

他非常讲究做事的方法，形式对他而言也很重要。让老狗咬死濒死的雉鸡，和他将矢野绫子化身成《风吹了》中的女主角节子的手法一模一样。无论是雉鸡或人类，对他来说都是死亡过程中一种幻觉的对象，在他观察万物的眼睛背后，存在着他残忍的嗜好。

堀辰雄在书中写道："因为雉鸡喜欢吃怪东西，所以我听说它的肉很臭，但当我把它煮成火锅时却也不觉得臭，不过味道还是有点怪，不怎么好吃。"

堀辰雄出生于东京曲町区平河町，在向岛长大，据和他同年出生在附近的本所的同学舟桥圣一说，大学时他们两人经常一同前往浅草。

舟桥说："他很喜欢吃泥鳅，所以我们经常到驹形的泥鳅店去，也会固定到陈屋吃牛肉火锅还有山谷吃鳗鱼。""我们也经常去银座，经常在不二家流连忘返。"

身为同人志《驴马》（堀辰雄于二十二岁时创刊的杂志）同人的洼川鹤次郎回忆道："当时我们在点心房的二楼，一边吃着鸡内脏一边讨论创刊号。"还有另一个《驴马》的同人中野重治带着鲋鱼去探病时，堀辰雄的家人再三交代他"为了以防万一，你还是不要生吃。"

堀辰雄的父亲是向岛的雕金师父，所以他对东京郊外的味道十分熟悉。相较之下，西餐还不如泥鳅火锅和鸡内脏等平民料理更合他的胃口，即使如此，他却执着要住在轻井泽这个高级度假胜地，这也是当时的左派文学作家对他嗤之以鼻的原因。

堀辰雄很喜欢看书。

他年轻时的读书札记中记录着他已经熟读过的作品，包括纪德、瓦莱里、科克托、司汤达、梅里美、安纳托尔·法兰斯、雷尼耶，影响他最深的是雷蒙·哈狄格所著的《伯爵的舞会》。

"我看过雷蒙·哈狄格的小说之后，最感动的就是他的作品完全是单纯的小说，书中一点也没有作者的告白，我所说的单纯小说就是他这种没有丝毫的作者告白，内容完全都是虚构的小说。"（《雷蒙·哈狄格》）

从堀辰雄这样的思考角度来看，《风吹了》当然就是形同真实的谎言。因为他觉得徒手抓住受伤的情人太过无趣，所以还必须用精雕细琢过的言辞来描绘故事的内容。

在《风吹了》的"序曲"中，当节子将刚着墨的画作放上画架时，男主角正在一旁啃着水果。此时突然吹来一阵风将画架吹倒的内容设计，虽然预言了随后节子的死亡，但男主角口中啃食的水果代表的是什么，却没有人知道。水果虽然很切合当时的场景，但代表的意义却不够具体，我只能说堀辰雄此举是试图脱离他小时候所吃的乡下食物。

堀辰雄一直都信以为真的雕金师父亲上条松吉，其实是他的养父。他的亲生母亲在和亲生父亲崛滨之助离婚后，带着四岁的堀辰雄与松吉再婚，所以他有很长一段时间，都以为松吉是自己的亲生父亲。堀辰雄是什么时候知道这件事的并没有定论，但他二十岁时写的诗作和散文上的署名，就已经不是上条辰雄而是堀辰雄了。

辰雄的小说从来没有出现向岛，他即便曾经在书中提及轻井泽，也从来没有写过以向岛为题材的小说。至于养父松吉，他也只写过一篇名为《父与子》的散文，文中曾经提及他年轻时的事。

母亲经常和父亲吵架，只要父亲喝醉酒回家，他们就会吵得更激烈，因此经常把已经睡着的辰雄吵醒，只要他一哭母亲就会来哄他，之后父亲也会全身酒味的到他床边。

"父亲经常会在床边将卷好的寿司摊开，即使母亲阻止他说'你不要这样……'他还是很高兴地硬将海苔卷塞进我嘴里，此举反而让我觉得被他们看到哭泣的自己很不好意思，马上就假装睡着，可是嘴巴还是不得已地嚼个不停……"

崛辰雄感叹地说："这件事是我最早了解的悲哀。"如此说来，他在轻井泽享受水果、饭店的汤品、红酒、冰牛奶，会不会是为了替少年时的饮食生活报仇？为所吃的东西报仇，也为饮食的风格报仇。这个在父母吵架之后，嘴里硬被塞入海苔卷的少年，渴望完全不一样的饮食风格。

佐藤春夫听说崛辰雄曾经是橄榄球选手，他感叹崛辰雄原本健壮的身体却必须长年与病魔搏斗，我不知道崛辰雄打了多久的橄榄球，但他的身体确实不如世人所想的那般虚弱，所以他才能活到四十八岁。

此外，他还在《幼儿园》这篇散文中，写到他在上幼儿园的第二天就被奶奶带走，所以没有吃到便当，幼儿园里有一个长得像外国人的女孩，午休时总是受到特别的优待，她原来是大户人家的千金。

"她家为她送来了一个好大的便当，还派了两个下人来服侍她吃饭，我悄悄地看了她一眼之后，就再也不理她了。"

当奶奶要递给他铝制的小便当盒时，崛辰雄拼命地阻挡，奶奶终究还是没办法把便当盒给他，最后他连幼儿园都不去了。然而，那个骄傲的千金小姐却一直留存在他的记忆当中。

文中令崛辰雄心神不宁的是饮食的风格，当时崛辰雄厌恶的那位傲慢的千金小姐，其实和他日后偏爱那些住在轻井泽别墅的女人，其实是同一类型。在此同时，他也对自己穷酸的便当盒感到羞耻，虽然他提到自己的便当盒中有煎蛋，但却没有说明千金小姐的便当盒中装了什么东西。

堀辰雄的小说全都是依赖阅读得来的知识和教养，《笨拙的天使》是来自科克托，《圣家族》是来自雷蒙·哈狄格，《物语之女》是来自莫里亚克，在这些作家的背后还有芥川龙之介。对辰雄而言，芥川是老师也是理想的存在，芥川在昭和二年（1927）自杀时，辰雄二十三岁，芥川和辰雄一样都生长在东京近郊，而且资质相近，他讨厌私小说，和私生活格斗到最后竟是自杀收场，自此芥川的问题变成辰雄的问题，但辰雄却决定"我不会模仿老师的工作，只有从他结束的工作中出发，才是真正的学生。"

堀辰雄一边汲取法国文学的潮流，一边构筑芥川在死亡时看见的那个吹着透明的风的世界，而《风吹了》就是他的成果。

堀辰雄是理性的作家，对他来说唯一的障碍，就是他身为结核患者的这件事，他确实必须待在轻井泽或清里的高原疗养所中静养。他的目标并不是为了生存而奋斗，而是包容死亡，进而摸索表达死后美丽世界的幻觉语言。所以他才会拼命阅读，为的就是在疗养院里构筑胜过普鲁斯特和雷蒙·哈狄格的虚构世界，所以他需要自己一边模仿一边撒下漫天大谎，因此，肺结核就成为他最厉害的武器。

崛辰雄学生时代时，曾请神西清教导他阅读萩原朔太郎的诗作，他当下就成为这个流浪诗人的俘虏，朔太郎的《蓝猫》中有这么一首诗。

在松林中漫步，

看见了一家明亮的咖啡厅，

在远离市区的地方，

没有人会上门，

是一家藏身在林间追忆中梦想的咖啡厅。

……

我缓慢地拿起叉子，

吃着蛋包饭和炸虾，

天空中飘着白云，

非常悠闲雅致的食欲。

诗中所描述的"非常悠闲雅致的食欲"就是堀辰雄追求的理想餐桌气氛，这也是他对自己少年时寂静的复仇方式。

堀辰雄被视为是花神型的作家，因为他拥有许多女性读者。他不是激动的动物型作家，而是植物型的静寂主义者。好友神西清说，植物型作家给人的印象是"毋宁说堀辰雄自己撒落的名片头衔"，其实"他经常让人觉得他像食虫植物般贪婪"。

辰雄是个意志坚强的人。

关于这点，佐藤春夫也曾经提过。辰雄年轻时曾前往佐藤家拜访，一进门就告诉春夫说"让我看看你的书房和写作的地方"，可是他却注意到人家送来的红茶，真不知道他是厚脸皮还是心思细密。

大学同学深田久弥也证实年轻时的堀辰雄"他在家里是个骄纵的专制暴君，甚至还自称朕。"（见《回忆一段时间》）

出现在堀辰雄小说中的食物，当然也是他用来觉悟的工具。

"我因为听说糖分有助于做梦，所以曾经把糖浆涂在脸上睡觉，那天早上我就梦到和糖浆同样颜色的梦……"

虽然这听起来好像是在说谎，但读者或许会认为这的确有可能发生在堀辰雄身上，这样闪闪发光迷惑的片段，就是辰雄文学变的魔术。这个糖浆小故事出现在《鸡肉料理》这本小说中，内容是描述辰雄在梦中遇见的一家奇妙餐厅。最初店里洋溢着一股香味，一进店里发现"一缕白烟袅袅上升"，原来那是鸦片店，好像发生了什么悲剧似的，我觉得自己"我晚了一步……就因为晚到一步，结果无法参与那可能取悦我的悲剧。"

此外，他还看见一个可爱的少女进入一家阴暗诡异的饭店，随后他也跟着进去，却看不到女孩的身影。一个老女人端来全是鸡脚骨头的料理，还笑眯眯地为我浇上酱汁。此时我发现里面的架子上有葡萄酒坛，我点了酒心想："这个酒坛或许是那个女孩的"，于是就大口大口地喝了起来。"我什么酒都喝，连一个少女我也喝。""我的梦为了我将一个少女化身成葡萄酒。"

堀辰雄将自己来不及参加宴会的思想，和希望葡萄酒是少女的妄想混淆在一起。他经常在轻井泽的油屋旅馆吃牛肉火锅，有一回他和朋友阿比留信一起吃火锅时，立原道造却出现了，辰雄虽然邀请立原一同用餐，却趁着立原暂时离席时对阿比留信说："趁他回来之前，我们赶快吃。"就狼吞虎咽了起来。（见阿比留信《一张明信片》）

第二次世界大战期间，堀辰雄常吃地瓜，自愿负责供给辰雄食物的桥本福夫，除了红豆、鸡蛋和面粉之外，经常送来一大堆地瓜。桥本回忆说，他经常看到崛辰雄坐在廊檐下吃着瘦小的烤地瓜，可是在辰雄的小说中却从未出现过，这是因为地瓜并不适合出现在轻井泽小说的风格中。

崛辰雄还有一篇小说名为《甘栗》，那是大正十四年（1925）辰雄二十一岁时的作品。在这篇小说完成的两年前，崛辰雄母亲在关东大地震中过世，为了怀念母亲才提笔写了这篇小说。《甘栗》是辰雄初期的小说作品，风格近似私小说。内容描写主角"我"前往朋友位于海边的家中拜访，朋友家中除了"我"之外，还有一个叫朝子的女孩，原本说好只停留两三天的，一晃眼却住了十多天，"我"的母亲因为担心就带着"甘栗"找到朋友家来了。

吃午餐时母亲说什么也不吃，她说她在火车上已经吃过了，可是又不说她吃了什么，我想她应该是骗我的。为了缓和母亲的情绪，"我"问她说："是不是吃了三明治？"母亲一边点头一边勉强微笑地回答"嗯"，整篇小说就在重复了几段这样无关痛痒的对话之后，一直写到母亲留下甘栗回家，但他却温暖耀眼且悲伤地描写了主角和母亲心中泛起的阵阵涟漪。

在母亲离开时，主角抽着烟，母亲问他："你吃烟草吗？"

"母亲非常喜欢香烟，因为她有病，人家告诉她香烟对身体不好，但是她却没办法戒掉，但她却在五六年前戒掉她最喜欢的香烟，这都是为了我，因为那年我必须参加中学入学考试，母亲非常担心，为了祈求我的考运，她就在她虔诚信仰的观音面前许愿戒烟。……有一天早上，我偷懒在客厅打混时，母亲正好从外面回来，脸色惨白，我仔细一问才知道原来是这么回事。"

这是真有其事。

"我看我戒烟好了。"

"咦？你说什么？"

母亲反问，故事就到此结束。这篇小说让人心痛，无奈的感觉余波荡漾，这是因为崛辰雄含蓄地压抑了文体的感情，文章中描述的情人朝子和母亲之间的情绪纠葛，已经透露出辰雄文学的发端。但整篇文章却看不见父亲的存在，只有母亲和情人，但因为这部作品实在太像私小说，这也可以说是后来堀辰雄为什么要将作品虚构化的原因。也由于它是私小说，所以甘栗、三明治和香烟等小道具更显生动。

后来，在堀辰雄加强虚构化的小说世界中，食物变成一种观念，取代食物成为真正存在的是肺结核。

辰雄曾说"疾病需要人哄"，他和自己的病变成好友，当日本开始进口链霉素时，神西清曾劝他"要不要试试看？"崛辰雄却反问他说："你把结核菌从我身体赶出去之后，那我还剩下什么？"

辰雄曾在昭和十四年（1939）发行的《驴马》最终号发表了一首诗。

> 玻璃破了的窗户，
>
> 是我的蛀牙，
>
> 每到夜晚，在你里面，
>
> 仔细一听，
>
> 会听见餐盘和刀的声音。
>
> 停留在我的骨头上，
>
> 小鸟啊！肺结核！
>
> 因为你用嘴巴戳我，
>
> 我的痰里才会出现血丝，
>
> 你一振翅高飞，
>
> 我就会咳嗽。
>
> 为了让你安睡，
>
> 我必须戴上吸入器。

此时，崛辰雄二十四岁，这首诗虽然充满科克托的风格，相当新潮，但其实是表示崛辰雄已经开始在自己体内培养结核菌了。肺结核会导致吐血且具传染性，是非常让人忌讳讨厌的疾病。

如果说料理的秘诀，是在将外表看来怪异恶心的材料加以组合，让他产生完全不同的味道的话，辰雄的文学就是料理本身。辰雄不喜欢向他人告白自己的内心世界，更不喜欢让他人看见赤裸的自己，他的小说是由闪耀言辞的文学装饰书写而成的。

崛辰雄靠吃病而生。

他体内的病菌有如夜空中的星星一般创作出光芒闪烁的《风吹了》，《风吹了》中所描写的风声、白雪、枯枝摩擦的声音、无限的静寂，翩翩飘落的树叶、爱与别离，全都是在邻接死亡的黑暗中摆动的虚构粒子。他将所有细节一字不漏写下的无形力量泉源，就是他那在蛀牙中一直凝视煤油灯点燃的食欲。

K. Anashiyama

坂口安吾

（1906—1955）

出生于新潟县，与织田作之助和太宰治等人被称为无赖派，他传奇的写作风格至今仍有许多书迷。著有《堕落论》《白痴》《樱花森林盛开下》等作品。

坂口安吾

安吾精制
杂煮粥

　　只要阅读坂口安吾的书，就会让人想吃兴奋剂，真是让人伤脑筋，在他那个时代只要在药房就可以买到希洛朋和洁德林，因为我从没吃过，所以也不知道那是什么东西，但是读他的作品时，因为他描写得实在太舒服了，所以难免诱人地觉得"如果那么好的话，我也想吃吃看"。至于服用这些药物的后遗症有多可怕，只要看坂口三千代写的"神志不清日记"就知道了，看完之后你就会觉得"还是别试的好"。关于这点三千代夫人倒是说对了，不过"神志不清日记"中明确记载的药物伤害不是兴奋剂，而是高效安眠药。这种药只要吃上二十颗就可能致命，安吾却一次吞服五十颗，三千代夫人还曾经在他的命令之下，走遍住家附近的药房搜购高效安眠药，有时甚至还跑到邻近的乡镇去。

　　安吾只要一吃安眠药，整个人就会性情大变，拿着球棒到处乱挥，任何人也阻止不了，还因此被送进东京大学附属医院的神经科，至于戒药期间的禁断症状有多严重，"神志不清日记"里记载的很清楚，安吾自己也曾经提过这件事。

　　他说："我曾经因为服用高效安眠药而药物中毒，我之所以会选择高效安眠药，是因为在试过各种安眠药之后，发现它最有效。"说得还真是简单明了。

"目前日本的产业并非常态，大家还是习惯工作时浑水摸鱼，因为他们偷懒，没有去除药物中可能引发副作用的成分，所以才容易导致药物中毒。（中间省略）我因为是在服用兴奋剂之后才开始工作，所以睡不着也没办法，最后只好用威士忌来服用安眠药，才因此中毒的。"

安吾晚年住在伊豆的伊东，有个卖希洛朋的人在风化区四处推销，他卖的不是药丸，而是静脉注射用的针剂，每回只要他一出现，妓女们买了药之后，就会到二楼去自行注射，只要针剂一进入体内，她们就会觉得精神百倍。

注射希洛朋时，必须在注射完维生素B之后，服用救心丸，大家相信如此一来就不会上瘾。当初在织田作之助的建议下，才开始注射希洛朋的安吾，觉得"非常不舒服"，因为"刚打完针时觉得很有用，但不到一个小时药效就消失了。"他觉得"吃药就够了"，所以就持续服用他的洁德林。因为精神科医师说要想溶解体内的希洛朋喝威士忌最有效，安吾信以为真地说："只要吃药我就一定会喝了威士忌再上床睡觉，只要在十天内每隔三天就停止服药一天的话，就不会伤害身体了。"真的是这样吗？当时的兴奋剂虽然和现在被列为禁药的兴奋剂种类不同，但安吾却不厌其烦地说明兴奋剂的作用。

据安吾说，兴奋剂的效果最重要的是必须储存，第一天规定要吃七颗的就吃九颗，第二天吃七颗，第三天、第四天就六颗、五颗地递减，重要的是"要不间断地服用"，感觉上就好像在吃营养品。"我从来没有体验过兴奋剂的害处，对身体比较不好的是安眠药。"

只要一不服用希洛朋，"鼻水就会不断地流进胃里面，让人觉得恶心想吐。"但是希洛朋的味道很苦，没吃过的人根本吞不下去，更别说一次要吞五十颗了，服药之后就会出现幻视和幻听，一停药个性就会变得很暴躁，即使是冬天也赤身裸体地就往外跑，口齿也变得不清楚，情况严重的话，他甚至还说要从二楼的窗户往下跳。为此，三千代还将棉被搬到楼下以免他摔伤，有时他还会把家具从二楼踢到一楼，或者用家具把房门堵死，把自己关在里面，有一回还差点引发火灾，还是三千代赶到把火扑灭了。

从三千代的"神志不清日记"中来看，当时的安吾根本没办法写稿，即使如此，安吾还是毅然决然坚持创作，作品结构结实完整，他的文体清晰没有一丝混乱，这之间的落差实在让人匪夷所思。

安吾在四十一岁时开时服用希洛朋，一直到他四十九岁他的创作从未间断。《樱花森林盛开下》是他四十一岁时的作品，出版《风博士》时他四十二岁，四十三岁住进东京大学附属医院时还创作了《日本物语》，四十四岁时是《安吾巷谈》，四十七岁时是《信长》，四十九岁去世的前两天，才刚为《中央公论》出门采访。

安吾因为身为流行作家，所以行程始终排得满满，对于他为什么需要服用兴奋剂，我也不是不能体会，但即使如此，他的作品无论是小说或评论及散文，思考逻辑却都有条不紊。人在精神错乱的情形下是不可能写作的，因为文章是人的精神地图，人一旦疯狂地图也会跟着疯狂。如果是生病的话，倒还有写作的可能，因为写作文章的行为，原本就是一种病态，但如果是精神错乱的话，就无法看清文章的脉络。

安吾却强行突破了这层障碍。

要想突破这样的障碍，一般人的体力可能没办法产生这样的意志力，但也不可能只有在写作时正常，其他的时候却又精神错乱或酩酊大醉。如果要说这是因为他是坂口安吾那我也无话可说，如果你认为可以这么轻易就看透他，那就错了。安吾是那种处于半疯狂的状态下，还可以冷静分析兴奋剂功过的人。

他曾说酒是为了要喝醉才喝，所以他不喜欢啤酒和清酒等淡酒，他偏好琴酒、伏特加或苦艾酒等烈酒，他虽然身材壮硕，胃却不好，只要过量饮酒就会呕吐，所以他并不是个酒量很好的人。无论是甲醇或烧酒，他需要的只是那种一点点酒精就能够让他喝醉的酒。在他出入银座的鲁邦之后，他开始饮用上等的威士忌，当时因为他觉得"这些酒实在太好喝了"，所以经常喝到烂醉，有时还睡倒在火灾现场，也曾经因为醉倒在水泥地上而感冒，因为他猛喝烈酒，还因此把胃搞坏吐了三次血。

安吾虽然喜欢喝酒但却不品酒，当他戒除兴奋剂的瘾头之后，猛喝威士忌也只是为了能够一觉到天亮，酒充其量只是安眠药的替代品。

安吾曾在书中提到："安眠药的酩酊作用比酒精来得更为强烈，即使服用了十颗高效安眠药也无法入睡，但是只要一升酒下肚，再健壮的男人也会脚步踉跄，口齿不清比醉鬼还喜欢说话。"之后他还曾用威士忌来吞服安眠药。据安吾说这还不算什么，最厉害的是田中英光，他可以在一天之内喝光三瓶威士忌，还把镇静剂当糖果吃，他自杀时还吞了三百颗的安眠药，安吾竟然还谦虚地辩称"我没他那么严重"。

安吾喜欢在深夜写稿，只要他开始写作就会连写七天不眠不休，所以才会需要兴奋剂，即使工作结束，他还是无法入睡所以只好借助安眠药。如果同时服用兴奋剂和安眠药不知道会怎么样？不知道会变得比较兴奋还是沈睡，还是跟服用前没有两样呢？

服用安眠药上瘾之后，安吾一天必须进食六餐，如果三千代端出同样的东西给他，他还会骂她"没诚意"，生气地说"我又不是处理剩菜的垃圾桶"，深夜两点还要三千代去买酒，还说必须在三分钟之内回来，即使走得快些，从家中到酒馆来回最快也要六分钟，再加上还需要两三分钟叫醒老板，三千代告诉他"需要十分钟"，安吾竟然拿出码表开始计时，还顽固地告诉三千代说"只有三分钟"。

服用高效安眠药之后，会让人丧失对时间的感觉，为了买一条羊羹，他甚至又请出码表告诉三千代说"二十分钟之内给我买回来！"他拜托附近的车夫送她去买，车钱加上小费总共花了一千八百块。

上瘾症状严重时，他还逼迫三千代和他一起殉情，他将刮胡刀藏在怀里，因为担心法官验尸还特别将内衣裤换新，一心求死的他找来车夫，绕了两家药房买下所有的高效安眠药，其间他还对三千代说："在你死前，我要让你吃吃炒杂碎。"找了两三家店却都没卖，最后两人只好在蒲田车站附近吃酱油炖菜，吃完酱油炖菜的安吾找了地方小便之后，说："我想我大概吃个一百颗安眠药就会死了吧！"三千代因为再也受不了折腾，只好带他回家。

安吾的食量很大。

他借住在檀一雄家时，曾经叫来一百人份的咖喱饭外卖，这件事是发生在伊东的赛车丑闻被人告发之后，所以安吾当时应该是四十五岁。当时他才刚从安眠药上瘾症中恢复，却因为拖欠税金和赛车事件，而产生被害妄想，因而不断地搬家，最后只好借住在位于东京石神井的檀一雄家中。在檀家服用安眠药的安吾，叫了一百人份的咖喱饭，咖喱饭不断地送上门来，摆满了整个廊檐下，檀一雄也只好乖乖地吃。

根据檀一雄所著的《小说坂口安吾》中记载，安吾对喜欢吃的食物的疯狂程度异于常人，只要他看见鱼子酱罐头，他就会大肆收购，只要你跟他说"好吃"，他就会拿着三四罐来给你。

如果你跟他要一根香烟，他会拿出十盒堆在你面前，檀一雄还感慨地说"跟他说话可得小心"。这或许是因为他是流行作家收入颇丰，所以才能这样挥霍吧！安吾曾说"我不了解小林秀雄买古董的心情"，但是他对吃的东西可就大方多了。

吃火锅时他准备的是吃相扑火锅用的大锅，里脊、菲力和腿肉样样俱全，还开了两三瓶进口芦笋罐头，桌上还排满了干酪、熏鲑鱼和新潟料理酱油腌鲑鱼，可是他却说："我胃不好，不能吃肉。"自己一个人只吃撒了盐的马铃薯。当檀一雄说"我也想吃马铃薯"的时候，他又拿出一大堆刚蒸好的马铃薯给他。

连檀一雄这个大胃王也吃不下的时候，他端出了杂煮粥，关于这个杂煮粥，安吾还曾以《安吾精制杂煮粥》为题写了一篇文章。

首先必须加入鸡骨、鸡肉、马铃薯、红萝卜、高丽菜和豆类，一直将所有的蔬菜都煮到化掉以便作为高汤使用，所以必须煮上三天，没有煮超过三天就不是安吾的做法。即使汤变得很浊也没有关系，把蔬菜煮烂之后加入米饭，以盐和胡椒调味，再煮三十分钟把饭煮到黏稠变软，最后再加上鸡蛋、盖上盖子就大功告成了。吃杂煮粥时不须配菜，但是可以将京都义星所卖的海带放在粥上。

吃面包时，必须先烤过再涂上奶油，夹入鱼肉做成三明治，可以夹在三明治里的东西包括咸鳕鱼子、鲑鱼卵、酱油腌烤鲑鱼或味噌腌鱼等，他喜欢鱼肉和奶油混合在舌头上的感觉，除此之外，他还要吃一根香蕉，他还骄傲地说："这样才不会变瘦。"

安吾喜欢做菜这件事在当时就已广为人知，他在昭和二十六年（1951）参加《所有读物》的座谈会时，还曾经公布牛脑料理的做法。他说生的牛脑因为腥味很重，所以很难处理，但是如果料理得当，没有东西比它更好吃。他推荐当时罕见的牛尾炖菜，还说"它的皮很好吃"。此外，他大放厥词地说"鸡肉要在快腐烂时煮来吃"、"在日本越低贱的东西就越多人吃，酱菜就是其中之一，宴席料理就不行了"、"京都料理依照顺序出菜，如果不吃又不好意思真是伤脑筋"、"我推荐大家吃鲸鱼"、"我虽然没吃过蛇肉，但是好像很好吃"、"腌渍过的蜻蜓烤了之后，又咸又辣的很好吃，但蝉就难吃了"、"龙虱好像很好吃"。当时一起参加座谈会的还有花森安治和横山泰三，但安吾一个人说个不停，两人被他唬得一愣一愣的，当时安吾四十五岁。

安吾喜欢料理的程度在一般人之上，而且精通料理，还留有许多有关料理的文章。我曾经听相扑力士三根山说，安吾有一回因为吃河豚差点中毒，他还抱怨说："可恶！还不如吃大便！"他还说过可以用小钳子将血管从河豚的内脏抽出、蒟蒻的煮法、喜欢长崎的杂烩火锅、关于青花鱼寿司的回忆、他虽然喜欢乡下的山菜料理，却不喜欢京都高级餐厅的宗教素食料理、喜欢乌龙面，最深获安吾赞赏的是鮟鱇锅，他把鮟鱇称作安康，他很喜欢吃鮟鱇锅是因为可以和朋友一起享用。这道被安吾赞为绝品的鮟鱇锅，当初是一位铫子港的船长强迫他吃的。

首先必须先将一公尺长的鮟鱇身上的肉和鱼肝取下，接着再把剩下的鱼头和鱼骨敲得粉碎之后挤出汤汁，在汤汁中加入味噌后，再把刚才先行取下的鱼肉和鱼肝放入汤锅里炖煮，另外还可以加入长葱。这道菜的汤汁和肉片全部都是鮟鱇，除了味噌之外一滴水也不用，安吾说这道菜"味道浓稠且复杂微妙，虽然有点腻，但是却腻的恰到好处"。

这像不像安吾的小说呢？故事的内容浓烈，却不以其他的成分稀释，当他吃炸虾或什锦河豚火锅时，只要觉得味道太淡时，就会说"我有时候真的很想吃鮟鱇锅"。

安吾生长在渔产丰富的新潟，父亲是众议院的议员，住家是占地五百二十坪的豪宅，房子本身是一栋长得像庙一样的建筑物，四周围绕着松树林，他虽然因为反抗家人而离家出走，但从小养成的奢侈饮食习惯却无法改变。

他中学时成绩单上的评语是"粗暴""稍嫌轻浮"，作文虽然写得很好，但却被老师评为"过于怠惰，如果努力勤学或可进步。"汉文老师因为他实在太顽皮了，生气地大骂："因为你根本不了解自己，你应该改名叫暗吾！"接着在黑板上写了大大的"暗吾"两个字，安吾的老师说得一点也没错，就连安吾自己都说"我是经过一番艰苦修行才开悟的，所以应该叫安吾。"安吾就是"安居"，也就是安居乐业的意思，在他心中"暗吾"和"安吾"两人经常互相较劲。

安吾之所以迷恋兴奋剂和安眠药，是因为当时的时代背景，他的朋友太宰治和女人殉情，感情有如亲弟弟的田中英光自杀，身边的一切都变了样，他的《堕落论》大卖，在他堕落的生活中早已预见死亡，因为他的心也变了样了。

但是端看安吾喜欢的料理，可以发现其中具有强烈的合理性，浓稠味重的汤头才是真正的精华，如此说来，安吾之所以服用兴奋剂和安眠药，也应该是因为他的合理精神。安吾曾经这么说。

"我工作时从不睡觉，工作结束后就尽可能地睡"，所以才需要兴奋剂和安眠药，对他而言，兴奋剂和安眠药与快乐、安逸和堕落完全无关，是一种合理的药剂。他虽然是个无赖，但却比任何人都勤劳，甚至有些工作狂。

他为了找寻好吃的东西，在火灾现场到处乱逛，只要发现新开的炸虾店就上门光顾，因为料理和酒都很高级，他以为收费肯定不便宜，结果没想到价钱还算蛮合理的，这个时候安吾就会很高兴。

"高级日本料理店最讲究的就是品位，身为一个厨师在乎的是厨艺和品位，和一般人一样有没有良心是很重要的事，只求满足自己的世界，是愚蠢的世界。"安吾认为在文化当中必须要有这样的背书。

为了治疗兴奋剂上瘾的问题，他搬到伊东租了一栋有温泉设备的房子，尝试利用温泉疗法。他每回要泡上一个小时到一个半小时的温水浴，在温水中泡久了自然就会想睡觉，早上、黄昏和半夜各泡三次，泡温水浴就可以产生镇静脑部的效果，忘记时空进入茫茫然的宁静世界。因为有温泉的帮助，让他上瘾的症状减轻许多。

如果熬夜工作的话，他就会因为疲劳而想睡觉，因为选集已经出版，他其实可以减少工作的分量，再加上也有版税的收入，但他还是拼命地写稿，导致原本已经是深度近视的他，又得了远视，支撑厚重镜片的鼻梁过度疲劳，连带地使头部隐隐作痛。在看过医生之后，他开始使用洗眼器来洗眼睛，也在洗澡前刷牙让头部解压，情况好转之后他却又开始拼命写稿，因此又再度失眠，不得已只好求助原本已经戒除的安眠药。由于他只要一服用高效安眠药，整个人就会失控，三千代无奈之下只好找来檀一雄，因为檀一雄的力气够大，才有办法压制发了狂的安吾。檀一雄陪安吾一起喝威士忌，为了让他能够不依赖安眠药入睡，他们整整喝了好几个晚上。关于这件事安吾也在书中提到说"有困难的时候只能靠朋友"，每回只要一上瘾，他就会倍感孤独而想寻死，三千代还曾经给檀一雄和石川淳发过电报。

"我原本没指望他们会理会我的电报，没想到他们都赶来了，檀先生还花了十天的时间帮我处理这件事，真是太不可思议了，事实是不容扭曲的。没有人比这些人还不值得信赖的了，就好像檀一雄答应我的事，从来没有办到过，真的是从来没有，不过当对方真的需要他的时候，他却能够废寝忘食地加以协助，这真是一绝。"（见《禁药、自杀、宗教》）

谈到这里，不由得让我想起檀一雄喜欢的料理，他在晚年出版了一本《檀派料理法》，并且成为料理专家。我已经不记得他请我吃过多少次饭，和他一起出门旅行时，我也经常在一边当助手帮忙他做菜。

他之所以如此迷恋做菜，并不只是因为要满足食欲，檀派的料理风格和安吾非常相近，他和安吾一样都拥有丰富的女性经验，也同样喜欢喝酒，这或许代表着他正在和潜藏内心服用禁药的欲望相抗衡。在大啖美食，畅饮美酒，沉溺欲望，终日饱食之后，等在悬崖下的是魔幻迷宫，檀一雄已经在那样的地狱中看见太宰治和坂口安吾了，对他来说，料理就是他的救赎。

近来，难吃的食物已经不再被讥讽为愚人的奢侈了，人类寻找美食的习性，成为禁忌欲望的防波堤，之所以在料理的世界中逃避游荡，是为了保护自己不再受到禁药的诱惑。

中原中也

(1907—1937)

出生于山口县，受高桥新吉的诗作启发，立志成为达达派诗人，但他的诗集却一直到他死后才受到重视，著有《山羊之歌》《往日之歌》等。

中 原

中 也

空气中的蜜

中原中也只吃烫三叶蘸酱油，或将葱切成葱花用水冲过后，加上酱汁食用，不过这也可以说因为他只会做这样的菜，当然这也是他一心想成为达达派作家的力量，才使他开始这种与众不同的素食习惯。

昭和三年（1928，二十一岁）时，他和关口隆克在下高井户的租屋处自己煮食度日，关口回忆道"当时中也一天到晚烫三叶，以此聊慰自己的思乡之苦"。

在中也的诗作《骨》中也曾经提到烫三叶。

活着的时候，
在食堂的杂沓中，
我曾经坐在里面。
我曾经在那吃过烫三叶，
想起来就觉得奇怪。

中也十七岁的时候，曾和大他三岁的女演员长谷川泰子同居，但在十八岁的时候，泰子却离开他投入小林秀雄的怀抱，被抛弃的中也因此一蹶不振。昭和三年（1928）五月泰子和小林秀雄分手，在那段纷扰的日子里，中也连吃了好几天的烫三叶，由此可以看出他对故乡山口县的思念，但人称达达先生的中也竟然如此怀念故乡，也实在太不像话了。二十一岁时，他开始歌颂故乡，摇身一变成为达达派不屑的田园诗人和望乡诗人，这其中也有他不为人知的苦恼之处。

说起来，吃酱汁拌葱花要比烫三叶更符合达达派诗人的风格，因为酱汁拌葱花感觉上是闻所未闻，新鲜感十足的食物，如果是酱汁拌高丽菜，或是柴鱼酱油拌葱花的话，还会让人觉得是穷诗人吃的东西，但是酱汁拌葱花听起来就挺无厘头的，这就是达达派的精髓。中也在他没有出版的诗作《冷酷之歌》中曾经写道：

仿佛是枯萎的葱或韭菜一般，啊！神啊！
我将为怀疑而死。

由此可知，他对葱应该是有着特殊的感情的。中也对饮食不甚讲究，长谷川泰子和他同居时，曾经为来访的富永太郎和中也下过厨。

她说：“我做的菜都很简单，像乌贼生鱼片我就常做，有时候会煮鱼或烤鱼，要洗菜的话就到楼下的水井边，其他的工作就在客厅摆上火炉当作料理台就行了，富永先生和中原对食物并不特别挑剔。”（见《时髦》）

泰子说因为平常只有他们两个人吃饭，所以无聊的中也有时候，也会以挖苦泰子煮坏的菜为乐。泰子如果生气转身添饭的话，他就会说：“你添饭就表示你没有生气。”

中也崇拜的韩波诗作《饥饿的飨宴》中有这么一段。

我的饥饿啊！喝！喝！
驾着驴马，赶紧逃吧！
如果我有胃口的话，
我想吃的是土和石。

呼噜！呼噜！呼噜！呼噜！吃空气！

吃岩石！吃火！吃铁！

据大冈升平推测，这首诗应该是富永太郎翻译给中也看的。

在中也《一去不回》中有一句是这么写的：

空气中有蜜，非物体的蜜很适合平常食用。

这应该是中也实践韩波《饥饿的飨宴》的方式。

长谷川泰子在《与中原中也爱的宿命》中曾说："自认为是达达派的中原一点也不体贴，也不懂得体谅别人。"她说中原只要缺钱就会回家要钱，每次回来一定会买外郎饼。"因为我不觉得自己是中原的妻子，所以中原不在家时，我都会和小林在赤坂的鸡肉餐厅见面。"最后她干脆琵琶别抱和小林秀雄在一起，当时小林秀雄二十三岁，泰子二十一岁，中原十八岁。

即使"空气中有"，但人还是无法吃空气维生，泰子离开侮辱她的中也也是应该的。泰子想起有一次她因为中也欺人太甚，气急败坏地把"你别侮辱人"说成"你别侮步人"，中也还拿着这个当话柄取笑她半天。

而且，中也的卫生习惯很差。永井龙男说十八岁的中也长得好像"用湿抹布擦过的脏皮球"，给人很不吉利的感觉，他头戴帽檐狭窄的黑色软帽，习惯不断地吐痰，甚至当着大家的面就把痰吐在烟灰缸里，"年纪轻轻，手指却满是烟垢"，态度傲慢极了。中也只要发现对方软弱，"就大大地欺负对方，恶劣的程度连旁人都看不下去，就好像见猎心喜的猫一样，不停地玩弄手中的老鼠。"

中也这样极具破坏力的攻击习惯，在泰子离开之后更是变本加厉，喝酒的习惯也是。

昭和四年（1929，二十二岁），中也创办同人志《白痴群》，成员包括河上彻太郎、村井康男、阿部六郎、安原喜弘、大冈升平、古谷纲武、富永太郎等人，但他只要一喝醉就骂这些人，他叫敦厚的富永太郎"滚回去！"富永也只是回他一句"我马上滚"就转身不理他，他从背后突袭大冈升平，大冈把手插在口袋里也不还手，因为他们都已经习惯了。

这一年，小林秀雄所写的《形形色色的图样》获选为《改造》杂志征文比赛的优胜作品，让小林秀雄一跃成为文坛宠儿，这个中也恨之入骨的人竟然大受欢迎，更是让他怒火中烧。

他第一次和中村光夫见面时，还曾经用啤酒瓶打他的头，这是因为他忌妒中村以文艺评论家的身份受到大家重视，当时也在场的青山二郎忍无可忍地对着他大吼："你太卑鄙了！"但被打破头的中村却感叹地说："我了解他的悲哀，所以我不怪他。"中也甚至还在日记中写道："中村不过是个狡猾的秀才罢了！"后来两人再见面时，中也还上前勒住中村的脖子。

吉田秀和说中村骂人时"一字一句毫无偏差，直指人心地攻击眼前的人"他曾经受中也之邀一同前往新宿喝酒，却因为身上只带了两块钱，被他大骂"这样连给服务生小费都不够！"他敲诈朋友请喝酒，却还骂人家钱带得不够。

坂口安吾也曾经在酒馆被他缠上。当时安吾正在喝酒，中也叫了声"喂！安吾！"接着就往他身上跳过来。

安吾无奈地说："虽然说他是往我身上跳过来，不过其实还距离了三公尺远，披头散发的他就活像个活塞似的，又是直拳，又是上勾拳、左右跳动、勾拳地自己一个人对着影子打得气喘吁吁的，他该不会以为自己是在跟我交手吧！"（见《二十七岁》）

这件事发生在位于银座由青山二郎的妹夫经营的酒馆温莎，因为中也向每个出现在此的作家和评论家挑衅，不久之后再也没人敢再上门光顾，酒馆只好关门大吉。

温莎停止营业之后，中也就跑到青山二郎的家，只要他每次一出现就会和客人打架，最后闹到连青山二郎夫妇都因此离婚了。后来他开始到一家名为西班牙的酒馆，在那也是照打不误，在浅草的酒店也打，没有人可以打的时候，他就打酒店的妓女。青山二郎针对此事曾说"世人说无法理解中原的行为，他的生命中没有一件事值得称赞，这些话当时的他并不知情，但其实他比任何人都嚣张、都自由自在，无法被世人认同的不是中原，是那些殴打中原的朋友吧！"因为中原虽然喜欢找人打架，但是因为他力气不够，所以挨打的总是他。

中也一看到弱势的对手，马上就会展开恶毒的攻击。这件事他曾经在诗集《山羊之歌》中坦承"我很顽固。昨夜和你分手后，我喝酒，恶骂弱势的人。"在同一本诗集中，他还以《宿醉》为题写了："早晨，和煦的阳光，风起。一千个天使，在打篮球。""我闭上眼睛，可悲的宿醉。不再使用的暖炉，生着白绣。"

他不断宿醉，明知道自己酒品不好，却又因为依恋人群，不得不到酒馆去。

他也曾经缠上太宰治，檀一雄对这件事印象深刻。

太宰治非常讨厌中也却又忍着和他交往，不过，最终他还是受不了中也在酒席上对他死缠烂打。

起初是中也和草野心平一起到檀一雄家拜访，两人后来和当时也在场的太宰治一起到"阿龟"喝酒，不久略带酒意的中也便找上太宰治，搞得太宰治疲于应付。

中也醉醺醺地问道："喂！你那是什么表情！你见鬼了！你到底喜欢什么花？"

太宰治一脸快哭的样子，吓得不敢说话，之后他抱着必死的决心颤抖地回答："我……喜……欢……桃……花。"他苦笑着盯着中也的脸直看，中也说："哼！我就说你这家伙哦……"之后又开始一阵乱打。檀一雄抓着草野的乱发扭打倒地，在这场斗殴中成为中也盟友的草野，也曾遭中也在背后骂他是"无聊诗人"，由此可知草野有多善良了，最后檀一雄还挥舞起大圆木加入混战。

第二次是太宰治、中也和檀一雄三人在一起喝酒，太宰治因为受不了中也的无理取闹而先行返家，中也竟然追到他家中爬上二楼，吵着要把正在睡梦中的太宰治叫醒。对中也的胡闹已经忍无可忍的檀一雄，把中也从二楼一路拖到屋外丢在雪地上。檀一雄还说："我的腕力对别人一点好处也没有。"

中也曾经一边念着自己的诗"今天又下了小雪，在我被玷污的悲哀上"，一边朝着河上彻太郎的家走去。中也喝起酒来毫不节制，仿佛是预知自己将在三十岁死去一般，幸好他在三十岁就过世，世人因此才接受了他，如果他再长寿一点的话，大概就没办法了。他吃东西虽然简单顶多是酱汁拌葱花，但是一提到酒，可就不是这么回事了。

小林秀雄说中也曾经模仿演出舞台剧《三姊妹》的台词，让当时在场的人都傻眼，虽然大家都尴尬地不发一语，他却欲罢不能。台词的内容是："我出现在这里是个天大的错误，看情形，或许我根本就不存在。"

最后就连自认为是中也知音的大冈升平都说："我最后之所背叛他，是因为他命令我要我跟他一样不幸。"他还说："为什么他那充满不幸的诗作，今天会让这么多人心有戚戚焉呢？"大冈认为人们的反应是将自己的人生下注在自己身上，"他虽然是个不幸的人，但他的不幸，却拒绝别人的同情。"

中也三十岁时因为罹患结核性脑膜炎去世，他的弟弟中原思郎在中也去世之前，曾经看到他在银座购买大量的银杏，食欲好得吓人。青山二郎也证实中也的胃被过度撑大，他必须经常到住在附近的朋友家打游击才能填饱肚子。有一回中也的新婚妻子拿钱给他，要他去买熨斗，他却把钱全数吃光，还因此跟妻子大吵一架。

小林秀雄在中也死前曾经和他一起喝酒，他想起当时中也曾经大叫"茫……茫……茫……茫……"小林问他是什么意思，中也眼神呆滞地用悲伤的曲调唱道"前途茫茫"。

"他一口气吃了两盘装得跟座小山似的海苔卷，我知道他的食欲好得吓人，他的千里眼又出现了和往常一样的盲点，他看了我一眼说'这样我回家之后又可以吃了，我在家都吃不饱，因为吃太多会被骂。'"（见《中原中也的回忆》）

为了要和韩波所说的"我想吃的是土和石"相抗衡，试图吃"空气中的蜜"的中也，临死前吃起饭来狼吞虎咽，虽然有不少人认为这是身体疾病导致的精神异常，但中也这个从小娇生惯养的外科医生之子，原本就是个贪吃之徒，现在只不过是换个形式表现罢了。中也的父亲不仅是个美食家，而且相当能吃，他弟弟如此描述他家吃饭的情形。

"夏天的时候，生鱼片一定要放在冰块上，而且还要有震动才行，不同的生鱼片放不同的盘子，醋腌章鱼一定是一大碗。莴苣叶则是堆得看不见餐桌对面的人，大家虽然酒量不佳，但却非知名酒厂的高级品不喝，无论是酒壶或酒杯，都必须是有来头的东西，镶贝涂漆的筷子盒有砚台盒般大，同花色的筷子沉甸甸的，放上餐桌时还铿锵作响。"

这种家庭的长男怎么可能吃得寒酸呢？中也对餐饮的要求，比起其父是有过之而无不及，但这并不是件容易的事，因为还有韩波的阻碍。对中也来说，酱汁拌葱花之所以能够成为人间美味，是因为有韩波的法术。

中也的诗作对食物经常会有令人惊艳的描述。在《春日夕阳》中有"吃了一块煎饼，春日的夕阳很暖和。"在《月》中有"今夜的月亮吃了太多的茗荷。"这些说法感觉充满达达派的风格，旋律也让人觉得很舒服，触觉也很敏感。无论是"吃了一块煎饼"或是"今夜的月亮吃了太多的茗荷"，如果不够贪吃，是无法享受这样的视觉效果的。

在他早期的短歌作品中也有"我想体会抓着母亲袖子要糖果吃的童年心情"，以及"只要和大家一起吃，就算是讨厌的东西也会想试试的懒散周日"。还有模仿石川啄木写法的"愤怒之后的愤怒啊！猛嚼二三十个人丹"。

在《秋日狂乱》中还有"那么，喝下浓稠的糖浆吧！将它冰凉，用粗的吸管来喝吧！"这样的滋味不是有钱人家的少爷是无法体会的，光是"粗吸管"就已经够奢侈了。在"下雨的早晨"中有"烧麦茶的麦还是要焦一点比较好"，他的味觉真的很地道。

在《（和那薄唇）》中有"那薄唇，和那细腻的声音，你可以吃。虽然没有薄荷般的结晶，虽然有缔结组织，你可以吃。但虽然谁都会吃，困难的是开始吃之后。品味是困难的……黎明使心飞翔，让你觉得一切美食都焦臭，甚至连爱都觉得厌烦——但你还是可以吃那薄唇，和那细腻的声音——啊！你可以吃。"中也也需要"觉得一切美食都焦臭"的方法。

但中也的"空气中的蜜"虽然看似韩波的"我想吃的是土和石"，但其实正好相反。他想吃空气里的蜜的计谋，其实是想吃前一项美食，那里面是中也的毁灭。他将食物视为酱汁拌葱花的结果，就是把对别人的纠缠变成下酒的小菜，别人因此逃走，他无法称心如意，只好拼命吃饭把胃撑大，这也是他之所以会在临死之前，变成一个令人不忍卒睹的大胃王的原因。

在此同时，我们还应该注意在他的味觉中，闪烁着悲哀光芒的这件事，这也代表中也精明强干的才智。他有一首名为《溪流》的诗是这么写的。

放在溪流中冰镇的啤酒，
如同青春一样可悲。

中
原
中
也

3
6
5

仰望山峰的我，

恸哭般地畅饮。

湿淋淋即将脱落的标签，

如同青春一样可悲。

现在的广告撰稿员绝对描写不出如此美味的啤酒滋味，因为啤酒的滋味必须是精神奕奕的、健康的、开朗的、高兴的、快乐的才行，只要在啤酒中加入落败的要素就会有这种感觉。

这也是中也的诗作虽然不幸、却能得到许多人支持的原因，在这点中也还是有他厉害之处。

还有一件事，这是大冈升平生前告诉我的。中也那张人尽皆知戴着黑帽长得像个美少年的照片，因为经过不断的复制修饰，所以和他本人根本是判若两人。大冈先生说三十岁的中也"脸上全是皱纹，是那种满街都是的老伯伯"。我曾经依照大冈升平的指示，制作过"中原中也脸部照片变迁史"的插页报道。

由此看来，中也不仅将反转的自我投射在诗作当中，同时也是将自己封锁在一张照片里的魔术师，除了诗作之外，就连那张有名的照片也是他的杰作。

K. Arashiyama

太宰治

（1909—1948）

青森县生，本名津岛修治，无赖派代表作家，作品以描写人类阴暗面为多，忌日的樱桃忌时，多数文迷齐聚一堂。著有《樱桃》《津轻》《晚年》《人间失格》等。

太宰治

鲑鱼罐头加味素

太宰治胃口很大，对吃的执着比常人要强上一倍。这点在高中时代友人与其他作家的追悼文中显而易见。

在东京时，把螃蟹和橘子罐头等存粮当作宝贝，藏在住处的柜子深处，并且善加保管请客用的苏打。虽说这些东西是请客用，但实际上大多是自己在吃，往往一时兴起便大快朵颐一顿。吃相狂放异常，仿佛对食物有深仇大恨，据拜访过他的高中同学形容，在旁边看他吃的人还比较难过。这种倾向，可以把它解释成太宰自幼没有母亲照顾，残存至今的幼儿性，不过，太宰长大的青森县津轻平原，少有米和苹果以外的名产食物，是养大胃口也不奇怪的地方。而且，太宰治的身高达一百七十五公分，以当时男性来说身材算是相当高大。

吃得多却胖不起来，主要是因为左侧肺结核和注射止痛药导致的慢性麻醉剂中毒，再加上神经质的性格和失眠，让太宰不至于发胖。若是太宰胖了起来，恐怕读者也会为之幻灭吧。

昭和十二年（1937），井伏鳟二、川崎长太郎等人到三宅岛旅行时，同行的浅见渊见识到太宰的惊人食量。太宰趁人不注意，喝下了六碗味噌汤，遭到同桌友人指摘之后，不好意思笑答"被抓到了"（浅见渊《昭和文坛史》）。弘前高中时代，太宰总是在热水瓶里装三碗份的味噌汤，跟便当一起带到学校。

　　津岛美和子在《回想的太宰治》中，介绍太宰晚年的饮食。根据此书，太宰很会用筷子，用瘦长的手指操弄长筷子的尖端，吃鱼也很利落，这是由于小时候祖母严格的教导。另一方面却因为急性子，讨厌鲱鱼等骨头多的鱼类。美食无所不吃，也常吃鲔鱼的肠子，但讨厌在东京的鱼店看到的鳕鱼切片。想要采用津轻做法，把一整条鳕鱼拿来调理，但是这种做法在东京当然不可能实现。有一次，从青森来访的客人带了一整条鲑鱼过来，让太宰欣喜若狂赞不绝口，不让美知子夫人插手，一个人吃掉一整条鲑鱼。

　　太宰有项不为人知的兴趣，喜欢解剖鸡，从三鹰的农家买了一整只鸡，自己处理、放血、拔毛，把带骨的肉直接切块，做成鸡肉水炊锅。充满书生风范的豪放饮食做法。美知子夫人回忆到"那个连虫都不杀的温柔的人，杀鸡时却下手全不留情"。

　　对于太宰而言，美味的东西均属于津轻流，无论素材或料理法都钟情津轻流。喝酒晚回家时，美知子夫人总是准备好饭团放在枕边。为了满足太宰旺盛的食欲，美知子夫人每天为了张罗食物东奔西走，因为当时是开店就是老大的时代，还在车站前市场因为买太多蛋被老板娘骂。有时配给米中夹杂着糙米或者带着红丝的米粒，太宰不怕麻烦，一一用筷子挟出来丢掉。

　　喜爱野生竹笋和新鲜海带汤。老家送来的源印梅干，是一颗颗除去种子，用紫苏叶将果实包好的高级品。

　　东京人习惯在客人来访时叫外送料理招待，但是太宰不喜欢这种风俗，在太宰的老家，不管客人是谁，来了多少人，必定亲自料理招待，这是评断主妇的基准。

　　太宰是青森县屈指可数的大地主之子，虽对家庭不满离家出走，但是享受的习惯和对料理的讲究依旧持续。表现出津岛家六男的幼儿式任性作风。

　　根据弘前高中时代友人鸣海和夫的回忆，太宰身上有着"在弘前这种乡下小镇学出来的江户风格，会被人家取笑是乡巴佬"的一面。来到东京，学会衣服的穿法与玩乐，努力学习成为"懂得很多""风流潇洒"的人，但是津轻长大的乡巴佬气息没那么容易抹消。这件事想必让又自负又死要面子的太宰十分难过。主张素衣之美，观赏净琉璃演出，学着通晓江户风俗，结果贯彻"喝酒时品酒就好，不要贪吃料理"的不讲理作风。太宰对自己身为不懂标准语的乡巴佬感到可耻，学习比东京更为高尚的西洋文学，接触古典文学，拼命提高自己的素养。对于料理的嗜好，也同时展现对津轻的反抗和执着。

太宰从小学时代起，就抱持"我是万中选一的人，非得高人一等不可"的使命感，这种自我陶醉，在现实的东京开始不安动摇。

太宰喜欢请客，讨厌被人请客。虽然抱着生在名门望族的自负，但在原稿卖不出去生活贫困的时候，想必感到相当屈辱。被害妄想也自此而生。

三岛由纪夫讨厌太宰，堪称东京人讨厌太宰的代表。三岛由纪夫说："首先我讨厌他的脸，第二讨厌这个乡下人的崇洋兴趣，第三讨厌这个人不断扮演不适合自己的角色。跟女人殉情的小说家，必须要展现更严肃的风貌才是。"（《小说家假期》）

三岛透过反射，从太宰的形象看见自己的下场。若直接把"乡下人的崇洋兴趣"换成"东京人的自恋"，把"女人"换成"思想"，就变成三岛的自我批判。

太宰治立志成为美食通。

生活困苦，却在上野精养轩召开出版纪念会。《人间失格》中也装模作样："所谓人不吃饭就会死，不得不为此工作挣口饭吃，对我而言，再没有比这更难解、晦涩、伴随威胁性声响的说辞了。"

喜爱一流店。

笔者从檀一雄那儿听说不少关于太宰的事情。其中之一是螃蟹。檀一雄每吃螃蟹就会想起太宰。檀一雄和太宰在新宿喝酒时，太宰从小贩摊子上积成小山的螃蟹堆中，亲手挑了一只螃蟹，吃的是九州岛长大的檀一雄从没看过的奇怪毛蟹，边走边剥，大口吞食。太宰对毛蟹的喜爱，被美知子夫人称为"最爱的食物"。

檀一雄去世前一年，笔者和檀一雄一同（以编辑身份）到津轻旅行。檀一雄买了一捆去头尾的鲱鱼，用报纸包起来，我建议"到店里去买味噌来配着吃吧"，把鲱鱼切片沾味噌来吃。"这是太宰爱吃的东西"，檀一雄目光漂向远方。最近青森谈起这件往事，听说把鲱鱼和黄瓜沾味噌轮着吃，至今仍是青森常吃的下酒菜。

笔者还从檀一雄那儿听说天妇罗的事。

太宰住进热海的旅馆，因为身上没钱，拜托檀一雄"帮我送钱来"。受托前来的是妻子初代。檀一雄表示"没有旅费"，初代说"请把这些钱拿去用"，另外塞给他七十多元。檀一雄带着这些钱来到热海的旅馆，太宰把檀一雄带到附近的小料理店，又拉了料理店老板一起到高级天妇罗店。檀一雄一面感到不安，听着太宰讲解，吃完了高级的天妇罗，发现结账金额是二十八元七十钱，贵得无法无天。

檀一雄观察当时太宰的模样"立刻血色尽失"。整整三天，又是喝酒又是带着游女游玩，等到钱差不多要花完了，太宰说"我去跟菊池宽借钱"，把檀一雄留下来当人质自己跑掉。

太宰离开前答应两三天就回来，结果过了十天还不出现。此际，檀一雄陷入被旅馆主人严加监视的软禁状态，救人反而被拖下水，没有脸回去见初代。结果无可奈何，在料理店老板从旁监视之下，檀一雄回去找太宰治。然后，到了荻洼的井伏鳟二家，竟然发现太宰跟井伏鳟二在下象棋。檀一雄大怒痛骂太宰一顿，太宰狼狈之余，低声说"不知道是等人难过，还是被等的人难过"。太宰的欠债，包括住宿、居酒屋、花街的费用，总共高达三百多元。

我听到这件往事，不禁暗自心想绝对不想交到这种朋友。三百多元的钱，一部分由佐藤春夫付账，一部分请井伏鳟二代垫，剩下的由初代把和服拿去当调换成现金。

太宰治写作《奔跑吧梅洛斯》是在这之后四年的事。《奔跑吧梅洛斯》编入小学教材,被全日本的学生阅读。即将被处刑的梅洛斯,请友人赛利努提斯代替自己当人质,得到三天的缓刑期间,回去参加妹妹的婚礼,梅洛斯虽然遭遇到种种难关,却为了"信任"全力奔回刑场。"因为有人信任我而奔跑,不是来不来得及的问题",梅洛斯全力以赴的情操,让小学时代的我,感受到仿佛背后顶着金属异物的紧张感。

檀一雄一面吃着炸虾天妇罗,说起"这篇小说的灵感,恐怕来自热海的事吧"。

《热海事件》发生在昭和十一年(1936,太宰二十七岁),当时太宰因止痛药中毒多次住院。因为止痛药中毒的妄想症状,确信自己会得到第三届芥川赏,由于落选的冲击向评审委员佐藤春夫抗议。檀一雄来到太宰住宿的村上旅馆的时间是十二月下旬。为了正确起见,参考了山内祥史制作的年表,把人质檀一雄留在旅馆的太宰,找永井龙男要求向菊池宽借钱,但是永井龙男不予理会。留在旅馆的檀一雄跟料理店"大吉"的老板一起回到东京,来到井伏家时,发现太宰在庭院旁下象棋。当时"大吉"的账单大约是一百元上下。

十二年,太宰发现妻子初代外遇,在水上温泉和初代殉情未遂,六月分手。

太宰酒量颇大,每每喝到一升(一千八百毫升)以上。酒后甚少与人发生纠纷,酒品堪称上等。喝酒跟喝水一样若无其事。据檀一雄所说,在玉井转角的第二间小酒店,太宰曾在买女人之前配蛤蜊汤下酒,一副自暴自弃的模样,但黄汤一下肚就变得开朗起来,是东北地方常有的酒豪。

由此可知,太宰虽然肺结核缠身,原本是肉体健壮的人。若太宰跟三岛两人打起架来,恐怕太宰一记回旋踢就可以出奇制胜。就我记忆中，三岛的身高还不到一百六十公分，跟一百七十五公分的太宰差距颇大。矮小的三岛发愤图强，高大的太宰以软弱为志向。

檀一雄曾在荣寿司店里看过太宰用手指剥食一整只烤鸡，大口吞食大口喝酒的狂乱姿态，"张大的嘴中，可以窥见太宰的金牙，头发散乱，撕裂鸡肉的模样如同恶鬼。"

太宰能吃能喝。中原中也酒品不好，跟太宰喝酒总是纠缠不休。太宰讨厌被人纠缠，避开中也。太宰虽会独饮闷酒，却不会酒后乱性骚扰他人。

太宰写过一篇《酒癖》。"总觉得在家里放酒不好，明明不怎么想喝，只是想要把酒从厨房拿出，大喝特喝，不知不觉就喝完了。像常人那样，家里放少量的酒，视情况偶尔小酌一番的稳重作风，我是做不到的。"这是酒鬼的自我辩护，属于太宰独特的笔法，显示出太宰和其他酒鬼一样，喜欢在外面喝酒。

因为喝得太过分，担心的美知子夫人阻止，太宰威胁"那我喝药，可以吧"。

对于太宰的慢性麻药中毒，太宰的主治医师中野嘉一在病历上诊断为Psychopath（精神病质）。太宰一天注射三十剂到四十剂的止痛药，"例如，要求帮他注射，或者说这是非法监禁，不让他出院就要告医师，口吐威胁之词。常有示威表演式的动作，还曾经爬上铁窗，学猴子张开手臂捣乱"（《太宰治·主治医师记录》）。

原本就嗜酒的太宰，停用止痛药之后便转向酒精，喝得多也是当然的结果。当时的文人，坂口安吾、织田作之助、田中英光等人都滥用安眠药、兴奋剂等药物，据说只要陷入轻微的酩酊状态，便能够意志不受压抑，下笔如有神。代替药物的酒则是一升清酒或一整瓶威士忌。坂口安吾曾带太宰到新桥去喝私酿烧酎，但是太宰只喝了一杯。当时流行甲醇，武田麟太郎即因甲醇而死。不爱甲醇这类危险的廉价酒类，是出自太宰向来的奢侈作风。

太宰殉情而死时，报上报道"太宰每月收入二十万元，却每天喝两千元的私酿酒，住在房租五十元的房子，漏雨也不修"，坂口安吾读了报道表示"文人从事艺术，专职于此，艺术之道原本就不免背离常识"，并且写到"喝到烂醉，做了什么怪事之后，第二天醒来不禁脸红或冷汗直流，这是许多人常有的经验。只是自杀这种事做了以后第二天不会醒来，无可收拾"（《太宰治殉情考》）。安吾评价太宰治的自杀，与其说是自杀，不如说是投身小说之道者的挣扎，还是让他安静休息得好。

太宰总共自杀过六次。1.二十岁时因学业困扰服用镇静剂自杀（失败）；2.二十一岁时在镰仓海岸和咖啡店女侍殉情（女性死亡）；3.二十六岁时参加都新闻考试不被录取，在镰仓山上吊自杀未遂；4.二十七岁在水上温泉和妻子初代殉情未遂；5.三十八岁时服用过多安眠药；6.三十九岁，与山崎富荣在玉川上水殉情。抱有自杀愿望，却实行六次才达成。肉体之强壮远胜过强烈的自我破坏冲动，若非身体健康，不可能自杀六次，大吃大喝才能达成五次自杀未遂的结果，去死也得靠体力。在诸多层面上对太宰抱持对抗心的三岛，唯一不能超越太宰的地方，就是没在三十九岁自杀成。

太宰嗜饮威士忌。曾在一同旅行的伊马春部把山多利的小瓶威士忌拿出来时，发表"日本酒是喜剧，威士忌是悲剧"的论调，却每过一站就喝一杯，到大矶已陷入酩酊状态。太宰爱笑，一喝醉便弯下身子，扬起眉头，笑到整张脸皱得变形。

阅读檀一雄或伊马春部等友人的回忆录，可以发现太宰豪放磊落的一面，令人为本人和小说的落差感到困惑。一般常说"健全的身体才有健全的精神"，太宰是"健全的身体也会有殉情的精神"。

这么说起来，笔者还曾听檀一雄说过另一件事，是关于味素。太宰治是味素的爱好者，曾经扬言"我绝对确信的唯有味素"。还曾把鲑鱼罐头加进饭碗，在上面洒满味素。

太宰喜好新奇事物，在罐头鲑鱼上洒满味素来吃，也是太宰的潇洒表现吧。对女人屡次出手的好奇心，以及在料理和味觉上追求新奇珍贵的好奇心，其实是表里两面。但是人不能跟酒或料理殉情。跟女人殉情的行为，乍看之下似乎懦弱，但却是体力强健的无赖派极致。太宰看不惯自己强健的肉体，不知如何对待。

野原一夫从编辑角度观察太宰的记录《回想太宰治》中，介绍数间太宰常去的店，其中之一是吉祥寺车站附近的"雏菊"。在仅可容纳五六人的店面中，太宰将啤酒一饮而尽，说"啤酒就该一口喝干。有人一口一口慢慢喝，真不痛快。不过，啤酒本来就不是什么好喝的东西"。还有一间在三鹰卖鳗鱼的摊贩若松台，想找太宰，三点以后到若松台一定找得到人，太宰在店里吃鳗鱼肝配酒喝。此时的太宰已习惯了东京生活，完全融入江户作风。

尽管如此，津岛家的亲人还是担心太宰自杀，委托专业代理人中畑庆吉前往侦查。中畑庆吉每两个月就带着两瓶酒和牛肉到三鹰警局，拜托"有个住在三鹰的作家太宰。他可能有自杀之虞，不知道哪一天会麻烦到各位，请严加戒备"。果不其然，太宰自杀成功，尸体漂浮在玉川上水，中畑庆吉证实殉情的地点"仔细一看，土上有木屐用力踢过的迹象，而且还有伸手攀爬阻止下滑的明显痕迹。过了一个礼拜，其间还下过雨，痕迹依然清晰可辨，应该有强烈的悔恨之念吧。"

殉情当晚，山崎富荣到附近鳗鱼店买了许多的鳗鱼肝。那间鳗鱼店后来改卖寿司，濑户内寂听来到寿司店，听到店主人的以下说法（濑户内晴美、前田爱《名作中的女性》）

"我说，（富荣）今晚买了真多啊，她回答说今晚有事必须要补充精力，然后第二天早上就死了，我也没收到钱。没办法，就当作是奠仪吧。"

檀一雄

（1912—1976）

出生于山梨县，作品因以私人生活为写作题材，因此颇受好评，由于生活方式不受拘束而被归类为无赖派，著有《律子之爱》《律子之死》《真说·石川五右卫门》《火宅之人》等。

檀一雄

百味真髓

　　我曾在昭和四十四年（1969）担任檀一雄的编辑，共同为一整年的连载而努力，当时的我才二十七岁。从那次之后，一直到昭和五十一年（1976）檀一雄去世为止的七年之间，我跟着他到日本各地旅行收集写作材料，顺便也品尝了各式各样的料理。檀一雄以喜欢下厨闻名，所写的《檀派料理法》（中公文库）至今依旧畅销。《檀派料理法》中记载的料理种类包罗万象，有鲣鱼肉酱、馅料肉粽、内脏锅、虾子可乐饼、醋渍鳗鱼、紫苏叶寿司、东坡肉、豚骨料理、露草、冷汤、咖喱饭、芋棒、炖煮沙丁鱼、蒸冬瓜汤、炒牛蒡、甜菜汤、盐渍牛舌、泰式茶泡饭、麻婆豆腐、西班牙海鲜饭等料理，总共介绍了九十七种中、西、日式家常菜的做法。《檀派料理法》书如其名，书中介绍的菜色都是檀一雄独创，因此全都是适合一般大众食用的便宜料理，并不是"美食家"的得意之作。

　　例如，制作咖喱饭时，他会将大量的洋葱切片后加以拌炒，"尽量以小火炒比较好，（中略）也可以一边看电视一边炒，只要偶尔搅拌一下炒一个多小时就可以了。"以前我看单行本时，记得他曾在书中提到"可以一边喝啤酒，一边悠闲地花一个小时做菜"。从那个时候起，我就养成了边炒洋葱边喝啤酒的习惯。咖喱虽然好吃，但料理时一边闻着炒洋葱飘散出的香气，一边喝着的啤酒却也是风味绝佳。

此外，还有用来当作前菜的肝脏料理。我第一次前往檀一雄位于石神井的住处拜访时，四十子夫人就用这道菜和调水威士忌招待我。当时檀一雄因为喝醉睡着了，我苦等两个小时还是没等到他起床，我边等边喝，最后也因为喝了五杯调水威士忌而醉倒。起初我还很不好意思下箸，但因为长相有如白桔梗花般美丽的四十子夫人对我说："你如果把这些东西吃了，我先生会很高兴的。"于是我就毫不客气地吃喝了一番，当时的前菜肝脏还真是美味极了。

这道前菜主要是将鸡肝和内脏用酱油和酒炖煮之后，再切成薄片上桌，但檀家做出来味道就是和别人做的不一样。《檀派料理法》中的做法，是在炖煮时加入红萝卜的根和外皮，还有葱绿的部分以及洋葱、大蒜、姜，除此之外只要是切碎的蔬菜也都可以放进去一起煮。

后来，檀一雄还曾经亲自教我如何烹煮这道菜，当时他还将做法加以改良，鸡内脏在经过炖煮之后，必须用刷子刷上麻油和辣椒再用烤箱烘烤，而且他还教我如果在烤箱中放入两三片铅笔屑的话，就会有烟熏的香味。我回到家之后，尝试着用帆船、蜻蜓、三菱和史特得拉四种不同牌子的铅笔屑来熏烤，结果发现三菱铅笔屑的烟熏效果最好，我还把这个结果告诉檀一雄。

《檀派料理法》是我家厨房里唯一的一本食谱，书里的菜色我全都试做过，书中不仅充满了做菜的乐趣，就连所记载的料理指南，在以往的食谱中也从来没有出现过。

每回我和檀一雄出门旅行，他总是会包下熟人开的小酒馆，大白天就开始动手做菜。有一回在宫崎的时候，我们一早就到市场采买了大约四大竹笼的食材，大包小包拿回酒馆之后，檀一雄就利用这些食材做了将近二十道菜，当天晚上他邀请了市长、中学校长、饭店老板、当地民众大开筵席，早就把采访的工作抛到脑后去了，这样的情形持续了一年多，所以我多少也学会了些檀派的料理法。

檀一雄常去的博德"两山本"、柳川的鳗鱼店"本吉屋"、新宿十二社的"山珍居"等店，我也跟着成为常客。檀一雄的许多朋友都说他是个非常豪爽的男子汉，很容易就让两个陌生人成为好朋友，认识他的人彼此也都成了朋友，他所具备的催化力量实在是不可思议，他也介绍了许多朋友让我认识，直到现在我还和其中好几位保持密切联络。在我担任他编辑的第二年，他对我说："最近有个颇有潜力的人要从巴西回来，他的身材虽然和我差不多都很粗壮，但心地却很善良。"他说的原来就是他的长子檀太郎，在那之后，我和太郎也成了好朋友。

檀一雄为什么会对料理如此投入呢？关于这点他在《美味流浪记》和《百味真髓》开头的部分曾有相关的说明。

"那是因为在我未满十岁时，没有任何人能够做饭给我吃。不！应该说是因为我是家中长子，底下还有三个没上小学的妹妹，我总不能让大家饿肚子吧！事实上，因为我的亲生母亲在我虚岁十岁那年的秋天，突然离家出走，父亲是乡下地主的儿子，从小就不懂如何料理家事，而且任职学校的所在地过于偏僻，也无法购买蔬菜或鱼回家，我们的住处距离家乡又远，祖母和女佣也不可能马上赶来，所以只好暂时以外卖的便当充饥。父亲或许无所谓，但年幼的妹妹们总是处于半饥饿的状态。"

檀一雄就是从这个时候开始做菜，一旦亲自下厨之后，他就越来越能自得其乐，也因为开始做菜，他才知道只要在山里走一圈，无论是山蕨菜、百合根、竹笋或山芋，遍地都是美味的食材，但他也曾经误把毒草当菜料理，导致家人吃了之后大吐特吐。

由此可知，"子女的口味是由母亲养成的"这种说法根本就是天大的误会，因为檀一雄是在母亲离家出走的情形下，创造出自己的口味的，不！倒不如说这就是他克服失去母亲痛苦的力量。虽然因为母亲不在身边，使檀一雄必须自己煮食，但却也加深他对平凡生活的厌恶，他不断地在"天然旅情"的诱惑下浪漫出走，导致平静的家庭生活终于崩溃。

"我喜欢流浪的习惯，强化了我自己煮食维生的生活方式，同样地，我自己煮食维生的生活方式，也强化了我流浪的习惯。"

男人一旦可以自己做菜，就容易危及家庭生活，因为即使妻子不在家，他也能够安然度日，下厨做菜的习惯，是身为家中一份子的丈夫独立的征兆，檀一雄如是说。"如此一来，女人可以一天当妓女，一天当女工。"

这句话虽然是《我的百味真髓》的前言，但把它放在料理书开头的地方似乎稍嫌讽刺，因为食谱的读者大多以女性居多，从他对读者大放厥词的态度来看，可以窥见他已经对失去母亲的过去释怀许多。因为他说他之所以喜欢做菜，是因为将失去母亲的负面效果逆转之后产生的现象，那样的感觉常会出其不意地出现在书中。

檀一雄在描写自己成长过程的作品集《母亲的手》中，曾经写道："我对母亲最初的记忆是什么呢？"有一回母亲蹲在井边，偷偷地将情歌写在纸片上；还有一回年幼的我在半夜醒来，发现父亲佩戴着短刀跨骑在裸身的母亲身上。这样的母亲因为有了年轻情人，在留下"人要历经千辛万苦才能成器"的字条之后就离我而去了，在那之后母亲不知又和多少男人交往过。

檀一雄说："在要写我母亲的故事时，有一点我想事先声明。"他说："从小我就将母亲视为外人。"虽然檀一雄被自己的母亲抛弃，但在他的意识里是他抛弃了他的母亲，这样的结果提升了他做菜的技术，也使他得以客观地看待自己的骨肉至亲。对他来说，料理与女人在这个部分是合二为一的。

我前往檀家拜访时，他刚和火宅的女主角分手，回到位于石神井的家中，重新以小说家的身份着手写作《火宅之人》，采访工作暂时停摆。

后来《檀派料理法》开始在《产经新闻》连载，《我的百味真髓》也由讲谈社出版，檀一雄也成为知名的"烹饪老师"。每回和他一起旅行时，总会有人说"哦！你就是那个有名的烹饪老师"，身为编辑者的我，也只能不厌其烦地纠正对方说："不，他是个小说家。"

描写因为有了情人而离家出走，陷家人于万劫不复之地的《火宅之人》，在昭和五十年（1975）檀一雄去世的前一年出版，一出版立刻成为畅销书，并被改编成电影搬上大屏幕。在此之前，檀一雄除创作了《律子之爱》及《律子之死》之外，也是太宰治和坂口安吾的朋友，世人对他同时身为战后无赖派作家与料理爱好家的两种身份无法产生联想，但因为他认为"母亲是外人"，从这一点来看的话，这样的结果其实也就不令人意外了，我对他就如同在对待一个曾经活在文坛历史中的人物一般。

这固然是因为当时的我还太年轻，但也是因为他真的是个爽朗、有男子气概、大方、对人亲切且不拘小节的人。他从来不说别人的坏话，对人体贴周到，只要喝了酒就会开怀大笑，是个标准的九州岛好汉。每个和他接触过的人，都会被他的人品吸引，他的个性虽然有南方人的豪爽却隐藏着流星般的孤独，但这样的孤独气氛正好为他的开朗增添独特的风味，他的豪爽的程度可不是一般人比得上的。

我们到九州岛采访时，他一直喝酒不肯回东京，我打算先行离开时，他却要我帮他送一箱日向夏橘到他家，当时还没有宅配服务，他在箱子上写着"给A君三瓶日本酒"。当我依照着他的吩咐将东西送达时，四十子夫人真的给了我三瓶日本酒。现在想来，他连对我这样的毛头小子都如此诚恳相待，实在让人愧不敢当，而他就是这样的一个人。

昭和四十六年（1971），他前往葡萄牙，在昭和四十七年

（1972）的时候回国，他回来之后还告诉我许多有关葡萄牙的事，其中为有趣的是发生在四十子夫人身上的一段小故事。夫人因为担心檀一雄的身体，所以也跟着去了圣克鲁斯，在当地，檀一雄还是依照惯例下厨做菜宴请村民。当时鲜鱼一桶只要两百元日币，檀一雄和往常一样想买一整桶鱼时，四十子夫人却说"太多了，买一半就好。"檀一雄回了一句"女人不管到走到那里都是家庭主妇！"他这么说并不是在嫌弃四十子夫人，而是觉得夫人的反应很有意思很可爱，言谈中充满了他再次感受到妻子心情的喜悦。

檀一雄在昭和四十九年（1974）也就是去世的前一年，搬到九州岛的能古岛，当年的八月我因为要采访"圆空佛"，所以拜托他和我一起前往津轻和北海道，那也是我最后一次以编辑的身份和他一起去旅行。在旅行的途中，他告诉我一件有关太宰治的事。他说有一回他买了一把鲱鱼干，用旧报纸包好之后就放进皮包里，他向来都是把鱼干沾上味噌之后直接生吃，他感慨万分地说："太宰治最喜欢这样吃了。"就这样在夜班火车上，他一边嚼着硬邦邦的鲱鱼干，一边絮絮叨叨地谈论着太宰治。

提起太宰治，我还记得一件事。檀一雄做菜时一律使用天然的食材，所以他才会说"我才不用味素"，此时味之素却来找他拍广告，在他演出那个广告之后，他却很严肃地告诉我说"太宰治也用味素"，太宰治爱用味素确实是个事实，这就是他天真烂漫的地方，对于有人找他演广告，他就轻易地改变自己的坚持一事他也只是轻松带过。有一回在北海道的旅馆，当我们在柜台签名时，他竟然在职业栏里填了"檀富美之父"，结果饭店的人根本不相信他。

在函馆时，他说"若松食堂的东西很好吃"，就带着我大街小巷地乱转，最后终于找到这家破旧的定食餐厅。我们点了酱油炖煮沙丁鱼、味噌炖煮青花鱼以及醋海鞘，但他的食欲没有以前那么的好，只吃了一口，剩下的都被我包办了，因为他习惯将吃剩的饭菜打包带走，所以我只好把剩菜全部吃光。

之前，我曾经和他在银座的高级餐厅料亭K举行对谈，桌上的菜他一口也没吃，对谈结束后，他带我到新宿二丁目的炖煮杂碎店，还对我说："这家比较好吃。"因为料亭K曾被誉为日本第一，是一家非常有名的高级餐厅，因此不免让我对他的固执感到有些匪夷所思。因为他是那种连在定食店吃剩的什锦炒饭都要用报纸包回家，却故意将高级餐厅的菜剩下不吃，由此可知他的意志有多坚定了。

我还想起另外一件有关太宰治的事。有一回我在饭田桥的酒馆里喝蛤蜊汤时，檀一雄对我说："以前，我曾经和太宰治在玉之井的酒馆里，只点这种汤喝，喝完之后再去找女人。"他还告诉我一家位于纽约中央停车场地下室的蛤蜊蔬菜汤店里卖的汤也很好喝。檀一雄去世之后，我到纽约时还找到那家店，试吃他们的蛤蜊汤，那是一家便宜的外带餐厅，我一边想着檀一雄，一边站着大口大口地喝着汤，眼泪就这样不知不觉地流了出来。

关于太宰治的故事还有一些，只要一想起来，就一件接着一件地全都浮现在脑海中。和太宰治有关的故事几乎都和料理有关，而和坂口安吾有关的小故事也差不多。

我突然有个疑问，檀一雄虽然说他之所以喜欢做菜是"因为母亲不在身边，所以他只好自己做菜"，但事实真的是如此吗？如果他真的是代替母亲为妹妹们做饭，难道不会感到厌烦吗？无论是哪个家庭的母亲应该都有这种感觉吧！

试想如果他开始下厨是因为母亲不在身边，那他后半生对料理的执着，应该还有其他原因吧！我想那应该就是料理具有的不可思议的力量。坂口安吾曾说"檀一雄之所以要做菜，其实是以此来预防自己发疯，所以他应该可能做些好菜来讨好他人"。这句话真是一语中的，对檀一雄而言，做菜是一种安慰，他所做的任何一道菜都包含了他对死去友人的回忆。一直负责照顾太宰治和坂口安吾的檀一雄，在他们面前也只能装作是个正常人了。

就生长环境来说，太宰治和坂口安吾要比檀一雄好太多了，从小就被母亲抛弃的檀一雄应该更有条件走上歧途，但在疯狂的两人面前，他也不得不将成长过程的悲哀隐藏起来。檀一雄性格中行为偏差和喜欢流浪的因子，并不输给太宰治和坂口安吾，毋宁说是有过之而无不及，所以才能够压制住他们两个人吧！

料理可以安慰一个人。

将食材或炖，或蒸，或烤，在忙着做不同处理的混沌时间中，压抑自己疯狂的情绪，料理有一种可以使内心沉静的力量。将心力倾注于料理之中，是一种为了平息其他欲望的方法，而高级餐厅那种做作的料理没有那样的真心。

坂口安吾屈服于安非他命与安眠药之下，而太宰治却为情而死，檀一雄却不想被这其中的任何一件事打败。纵使他因为招惹女人而使家庭成为痛苦的深渊，他都还是没有忘掉家人。三岛由纪夫曾说贯穿檀一雄心中的是"类似一种生理的痛楚，这种痛楚腐蚀着思想，腐蚀着理性，那样的悲哀是很激烈的，震撼着神经系统"。坂口安吾其实也是个做菜高手，安吾制作大量的豪华料理，试图借由料理将自己的疯狂情绪灌入其中，但最后是败给了安眠药与兴奋剂。檀一雄沦陷于药物的诱惑之前打消了念头，也在殉情之前停下脚步，这就是《火宅之人》。

檀一雄是个放纵的人，他的放纵是在无法控制父母赐予的强健体魄的同时，在空旷的时空中努力地诱导自己。他懒散地活着，却还有一个意志控制着那个懒散地活着的自己，而当这个意志和原来的欲望彼此冲突产生摩擦时，他也只有死路一条了。

能够调和他心中冲突的友人已经死了，在那之后他也没有再努力寻找。太宰治与坂口安吾的身边虽然还有檀一雄，而檀一雄的身边却已经没有檀一雄了。对他来说，檀一雄的存在不就是料理吗？对他来说，料理就是自我救赎，坂口安吾所说的应该就是这个吧！

这也就是为什么檀一雄总是要请一大堆人来吃他做的菜，因为这样他就可以让许多人获得幸福快乐。我第一次拜访檀家对突然端出的煮鸡杂不知所措时，四十子夫人马上对我说："你如果把这些东西吃了，我先生会很高兴的。"原来夫人也早就看透了这一点了。

每当有人问他"你为什么要做菜呢"，他总会拿"因为母亲不在身边"来当借口，因为他总不能告诉对方"是因为要防止发疯"吧！他要是这么说的话，更是让人一头雾水，原本美味可口的菜也要变得难吃了吧！

檀一雄曾在《火宅之人》中这么写道。

"我知道我们一定会分手，即使会分手，即使会妻离子散，我也不希望拥有无业游民般的安稳和虚伪，即使会沦为乞丐，饿倒路旁，我也会轻轻地品尝乞求得来的一颗米粒和饿倒路旁时降雪的冷冽吧！"

这样的雪似乎也挺可口的。

不，因为这不是料理小说而是阿修罗的记录，所以不能在这里产生食欲。尽管如此，像这样品尝的白雪，却有种凉透背脊的透明滋味。

在檀一雄的料理故事中，经常会出现当时的风、光和影的粒子。

"每当鼠尾草开出红花时，不知道为什么总让我想起幼时夏天常吃的食物味道，如冬瓜和苦瓜之类的。"（《绝迹的话很可惜的夏之二味》）

现在再也找不到能够像檀一雄这样，以悲伤的笔调书写料理故事的小说家了。

深泽七郎

（1914—1987）

出生于山梨县，他在担任日剧音乐厅的吉他手期间，忙里偷闲完成了《楢山节考》，并以此在文坛崭露头角，他的作品不少是以民间的风俗习惯为题材，著有《笛吹川》《陆奥的人偶》等。

深泽七郎

屁还是屁

深泽七郎是我的恩师。

说得更清楚些，他其实已经把我逐出师门了，事情的来龙去脉，我已经写在《桃仙人》中了，所以要我提笔写他是很痛苦的一件事，可是我又不能跳过不写，因为让我成为小说家的"元凶"就是他。

我曾经和深泽七郎一起吃过很多次饭，他吃起饭狼吞虎咽，好像是要报仇似的。他常吃酱菜和米饭，像腌小黄瓜、腌茄子、腌白萝卜、米糠腌白菜、酒糟腌瓜等都是餐桌上固定出现的菜色，他经常说"真正好吃的酱菜应该要有粪便的味道"，这句话已经变成他的口头禅了，他还说"我自己也好像是母亲放出来的屁"。

他一直都认为"小说就是自己的屁"，所以小说就成了屁放出来的屁了。深泽七郎很喜欢谈论排泄物，他可以在月光下盯着自己的粪便看个不停，其实这就是自恋，就像他将自己的农场取名为"love me农场"一样，直接翻译的话就是自恋农场。

我曾经帮他捉刀写过小说，甚至还以本名出现在他名为《秘戏》的小说中。在《秘戏》中，除了本名之外，他还帮我取了一个外号，小说的内容主要是在描述他带我到博德品尝清炖鸡肉，观看可怕人偶的故事，他曾经带我到某人家中去看人偶的部分是事实，但其他的部分就是创作了。除了《秘戏》还另外收集了六篇小说的《陆奥的人偶》获颁谷崎奖，在庆祝获奖的宴会上，我和他一起表演了"唐狮子牡丹"中的流氓舞，深泽七郎之所以会表演这支舞，是为了对他拒绝接受川端奖却接受谷崎奖一事表示歉意。为了上台表演，我连着好几天都到"love me 农场"去练舞，练习完后，深泽七郎都会拿出酱菜和红酒来慰劳我，他虽然不喝酒，却豪爽地以一公升装的胜沼葡萄酒来招待客人。唐狮子牡丹的刺青由赤濑川原平负责，画在上有骆驼的衬衫上，表演完毕之后，深泽七郎还以love me 农场特制的炒牛蒡，招待在场的每位客人，端出的牛蒡粗得像根筷子似的，在摆满山珍海味的宴席上，出现堆积如山的炒牛蒡，还真是一件奇妙的事。这虽然也是"深泽式表演"惹人讨厌的地方，但对于当时身为深泽家一份子的我来说，却一点也不觉得奇怪，这是因为love me 农场生产的牛蒡，口感清脆非常好吃，那甜美的滋味我至今仍难以忘怀。

深泽七郎对牛蒡非常讲究，对于长相不佳的牛蒡，他还做了一首诗来形容说是"流氓牛蒡像章鱼脚"，指的就是长得弯弯曲曲像章鱼脚般，还分岔成好几根的短牛蒡，他还说叶子被害虫吃光只剩下叶脉的白菜或高丽菜是"流氓的叶之伞骨"，他带到庆祝宴会的牛蒡，可是他的得意之作。

深泽七郎写作小说之余还务农，同时他还自制味噌，使用的是欧克欧吉罗种的黄豆，这种黄豆即使经过日晒还是呈现绿色，味噌虽然要用黄豆和酵母来做，但酵母必须先以电毛毯包住促使发酵。欧克欧吉罗种的黄豆虽然很容易长虫，枝叶也过于茂盛，结果量也不多，但味道却很好，深泽七郎很喜欢将晚秋收成的豆荚，用棒子边转边打，他敲打的方式非常原始，敲打完干燥的豆荚之后，他会用畚箕把杂质筛掉。深泽七郎在做这一连串的工作时非常高兴，他的父亲虽然是石和的印刷业商人，但他说他从以前看到附近的农民工作时，就一直很想加入。

深泽七郎将所做的味噌取名为古早味味噌，四公斤装的味噌定价一千五百元。我负责多摩地区的销售，曾经卖出三百多箱的味噌，当时在我那六个榻榻米大的房间里，到处都是装满味噌的纸箱。深泽七郎制作的味噌不仅味道好，而且因为出自love me农场，所以卖得很好，订单也蜂拥而至。而我只要能够参与深泽七郎感兴趣的工作，我就觉得心满意足了。但是，有一天他却递给我一个装了五万一千多元的现金袋，而且还附有明细表，所得金额是以营业额的百分之十四来计算。我吓了一跳，连忙向他说"您不需要给我钱"，但是他却不高兴。对深泽七郎来说，制作味噌虽然有趣，但是能够靠此赚钱也是一件快乐的事。我问其他帮忙推销味噌的人，大家也都得到了百分之十四的佣金，他们说虽然觉得为难，不过也只好接受，所以我也乖乖地把钱收下。

深泽七郎说"这是农民经商的方法"，那是他针对"武士经商的方法"想出来的说法。他说武士是仗势经商，商人是为利低头，而农民则是为本能的欲望来做生意，有时会为了追求利益而不顾一切，这一点令他十分着迷，因为这样的智慧不是为了生存，而是为了欲望，那种深具潜力随心所欲的做法，正是深泽七郎的目标。

尽管有人批评"深泽文学让人觉得很不舒服，因为里头有太多奇怪的元素，他的意识构造和近代的价值观完全不同"，但是如果他们知道他追求的是"农家商法"的境界，对他的作品就可以一目了然了。深泽七郎婉拒川端奖时曾说"接受文学奖就等于杀人"，他的这番话在当时引起轩然大波，他说这句话的意思是如果自己得奖，将使其他的作家无法得奖，但他的说法完全是深泽七郎式的含糊不清。当时，他把刊登在《中央公论》的《奥陆的人偶》和《文学界》的《秘戏》以影印的方式做成手工书，以一本一千的价格透过邮购销售，这本以脱衣舞娘广濑本美的唇印为封面的手工书，以邮购的方式卖了三千多本，我也参与手工书的装订工作，这也是属于"农家商法"的一种，因为是直接生产贩卖，以现金袋的方式先行付款，所以税务机关不会发现。虽然有少数作家自行开设出版社，但像深泽七郎以这样的方式卖书的却是创举，他想"文学奖的奖金只有一点点，如果又被刊载在杂志上的话，手工书就卖不出去了。"比起文学奖带来的名气，深泽七郎选择不让它影响自己才刚起步的事业，同一部作品在一年后获得谷崎奖，当时他自费出版的手工书已经全部售罄。

深泽文学与农业是一体的两面，深泽七郎并不喜欢所谓的农民文学，因为他认为农民文学是一种知识产物，试图解放农民生活的困苦和封闭农村的陋习，但深泽七郎的想法却完全相反，他想从被否定的古老旧习和偏见中，寻找自己的血脉。

在古早味味噌之后，深泽七郎又卖起糯米丸子与今川烧，他虽然很爱钱，喜欢现金交易，但并不表示他是个守财奴。他其实很大方，甚至别人只是说"这个东西很不错"，他就把东西送人，不管是饭碗、蔬菜、衣服、还是日用品，要是你一不小心加以赞美，他就会要你把东西带回去。所以每次只要我到love me农场，就会带回大包小包的礼物。

我现在还穿着他送我的轻羽棉外套工作，在家运动时也会用他送我的七郎杖，过年时穿的和服也是他特别为我订制的。在我辞去之前的工作到五反田成立出版社时，他送来三打一公升装的红酒，现在我家里还留有许多他送给我的东西，所以他并不是一个小气的人，可是对金钱却十分计较。

如果有人去拜访love me农场，从农场打电话回公司的话，马上会成为拒绝往来户。他常说，随便打别人家电话的人"就像是从别人的钱箱里偷钱一样"。有一次我跟他一起去旅行时，在饭店里吃着价值一千元的早餐时，他却马上算出说"这份早餐只值一百六十元"，和他交谈时，对话中经常会出现东西的价钱。

他在经营糯米丸子与今川烧店时，常引以为豪地说"我们店里放的红豆馅比任何一家店都多，这可是深泽派的做法"，但是他和我们这些属于深泽门下的人（深泽七郎对我们这些经常在他家出入的人的称呼，包括我、赤濑川原平和筱原胜之等人，我们则称他为老大）却净说些成本计算的事。以金钱来衡量东西的价值是理所当然的事，但将"农家商法"这样的评价方式带进文学作品中的，深泽却是第一人。

当我到深泽七郎的今川烧店拜访时，他把茶壶里的水装得满满的，还神气地说"我的做法就是无论做什么都要量多"。不仅如此，还要吃东西吃得快，他吃午饭的时候，都是将茶泡饭大口大口地扒地嘴里，而且还连吃好几碗，动作慢的弟子马上就会被他开除。这是因为农民一整天都必须在田里工作，所以饭要吃的多还得吃得快。

他在经营今川烧店时，曾经观察到"女人购买时比较慷慨，男人比较小气，平均只买四个"。他虽然开店做生意，但骨子里还是个作家，他之所以开店或务农，应该都只是为了找寻小说的题材吧！然而对他来说，当个农人或学做生意其实也都是一种表达的方式，而且他是因为喜欢才去做的。

深泽七郎从昭和四十年（1965，五十一岁）开始从事农业，最初只是为了自给自足，零星地种些小松菜、白萝卜、牛蒡、菠菜、小芜菁、茄子、小黄瓜、芋头、莴苣、青椒、芹菜等，林林总总大概种了三十几种蔬菜。不久之后，他发现，如果不将自己种植的蔬菜卖出去赚钱的话，是没有办法体会农民的心情的，所以开始卖味噌和其他的东西。

后来，他的今川烧店大受欢迎，但当开在向岛的梦屋出现大排长龙的情形之后，他却感觉厌倦而把店关了。今川烧店关门之后，他又想开一家寿司店，为了要把一个握寿司做得像饭团一样大，他也做了不少研究，却因为训练员工过于麻烦就打了退堂鼓，他甚至连店里的装潢都已经想好了。他刚开始经营love me农场时，放养了一百只鸡，这些鸡在农场里到处下蛋，所以每天早餐一定会有新鲜鸡蛋，但不久之后他也就厌倦了。

我曾经问过深泽七郎，他为什么会对吃如此讲究？

他回答我说："因为我是个喜欢吃的人，而且强迫别人吃东西也蛮有趣的。"这句话有一半是真一半是开玩笑吧！

深泽七郎之所以会开始做生意，应该是为了要给住在他家、后来成为他养子的八木学习的机会吧！八木是他亲戚的儿子，一直到深泽七郎去世为止，他都在家里和农场帮忙工作，是个待人亲切的年轻人。八木曾经是帝国饭店的厨师，所以具有专业的厨艺，深泽七郎心脏病发时是八木送他去医院，出门旅行时担任司机的也是他，他可说是深泽七郎的左右手。

今川烧店刚开张的第一年，深泽七郎说"因为赚钱所以要请客"，于是就带我们到东京银座的东华饭店。这家饭店的饺子很大，大约有十公分，他说这是他还在日剧音乐厅担任吉他手时常来的店，当时的他高兴地说："今天八木先生要负责埋单！"他一边吃着饺子，一边还说："现在的饺子像猫粪一样小，怎么行！"心情非常好。

深泽七郎很喜欢吃竹笋，所以在love me农场也种了竹子，每到春天他就会召开竹笋餐会。举办餐会时，他会从秩父买来成堆的黑猪肉来烤，负责采买的当然就是八木先生，可是他自己却不吃，只是猛劝我们这些深泽一家的成员"多吃一点！多吃一点！"还猛灌我们喝一公升装的红酒。他拿着吉他一边弹奏"楢山节"，一边和往常一样谈论他的"屁话"。他说人类的出生和屁是相同的生理作用，都是在母亲体内产生然后再放出来的，所以人类的出生根本不是什么大了不的事。

他说"放屁有三个好处，肚子空空很舒服，放个屁让别人闻很舒服，而且还可以趁机打扫屁股。"

所以，人类是这个世界的害虫，他还说所谓的公害是一种自然淘汰，是一种无意识的本能，因为人类增加太多引起公害借机除去。深泽这类的世界观，还真是既耸动又新鲜。

"因为我家是印刷厂，所以在写《楢山节考》的时候，原本是想将它当作纪念品送给朋友的，没想到被出版社出版之后，竟然得到一笔意外之财。"

"小时候我的食指长了个疣，结果我要邻居的小女生把手伸出来，然后对着她唱疣啊疣啊快走吧！渡过一座桥！结果就把疣传染给了她。"

我曾经听他说过好几次"翻转烧烤"。

"如果我死了，我希望你们能够用棒子从我的屁股穿过去，穿到我的嘴巴像烤乳猪一样，然后烤成恰到好处的金黄色。因为是在原野上一边翻转一边烤，所以才叫作翻转烧烤。如果生前品性良好，村子里的人会因为感恩前来帮忙，但如果是没有德行的人，就不会有人理会他，屁股的肉就会因此烤得不完全而掉下来。"

深泽七郎有恋母情结，他比一般人还爱自己的母亲。《楢山节考》中出现的御轮婆婆，其实就是以他母亲为蓝本所写成的，但是他在心爱的母亲过世时，却打电话跟朋友说："今天一起吃饭吧！"，此举让家人深感意外，他在母亲生病的期间几乎都没有进食，因为他觉得他不该在母亲生病的时候吃东西，但当母亲过世的"大工程"一旦结束，他却因为心中大石落了地突然觉得肚子饿。

深泽七郎的母亲因为肝癌一整年都卧病在床，人也变得无法进食，他背着瘦弱的母亲到庭院里赏花，背着母亲的他，整个人也瘦得不成人形。他从自知来日不多的母亲眼中，看见决心要上山等待死亡的御轮婆婆，然后又从觉得"吃东西是一件可耻的事"，而自行打掉一口牙的御轮婆婆眼中看见自己。

《楢山节考》被评为"可怕的小说"，三岛由纪夫就说看这本书感觉"好像全身被水淋湿"。但在被水淋湿的感动深处，有着人类的善良，和与佛教所说看破红尘的道理是一样的，无论是一心求死的御轮婆婆，或是不忍遗弃母亲的儿子，其实都是很善良的。我把这本小说当作聆听音乐一般反复阅读，结果发现这本小说描写食物的部分相当特别，比方说书中将米称为白荻，因为一粒粒的米就好像白荻花。我问深泽七郎说："白荻是不是山梨县，还是其他地方的方言？"结果他直截了当地回答我说："那是我自创的！"当我说"楢山节考里描写的食物好像都很好吃"时，他却很惊讶地说："只有你和我叔母这么说，我叔母还说书中净写些吃的，这一点倒是很像七郎的作风。"

看来，他似乎是原谅我了。要想了解深泽七郎作品的关键之一是音乐，其次是食物。因为他从十四岁起就开始弹吉他，所以他曾说"弹吉他是一种病"，他还说"人类是为了要吃饭才不得已来到人世"。

有一段时间他还自称为是人类灭亡教的教祖，甚至还出版了一本名为《人类灭亡人生指南》的书。书中问道："我无法感受女人的魅力，感受到的只有性欲，我该如何定位自己呢？"

深泽七郎很讨厌女人，所以一生都没有结婚，唯独对日剧音乐厅的舞者和白石和子深表敬爱，后来他之所以喜欢年纪大的女人，或许是想在他们身上寻找母亲的身影吧！

晚年只要心脏病一恶化，他就只能吃无盐的食物，他却觉得"与其活得这么痛苦，就算是会死我也要吃。"甚至还要前来探病的人偷渡酱油给他。深泽一家人都非常爱吃，虽然他自认为是寻常百姓，却以为"只有我家的生活很奢侈"。然而，当他拜访附近的农家时，却意外地发现每一户人家都吃得很好。他认为"老百姓家里吃的东西，比有钱人家吃的还要奢侈"，就连炒牛蒡也一样。love me 农场里用柴火煮饭，当木头电线杆被换成水泥电线杆时，他们就将那些废弃的木头搬回家当作燃料，每回煮饭都是用一整根的电线杆当柴火烧，长长的一根电线杆就突出在灶外。

农民将蔬菜的种子撒在田里时，心里想着的是菜种发芽长大，但深泽七郎播种时，心里想着的却是它们成为盘中飧的情形。农民是为了吃才种植作物，深泽却认为耕种才是最适合"农民"从事的工作，从事农业的小说家往往不由得去思考农业的意义，但对深泽七郎来说，最重要的是从事农业的方法，必须要让自己彻底成为一个"农民"，用农民的思考来创作小说才能够成为深泽七郎。所以他极力避免让自己成为一个知识分子，努力的程度已经到被批评为"像个丑角"的地步，他的言行举止之所以异于常人，也是这个原因，同时他还努力实践"农家商法"，即使现在想要从事农业的人持续增加，但想用深泽式的思考来创作小说，几乎是不可能的事。

池波正太郎
（1923—1990）

东京生，曾任剧作家，师事于长谷川伸，后转向时代小说创作，著有《鬼平》《梅安》等畅销系列，许多作品拍成电视电影。

池波正太郎

怀旧滋味

池波正太郎透过料理来看小说，以料理方法写作小说，因此池波先生的剑客小说别具风味。料理是用舌头，小说则用头脑品味。舌头不灵光的人无法了解上等料理的美味，就像想象力低落的人读小说无法感动一样。

池波先生的剑客小说中经常出现江户料理。关于梅安系列的料理，《梅安料理历》（佐藤隆介、筒井顽固堂编，讲谈社文库）中，详细介绍解说梅安曾吃过的料理，包括鸡蛋、鳗鱼、柴鱼饭、炖虾蛄、军鸡、葛酱淋豆腐、蛤汤、荞麦面、葱煮味噌汤、猪肉锅等。此外还有《怀旧滋味》（新潮文库）、《散步时食指大动》（新潮文库）等料理散文集。池波先生相当会吃，吃相豪迈。《散步时食指大动》在二十年前的杂志《太阳》连载，当时笔者正巧是《太阳》编辑部的一员，责任编辑是同事的筒井顽固堂。池波先生喜爱的店有银座资生堂茶室、神田连雀町的红豆汤圆竹村、西餐松荣亭、深川的泥鳅餐厅伊势喜等，一去再去。还有荞麦面店松屋，笔者至今仍认为神田的松屋是荞麦面之冠，就是受到池波先生的影响。每到松屋就会和店主人聊起先生的往事。

另一家有名的荞麦面店"薮"就在松屋对面。薮的荞麦面虽然高级，但是池波先生属意的店是"左邻右舍时常光顾"。池波先生有句口头禅"超级名店附近必有原味好店",观光指南上不会介绍,一般居民经常光顾的店面,"原味好店"被池波先生视若珍宝。

因此,《散步时食指大动》中写出来的店,笔者全都去过,《怀旧滋味》中出现的店也几乎全部去了。这不是因为"看了书想去",而是自己的喜好不知不觉间被池波先生同化。我想,池波先生的小说迷,恐怕大家都有相同的倾向吧。

我曾和池波先生一同前往资生堂茶室。池波先生的吃法是点了可乐饼、鸡肉饭、炸虾、汉堡、奶油炒饭等几样菜,然后在座全员一同分食。红烧牛肉饭和咖喱饭也都是每人一口分食。这种吃法可以确实享受到各色美味,后来我和友人吃饭都采取池波式吃法,学会这种作风以后,就觉得点套餐从汤开始一道道慢慢吃的行为颇为愚蠢。池波先生虽然珍惜自己中意的料理店,但也贯彻自己的一贯用餐作风。

银座资生堂茶室是对池波先生独具特别意义的店。池波先生第一次到资生堂茶室,是在十三岁的时候。浅草出身的池波先生,小学毕业后就进入兜町的股票营业所开始工作,另一名少年员工井上留吉告诉他"吓了一跳。鸡肉饭竟然放在银制容器里面端出来",当时月薪只有五元的少年,为了品尝七十钱的鸡肉饭前往银座。

故事从少年时代就开始了。

少年池波震惊于资生堂茶室的豪华,依然大摇大摆点了鸡肉饭,对其美味赞不绝口。老街长大的小孩,想要装成大人的样子,首先从饮食做起。存了十钱二十钱的零用金,在上野松坂屋餐厅吃了牛排,惊叹"世上竟有如此美味的食物",银制容器中的鸡肉饭,这有多么让十三岁的少年感到惊奇啊。付出相当于少年池波三天薪水的价格,这种兴奋的滋味,是成人之后再也不可能感受到的东西。池波先生后来光顾资生堂茶室点鸡肉饭来吃,也是试图找回自己的少年时代,就好像寻找初恋情人的行为一般。

当时,资生堂茶室内有位跟少年池波大约同年的光头少年侍应生。身穿白色制服的少年侍应生一一接受点餐。第二次去的时候，少年侍应生推荐"要不要尝尝奶油焗烤？"第三次则建议"牛肉可乐饼不错"。少年池波吃了推荐的料理，约莫三年之间，和少年侍应生山田成为朋友。第三年的圣诞夜，少年池波买了岩波文库的《长脚叔叔》，送他说"这是礼物"。不久，山田少年也拿出小小细长的包裹交给他"我也有！"在餐桌下打开包装，里面是"青春痘美容水"。

真是赚人热泪的故事。并无刻意造作之处却自然引人落泪。试着想象当时的景象，不禁觉得胸口一紧。透明、苦涩、纯情而美好的故事。池波先生后来只知道山田少年后来当了海军，见过一次面之后就音讯全无。当年兜町的少年同事井上留吉也音讯全无下落不明。池波先生的每项料理谈背后都充满了故事。料理中洋溢着人情味的气息。

少年池波原本就注重于吃。当年，浅草闹街上的烧烤小贩在卖炸面包，炸面包一个一钱，把吐司切成三角形，抹上面粉炸热，再沾上调味料。炸面包上面加上碎牛肉的高级品则要五钱。少年池波向烧烤摊老板推荐烤鸡肉内脏，建议"试试这个如何"。老板采纳之后，把这道菜当作摊子上的招牌菜。而后推荐"马铃薯快炒"，炒高丽菜加马铃薯，也进入摊上的菜单。少年池波的料理手艺获得摊子老板认可，还曾经帮忙做生意。这位摊贩老板英俊潇洒，被顾客戏称为"大明星"，把生意交给池波之后，就跑去流氓的小妾家里偷情，不幸被流氓老大发现，结果被砍断手指。

这故事让人联想起樋口一叶《比高》中出现的不良少年。少年池波回忆起这名摊贩老板，把他融入小说登场人物之中。料理背后夕阳西下的感伤气氛，就是故事的开端。池波先生食用料理周遭飘散的气氛，也是食用街上的气味。晚年的池波时常感叹"街道失去了气味"，从前，浅草就是浅草，银座就有银座的奶油香。

池波先生绝不把目光从厨师身上移开。料理者内部隐藏着谜样的气息，料理越是美味，越散发独具滋味的香气。池波先生断定厨师身上有剑客之气，小说中登场的剑客之名也多来自现实中的料理人。池波先生喜爱一手支撑起店面的第一代，若第一代主人过世由儿子继承，会觉得不安，到店面鼓励第二代，不过对店本身的兴趣已经消失。

池波先生的小说之所以具有料理风味，既因为可以隐约从料理中嗅出事件的气氛，也因为故事展开的方式与料理相通。池波先生编故事的方式，首先是A事件（素材A）发生，接下来发展出B（素材B），此时，C状况（素材C）跟着出现，而后，从其他观点重新审视这里的素材A、素材B、素材C，素材A流入素材B，与素材合而为一，构成雏形。并非只从小说主角观点单线前进的故事。事件一进行到核心，就会转向"正当此刻……"一瞬间转移焦点，但却掌握绝妙的时机，需要入味的部分细熬慢炖，需要油炸的地方迅速下锅，选好时机适当调味，加上香辣，趁着滋味正好时盛进餐盘。处理技巧正与料理相通，再根据场面需要加油添醋。

池波先生喜欢油炸用的油脂。在法师温泉吃晚餐时，把乡间油炸菜色的油脂留下，加上调味料放置一夜，到早上油脂和调味料融合为一，如同凝固的肉冻。"把这个放到被炉里面，加在正热的米饭上，美味无比"。这方面的料理故事口味相当浓厚。池波先生对女人的喜好也偏向丰满类型，剑客小说中登场的女性也独具令人想一亲芳泽的浓郁滋味。

池波先生喜欢老板终生经营的老店，偏爱时光深刻的滋味。有些老店会扩大营业，四处增开分店，但池波先生对扩大营业兴趣全无，甚至相当讨厌。池波先生钟情的口味，核心是古老气质酿造出的风味、人情、杀气、工夫、痛快、味道的展开、余韵，这种老店的系统，也和小说写作有共通点。池波先生对于料理的调配十分讲究，并非与此无关。有血有肉的剑客小说，便是以调理之巧妙吸引读者。

日本桥的泰明轩是池波先生喜爱的西餐厅。泰明轩对于配料十分讲究，吃红烧牛肉时，对于店主人主张不能老是配胡萝卜和马铃薯，每个月更换香菇、干酪烤花椰菜的作风产生共鸣。池波先生在泰明轩喝的不是洋酒，而是喝日本酒配煎猪排或奶油焗烤，这也属于池波流。喝日本酒配焗烤干贝时，现已过世的上一任店主从厨房出来，询问："接下来要不要上油酥饭？"让池波先生十分感激。而后，送上来的油酥饭上依然加了扎实的好料。时至今日，泰明轩依然价廉物美。一盘生菜沙拉才五十元，格外美味。

仕挂人梅安活跃的时代，主角是鱼料理，然后是军鸡和蔬菜，把这些材料煮成火锅料理。池波先生也常使用一人用的锅子，自己亲手调理煮食。在神田连雀町（神田须田町一丁目与语淡路町二丁目之间），除了荞麦面松屋，还有山椒鱼火锅的伊势源、鸡料理的牡丹等，都是仿佛梅安会赫然出现的老店。其中，池波先生特别喜欢红豆汤圆店竹村。江户时代的汤圆店就好像今天的咖啡店，有些店也会卖酒。小说中曾经出现"同心唤了姑娘出来，吻住姑娘的芳唇，抚弄姑娘结实坚挺的乳房"之类的情色描写。到红豆汤圆店吃着甜栗汤圆，还能一面构思这种场面，正是池波先生独到过人之处。

池波先生的小说经常出现风情万种的诱人女子。有部小说"金太郎荞麦"的荞麦面老板是年轻女子，威风凛凛，外送时将上半身衣服拉开，可以看见背上金太郎的刺青，受到街坊欢迎。创作出这等女性角色的灵感，或许来自在连雀町一带看到松屋荞麦面的外送吧。连雀町周遭还残留着这一类江户的余温。

那么，对于忠实重现江户料理的店又做何感想？兴趣全无。对于传统日本料理的高级料亭也没有兴趣。虽然曾受邀参加人家举办的筵席，但是从未将这类店面的料理应用于小说之中。盐烤香鱼该如何如何，当季风味该如何如何，吃法又该如何如何，这类规矩啰唆装模作样的美食谈一点都不适合池波先生。池波有兴趣的是江户大众的饮食，正因如此，才特别推崇江户庶民喜爱的次等料理。

有段往事不曾出现在料理故事中。池波先生曾在神田松屋点了烧卖下酒，二十年前，只要客人要求，松屋也卖烧卖。池波先生身上有着此类喜爱尝鲜的气质。这是老街出身的浅草少年爱好新奇的特征，向烧烤摊老板提议新菜色，也出自相同的气质。十三岁就只身独闯银座资生堂茶室的好奇心，有着少年剑客的气魄。勇敢踏入异界诱惑的胆量，少年独有的杀气，明明暗自怦然心跳却又表现出从容不迫的气度，正是少年版的鬼平。而后，在料理人杀气腾腾的另一面下，解读出深沉的达观与背后的故事。

到京都松鮨吃饭的事，记录在《怀旧滋味》中，情节简直如同剑豪小说。此时的池波还只有三十多岁，尚未写过鬼平及梅安，虽然事前听说这家店的店主性格怪异规矩又多，但池波先生对于料理店向来无所畏惧，大摇大摆进入店中。午后三点，门帘高挂，表示正在营业，拉开外门，出声探问。

"主人可在？"

店内的店主瞥了池波先生一眼，招呼"请进"。

这场景真不错。

"身材矮小，眉毛浓密，鼻梁高挺，予人深刻印象的店主。当时的店主吉川松次郎年近五十，面貌印象令人联想起过世的第十五代市村羽左卫门晚年的风貌。"池波如是写下。此后，池波成为松鮨的常客，直到店主过世。没有京都熟人带路，只是只身独闯，具有和十三岁时相当的胆量。不靠人引荐保证，单独前往，靠自己的感性观察对方。

由于池波先生推荐，笔者和筒井顽固堂也经常前往的店，是偏离横滨中华街中心，位于小巷里的德记。德记如今已是风光名店，然而当时提到德记的人只有池波先生。池波先生说"亡师长谷川伸一直在找正宗中国拉面的店，终于找到这家"，说是有一次带清风楼的烧卖去拜访横滨长大的长谷川伸，对方高兴收下直称"有往日的风味"，顺便问池波先生"哪里有往日风味的拉面店",池波举出两家店,长谷川亲自去了之后,对池波毫不留情批评"不行"。而后池波东奔西走寻找拉面店,终于找到德记,当时长谷川已成故人。

池波先生对此惋惜不已"真想让长谷川伸老师尝到"。池波先生就是这种人。并不单纯追究好不好吃的问题,若要寻求"往日风味"就执着到底。当时,池波先生的嗜好也逐渐偏向往日风味。池波先生年轻的时候,曾经对老人无论什么事都发表"比不上从前"的说法,产生反抗的心理。时光飞逝,有一天自己也到了把"还是从前好"挂在嘴边的年纪,自己觉得"还是从前好",就更觉得"从前的从前或许更好吧"。并不回顾"还是从前好"的年纪,反而率先探究"从前的从前"。这是流浪剑客的视线,不把志向放在未来,一味追溯过去,仅有薄弱而颤抖飘摇的回忆。这是池波先生和美食家迥然不同之处。浅草少年的好奇心与怀旧主义在池波先生内心交战,好戏也由此上演。

比方说三明治。

池波先生喜欢京都的猪田咖啡。除了池波先生,猪田咖啡原本就有众多支持者,是京都人引以自豪的名店,也是池波先生讲究的老店原味咖啡。然而,池波先生执着的其实是猪田的三明治。池波先生直言"猪田的三明治不是最近流行的那种像在扮家家酒的三明治,而是保有昔日风格的男人吃的三明治",说是"带着烤牛肉、青菜、火腿、猪排之类的三明治便当坐进列车,配上冰凉罐装咖啡的快乐,无可取代"。三明治引进日本的时间并没有那么久,由此可见,池波先生所谓的从前,并不只是时间上的往日,而是埋藏记忆深处的过往,出自饥渴的往日幻象。朦胧之中漂浮在回忆深处,幻想的过往。实际上品尝"往日风味"时,一面想象着"更早的往日"。这是时代小说的本色。料理虽可用舌头品尝,时间却只能留在记忆的彼方回味。

少年池波小学二年级时,吃到神田万惣的松饼,当时双亲离婚,少年池波跟恢复单身的父亲三个月见一次面,父亲带他去看电影,归途上问他"想吃什么",立刻回答"松饼",父亲说"这样啊,那万惣的松饼不错",带他去吃。池波少年惊讶于水果店竟然会卖松饼,在万惣吃完了松饼。松饼的滋味与至今吃过的所有松饼完全不同,抓住了池波先生的心,直到晚年还经常光顾。

池波先生少年时代的惊奇滋味,都各自有其背景故事。英俊摊贩老板的烧烤,银座资生堂茶室的鸡肉饭,以及万惣的松饼,都充满了浓厚的人情味。无论是寒酸是高贵,都贴近料理,拥抱料理,提高料理的价格。料理出自于料理人之手,但吃的人也有各自的处境。对于少年池波而言,饮食总是关联着某些状况。因为少年池波好吃非比寻常,于是把一切经历当作佐料,直称"好吃,好吃",自己吞进肚子里,是个自立自强的少年。

长大成人成为小说家的池波先生,以烹调美味料理的大厨心情来创作小说,是自然而然的发展。写作关于食物的事,小说的品位很可能降低,然而对于池波先生来说,不但不至于品位低落,反而写出更加美味,更加芳香扑鼻的小说。这应该是因为池波先生对料理和对小说的好奇心不分轩轾吧。

《散步时食指大动》的后记中,池波先生写到"人类和其他动物一样,不吃就活不下去",并且认为"现代人的饮食生活,随着复杂而无法预测的时代到来,时时刻刻都在改变",写下"我们对于将来的饮食生活,保持一种莫名的恐怖感也是事实"的独白。池波先生仿佛在暗地警告,现今日本的饮食生活乍看之下十分奢侈,实际上已陷入明治以来最糟糕的状态。

三岛由纪夫

（1925—1970）

东京生，本名平冈公威，十六岁以作品《繁花森林》登上文坛，曾任大藏省员工，后成为作家，以华丽的文体跃身为流行作家，著有《假面的告白》《金阁寺》《丰饶之海》等。

三岛由纪夫

餐厅通不等于料理通

笔者拜访位于大田区马达的三岛由纪夫家，是在三岛自杀前一年的昭和四十四年（1969）。房子是带有维多利亚殖民地风格，巴洛克式的西洋建筑，被三岛自己戏称为"恶者之家"。玄关旁的石榴树上，结了饱满绽开的果实。

一楼客厅桌上放了红茶。皇家哥本哈根的花纹茶杯，佛颂红茶反射窗外的树影，散发出虹色的光。我熟读三岛由纪夫的作品，凝视着红茶杯中摇曳的光影，不禁联想起三岛的小说《晓寺》中充满异国风情的隐喻心理描写。身为编辑新手的笔者紧张万分。

连红茶的味道都不记得。

三岛的视线写满"意志力"，宛如玻璃工艺品般洗练，眼中发出精光。造访自宅的前一天，我们在后乐园健身俱乐部拍摄健身照片，摄影师是石元泰博。摄影之前，三岛反复举了好几次哑铃，筋肉明显浮现。每举起哑铃，胸肌便膨胀有如刚装满水的冰枕。

"今天早上吃了四百克的牛排，配上马铃薯、玉蜀黍，然后吃色拉跟马在吃草一样。"三岛说。

"平常早餐都吃牛排吗？"我问，写下笔记。

"说是早餐，也是过了中午才吃的。"

声音干涩，让我稍微吃了一惊。我虽然知道三岛是合气道初段、剑道五段的武斗派，但事实上他身材比我矮小许多，大约只有一百五十八公分，很难想象一大早就吃得这么多。后来回到公司查资料，发现在《我的健康》这篇散文中，记录了"早上吃半颗葡萄柚、炒蛋、西红柿、白咖啡等。下午两点左右吃早餐，晚上七八点吃晚餐"。当天是为了健身，才会一起床就吃牛排。散文中还写道"一周少说要吃三次三百五十克以上的牛排"，"深夜吃晚餐，菜色是清淡的茶泡饭。因为工作之前不能吃口味太重的东西"，"在家几乎不喝酒，在外也多半是应酬程度。香烟一天大约吸三盒和平牌，吃了油腻的西餐之后，雪茄吸起来格外美味"，"喝醉之后，喝下正热的浓茶，醉意立即减轻，开始工作"，"每天早上吃过饭后，服用复合多种营养素的维生素药锭"。

在此之前，我曾在舞蹈家土方巽的练习场见过三岛，三岛和涩泽龙彦两人高谈阔论，涩泽以粗哑的声音对三岛说了些什么，把刚喝下的红葡萄酒喷到他身上。当时我还是学生，三岛尚未开始健身训练，身体瘦小虚弱。

三岛在学习院初等科的小学时代，是不擅长运动的虚弱儿童，甚至因为身体太虚，二年级时不准参加江之岛的远足。欣赏《阿拉伯之夜》的插画，倾心于颓废风味的早熟少年，能做的也只有念书。十五岁时自己取了青城散人的笔名，由来是讽刺自己脸色又青又白。三岛由纪夫这个笔名则是一年后到三岛旅行时，取"到三岛游玩的男人"之意。

关于三岛，有个寿司的小故事。不记得是谁说的，不过这个故事经常被拿来说明三岛的性格。据说三岛去寿司店，坐在柜台前面，一直只点鲔腹寿司，让老板伤透脑筋。这个故事在讨厌三岛的人之间，经常被当作批判三岛的根据拿出来说。"寿司店明明有卖鲹鱼、比目鱼、花枝、虾、虾蛄的，材料那么多，就算鲔腹肉再怎么美味，只点鲔腹实在太不懂事了。""人家寿司店也是每种材料平均进货，一直点鲔腹，鲔腹都被一个人吃完了，其他客人的份怎么办。"

这是存心强调"三岛就是这种人"的故事。

这个故事发生在三岛参加大映电影《旱风野郎》演出的时候，在马达盖了豪宅，身穿黑色的粗犷衬衫，结上醒目的黄色领带，姿势歪斜，故作不良形象。三岛和以往的作家不同，讨厌洋溢苦涩的姿态，故意做出没常识的举动。不良、挑衅，却又充满才华的三岛饱受世人嫉妒。就算以上是真实故事，我们也可以这么为三岛辩护：鲔鱼都是冷冻保存，不管寿司店里一个客人再怎么点，也不会那么快卖完。东京寿司店的招牌菜，有盛满红色鲔鱼肉的铁火丼，还有装满鲔腹寿司的拼盘。

不过，三岛的味觉的确迟钝，这件事他自己也承认。林房雄教过三岛喝酒。三岛对林房雄招认"我欠缺对味道的感觉，完全不知道东西是好吃还是难吃"，林房雄忠告他"还是得早点决定对事物的喜恶"，"有一天一定会懂，到时不美味便无法忍受"。

三岛由纪夫几乎不曾写过跟料理有关的小说，不过，二十五岁时在《周日每日》副刊中发表了小说《食道乐》。

故事中，有钱寡妇在大战后沦落为黑市商人，决定诱惑精明干练的实业家。这位寡妇过去曾在轻井泽有过别墅，但现在已家道中落。寡妇跟实业家聊起轻井泽饭店的料理，日久生情，最后跟他再婚，结果发现风水轮流转，这位实业家其实原本是饭店的厨师。小说中包含对厨师的蔑视。寡妇原本以为是料理通的大实业家，原来其实曾是饭店的厨师，这种讽刺的笔法，的确很像是三岛会构思的辛辣题材。

三岛二十七岁的时候去过旧金山。一年之前的昭和二十六年（1951），旧金山和平条约才刚缔结，日本还没卸下战争的重担。三岛在旧金山的日本料理店啜饮难喝的味噌汤。

"我弯下身子啜饮难喝的味噌汤，觉得自己像是狗一样在弯身舔舐日本的污秽陋习。"尝到难吃的东西，才初次发觉什么叫作美味。

在此之前三岛是文学性的美食家。

"对于美食的本能完全偏向文学，感受到绚烂豪华的作品仿佛大餐一般的有魅力。在那个战争中营养失调的年代，利尔亚当的小说是多么无上的美食！""舌头开始发达的第一个阶段只有六个月，我想是来自出国的经验。因为是节约旅行，无缘接触一切花钱的餐饮，不过，也因此终于产生会对在夏威夷吃到的虾子罐头愤慨不已的心情。"（《半路出家食通记》）

到了纽约，遇到更难吃的东西，是在公共机关的餐厅。在政府机关或财团经营的餐厅吃到的食物，让三岛断言"无言以对的难吃，愿意向天地神明发誓的难吃"。

"自助餐、快餐店、药房的餐点，这也是天地神明见证的难吃，但是既然是最便宜的餐饮，不好对味道多作抱怨，只能死心安慰自己说，至少人家价格便宜，又比日本的食堂要来得营养丰富。"（《纽约餐厅指南》）

开始写难吃的东西，三岛的文笔就开始灵活起来，对于难吃的日本菜弯身陷入沮丧，遭遇难吃的西餐，则开始兴高采烈地形容到底有多么难吃。

由于对这次节约旅行的反对，回到日本之后，每个星期不到东京闹区吃个两三次好东西誓不甘休。

常去的料亭和喜爱的料理如下。

"东京会馆普鲁尼尔"的鲜鱼炒饭。

"日活国际会馆"的鸡尾酒、法国面包、牛角面包。

"并木通阿拉斯加"的蜗牛。

"霞町莱茵"的猪脚。

"艾琳匈牙利屋"的红椒鸡肉。

"东华园"料理。

此外尚有"滨作第二板场""江安餐室""乔治""化天""乌森末源""田村町中华饭店""西银座花之木"等。和食方面喜好味道浓郁的油炸料理，很少去寿司店，不太喜欢意大利料理。

的确都是一流店，但是总给人依照《美食指南》按图索骥的印象。对于料理本身没有太深的执着。这是恐怕因为小学时代体质虚弱食欲不振，以及在战争中食物不足状态下长大的关系。昭和十八年（1943）以第一名成绩从学习院高中毕业时，日本还在战争期间。进入东大跟同学喝啤酒时曾经吐得乱七八糟。一般来说，不擅运动只顾读书的秀才学生，会完全不关心食物的情况并非三岛独有，而是相当常见的现象。

三岛的母亲对料理十分拿手。母亲的笔记本中写满了京都瓢亭和星冈茶寮等店的菜单，模仿其做法。三岛的父亲一参加宴会回来，热心研究料理的母亲便追根究底，把当天的菜色问个一清二楚。等到三岛成人，开始自己参加宴会以后，也常被问到菜单内容，然而三岛吃过之后就忘了有哪些料理，无法告诉母亲。

"我若不称赞母亲的料理'好吃'，以后就有得瞧了，所以总是边吃边嚷着'好吃，好吃，吃了还想再吃'，但是鲷鱼的昆布卷一端上来，我还是忍不住说'是不是臭掉了'，即使口出恶评，也说不过母亲。"（《母亲的料理》）

由喜欢料理的母亲养大的虚弱少年，产生了拒食症倾向。而后化为强迫观念，越来越讨厌吃。把吃当作义务，像是在写作业一样。三岛自豪表示"早餐吃了四百克牛排"的时候，或许也是这种意识的延长。不是为了美味而吃，而是把吃当作一项课题。

三岛开始健身之后，隔天会产生惊人的空腹感。学会了到料理店去之前，一面吞咽口水，一面想象各式各样的菜色。

开始健身后，变得少喝酒而转向西点，常吃沾了莱姆酒的法式蛋糕。少年时代的三岛，曾经把蜂蜜蛋糕中间的黄色部分留下来，只剥上下烤黑的部分来吃。喜欢脆脆的口感。这方面和在寿司店只点鲔腹寿司的味觉构造共通。

三岛自杀四年前的昭和四十一年（1966），曾在《文艺春秋》发表《茶泡饭新闻学》，内容是从茶泡饭的滋味出发，讨论日本文化。这一类的散文，大多都是从日本固有的茶泡饭料理中，深入探讨日本人传统的美学意识，但是三岛不来这一套。

每到外国，当地的日本人便会邀请"请到我家吃茶泡饭吧。有海苔也有酱菜"。只要这么一说，无论是进步的文化人或反动政治家，都会跟猫儿嗅到木天蓼的香味一样，高兴地从咽喉发出咕噜噜的叫声。三岛指摘这种行为没有志气。三岛批评这些咂着嘴搅拌茶泡饭，一面讨论日本如何如何的人为"茶泡饭记者"，回到日本之后就说"还是日本好，还是和食好"，只是沉浸于借镜西洋来思考日本文化的感觉，但是，应该要对等思考"和食好吃，西餐也不错"才对。西餐炒饭和茶泡饭的滋味，本就是无法比较的东西，更不能拿来一较高下。这是日本人老是透过外国认识自国文化的弊害，不应该做任何的比较。

三岛脑中存有明治归国者的气概。主张不能只做个计较茶泡饭滋味如何的记者，应该当个注重日本人精神内在价值的记者。从前三岛到汉堡港旅行时，曾经看到进港的巨大货船船尾的日本国旗日之丸而大为感动，当时只有他一个日本人在场，感动之际，不禁拿出胸前口袋的手帕拼命挥舞。难以应付的知识分子听到这个故事都会取笑三岛，但是三岛要问的是，这种"日之丸乡愁"和"茶泡饭新闻学"比起来，到底何者具有国际性？三岛的结论是"口中轻蔑日本文化和日本传统，却无法忘怀茶泡饭的滋味，这一类半途而废的日本人在所多有，然而，日本未来的年轻人所希望的是一面吃着模仿西方的汉堡，一面为日本独特的精神价值感到自豪。"

三岛厌恶停留在味觉层次的日本人文化意识。对于三岛来说，味觉是比精神位于更低次元的东西。这不仅是三岛个人的看法，文化国家皆是如此，总之就是学校老师要比餐馆老板了不起。然而在现实生活中，抱持日之丸乡愁的往往是餐馆老板，学校老师才会为茶泡饭感动落泪。更进一步说，如果说文化国家的力量是在没教养的餐馆老板身上也能看到人类的价值，三岛的论点就开始自相矛盾。这其中恐怕包含了三岛的焦虑。料理对于冷眼观察一切欲望的三岛而言，是最难应付的对象。

三岛是同时具备"虚位与纯粹"的人。仿佛魔法师一般，分别处理寻常的错置谎言与寻常的错置真实。实际上这正是料理的手法。三岛从知性的料理出发，就像只吃蜂蜜蛋糕上下烤黑又脆又甜部分一样，一切事物之中只挑选知性来吃，因此成为体质虚弱的儿童。而后，三岛开始锻炼自己，一旦对知性料理产生厌倦，便转向健身、合气道、剑道、拳击。

三岛的性格不惜努力，贯彻始终，就连喜欢大放厥词又毒舌的小林秀雄都只能甘拜下风承认"你是天才"。同时，三岛也是个克己心极其强烈的天才，只要决定开始健身，就买全了哑铃，准备好器材，发愤每周练习三次，最初几个月痛得站不起来，依然坚持熬过难关。尽管如此，却不爱被人家当作努力家，向往堕落，同时兼备"堕落与克己"的特质。写完小说《禁色》，扬言"这就是三十岁之前工作的总结"，也实在很像三岛的作风。当时，三岛参加里昂的嘉年华会，当时带路的朝日新闻茂木特派员报告"对光天化日下的同性爱大为惊奇"，并"一早就把在公园游荡的十七岁左右的少年带进饭店房间"（乔伊·尼森《三岛由纪夫评传》）。写作《禁色》时，终日待在银座的同性恋酒吧。

关于自己的嗜好，无所不用其极追求到底。追求吸收够了以后便转身折返。结婚那年是三十三岁。

借着健身获得强健的肉体之后，又想要获得集团组织。顺利得到精神、意识、言语，以及与其相对的肉体，最后的目标就只剩下行为本身。

组成"楯之会"，"心脏的跳动与集团共通，传来迅速的脉动，自我意识如同远方都市的幻影般远去。"（《太阳与铁》）

到这里为止，三岛一直都没有浪费多余的时间。同时代的人看起来，写完小说跑去练健身，颂扬过不道德的夫人又倡导日本人精神论，唱了流行歌曲又进入自卫队实地体验的三岛，来来去去，是个不可理喻的精神分裂者。然而，这正是同时包含"虚伪与纯粹""堕落与克己"特质的三岛投注生命，仿佛钟摆一般来来去去，试图寻找重心的作业。面对一切的诱惑，三岛徘徊于绝壁边缘又返回，唯一不曾到达边缘的就只有料理。三岛光顾过纽约公园街的阿尔夏哈特和亚斯特利饭店，品尝极致美味的烤牛肉，吃过亚美尼亚料理的羊绞肉料理，在三号街的"海洋之王"大啖生牡蛎，吃遍当地名店。

自杀的昭和四十五年（1970），三岛去过"格言巴黎""帝国饭店""大藏饭店""山上饭店""银座吉兆""两国山猪料理店""银座第一楼"，十一月二十二日到新桥"末源"和夫人、两个小孩、弟弟一家进行最后的聚餐，十一月二十三日和森田必胜前往鲜虾料理店"鹤丸"，十一月二十四日（自杀前一天）和"楯之会"的四名成员一同到新桥"末源"吃了鸡肉锅料理。三岛是名店通而非料理通。如果三岛能以投身健身、电影、流行歌曲之势，耽溺于料理这片恶魔的领域，是不是就不至于自杀了呢？如今再去追究这个问题已无意义，三岛度过无数"通往某物之桥"，最后踏上一条"不归之桥"。

三岛把思想当作自杀的脱罪之词。太宰自杀的脱罪之词是女人，芥川自杀的脱罪之词则是文学。三岛恐惧于活得太久自己的肉体会衰老变丑，或许跟沉迷美食的谷崎润一郎也有关系。但是，如果三岛没有自杀，应当有能力写得出超越谷崎润一郎的料理小说。三岛驰骋华丽的文体与想象力呈现出的料理会有多么丰盛，光试着想象就令人心头一阵战栗。

后记

　　撰写本书最初的契机来自露伴的《迟日杂话》，得知露伴嗜食花椰菜，不禁令笔者感到讶异。明治的文人对料理向来刁钻。得知道露伴爱吃"盐烫牛舌"之事，更令笔者高兴不已。此外，子规的《仰卧漫录》也深深打动我心，把这本秘密日记反复重读了七次。子规卧床临终之际，身处无法将脚伸出棉被外的痛苦之中，吃了又吐，剔除牙龈的脓疮再吃，排出如山一般的粪便。只要一吃便会腹痛如绞，借由麻醉剂抑制痛楚继续吃，仿佛认清自己身为"饿鬼"的正身。文人的餐桌绝非等闲，将恶食在体内过滤之后，方有作品的诞生。

　　漱石吃了糖包花生而死，漱石素来爱吃花生，却因为花生对肠胃消化不好，被夫人勒令禁食，漱石就是因偷吃花生致死。鸥外爱吃烤薯，被母亲笑称是"书生的羊羹"，鸥外则辩称是"完全营养食品"，不改喜好。芥川龙之介声称"羊羹的文字看起来像是长了毛"，基于字形的理由讨厌羊羹，的确是芥川风格。进行种种调查之际，逐渐发展出"由料理探讨近代文学史"的庞大构想，要称为"产自料理的近代文学史"可能过于夸大，然而，文人在吃方面的嗜好，和作品的生理有直接的关系，每天的餐点，就是文人秘密记录的一部分。文人之中，有些人会在文中肆无忌惮大谈料理，也有人认为"料理是低俗的题材"而不愿书写。小林秀雄和川端康成就是这种性情，但是，深入查访之后，发现到这类人才是真正挑嘴的美食通，对于料理的讲究比旁人更强上一倍。

小林秀雄二十三岁时，总是带着一本韩波的《地狱的季节》，从吾妻桥前往酒家女处，随手带去的赠礼是浅草美家古寿司店的星鳗寿司，年纪轻轻便吃得奢侈。或者如堀辰雄，在东京老街长大，习于平民料理，却在轻井泽摇身一变成为作风华美的作家，将病原菌譬喻作夜空繁星的光芒。

志贺直哉喝过金眼蟾蜍的味噌汤，还曾经呼朋引伴狂饮苦艾酒，认识到这一点，便可以了解白桦派绝非文坛柔弱少爷的集团，恐怕比无赖派、堕落派还要凶悍好斗。

从一个人的饮食可以看出许多小地方。虽有"文人荟萃之店"一类的专书，但多半只提及文人日常生活中的逸事。除此之外，若能从料理深入追究文人的嗜好，还可以看到作品中至今不为人知的另外一面。

藤村是粗食淫乱之徒。大家一向以为宫泽贤治是素食主义者，事实上喝酒吃肉抽烟样样都来，还买戒指送给高级料亭的艺伎。一叶由于老师亲手煮的红豆汤圆而燃起恋慕之情。镜花煮萝卜泥为食。

文人是从五官感受世界，再将之形诸文字的能手，舌头与咽喉的构造自然也与常人不同。放浪形骸的荷风，最后在寄宿处吃了店里卖的猪排饭，呕出饭粒而死。以《放浪记》进入文坛的林芙美子又丑又肥，吃了过多鳗鱼饭猝死。晶子喜欢在就寝前喝杯小酒。文人的饮食充满各式各样的故事，和作品之间保持着微妙的温度感。

本书的撰写，从收集资料开始耗时五年，其间仰赖近代文学馆、大宅文库，以及诸多旧书店鼎力相助。

书中共参考七百多份文献，原本笔记上的草稿分量是现在的两倍之多，但毕竟不是在写作学术论文，于是去芜存菁删减成现在的分量。完工之后只感到精疲力竭，忍不住想叹口气。在此深深感谢保存贵重文献的出版界诸位前辈。